Logiques sociales

Collection dirigée par Bruno Péquignot

En réunissant des chercheurs, des praticiens et des essayistes, même si la dominante reste universitaire, la collection « Logiques Sociales » entend favoriser les liens entre la recherche non finalisée et l'action sociale.

En laissant toute liberté théorique aux auteurs, elle cherche à promouvoir les recherches qui partent d'un terrain, d'une enquête ou d'une expérience qui augmentent la connaissance empirique des phénomènes sociaux ou qui proposent une innovation méthodologique ou théorique, voire une réévaluation de méthodes ou de systèmes conceptuels classiques.

Dernières parutions

Mathieu SORDET, *La demande d'asile en France, La pénitence civilisée,* 2020.
Lionel CLARIANA, *Laïcité, radicalisation et protection de l'enfant. Articulations et enjeux sociopolitiques*, 2020.
Eguzki URTEAGA, *L'essor du vote nationaliste basque*, 2020.
Alexander María LEROY, *Penser la sexualité des personnes âgées. De Disney à l'EHPAD du XXIe siècle*, 2020.
Mélody JAN-RÉ (dir.), *L'œuvre du genre*, 2019.
Gilles VIEILLE-MARCHISET, *La conversion des corps*, 2019.
Aurélie NETZ, *Les Cercles de Femmes, Ritualiser l'identité de genre dans les spiritualités alternatives,* 2019.
Roland GUILLON, *La question sociale face à la globalisation*, 2019.
François SICOT (coord.), *Les parcours de soins en psychiatrie au prisme d'une analyse sociologique,* 2019.
Nicole LUCAS et Danielle OHANA, *Ces Françaises venues de l'Est*, 2019.
Régis LAURENT, *Du traumatisme des camps à la naissance d'une nouvelle institution. Idéologies, minoritaires et pentecôtisme tsigane en Bretagne tome I*, 2019.
Régis LAURENT, *Les usages sociaux des pentecôtistes tsiganes. Idéologies, minoritaires et pentecôtisme tsigane en Bretagne tome II*, 2019
Suzie GUTH, Roland PFEFFERKORN (dir.), *Strasbourg, creuset des sociologies allemandes et françaises*, 2019.
Séverine COLINET (dir.), *Soin, éducation et formation au prisme des cultures*, 2019.
Claude GIRAUD, *Consentir, adhérer, s'opposer. Contribution à une sociologie de l'engagement*, 2019.
Lucie France DAGENAIS, *L'art à Vienne et l'unité de l'empire (1897 à 1905)*, 2019.
Janina GLAESER, *Politiques du* care *en France et en Allemagne. Parcours des assistantes et assistants maternels issus de l'immigration*, 2019.

Françoise Laborie (1938-2016)

Histoire d'une femme en science

5-7, rue de l'École-Polytechnique, 75005 Paris

www.editions-harmattan.fr

ISBN : 978-2-343-17472-3
EAN : 9782343174723

Jacqueline Feldman

Françoise Laborie (1938-2016)

Histoire d'une femme en science

L'Harmattan

OUVRAGES DE L'AUTEURE

Livres

1980 *La sexualité du Petit Larousse ou le jeu du dictionnaire*, Paris, Éditions Tierce

Édition québecoise : *Le jeu du dictionnaire. Sexualité et sexisme du Petit Larousse. S.C.E./*l'ETINCELLE, Montréal, 1981

1981 *Voyage mal poli à travers les savoirs et la science*, Paris, Éditions Tierce

Direction d'ouvrage collectif

2006 *L'idée de science au 19ème siècle, Huit soirées de lecture à la Bibliothèque des Amis de l'instruction du 3ème arrondissement,* Paris, L'Harmattan

Co-direction d'ouvrages collectifs

1984 *Le sujet et l'objet : Confrontations*, (co-direction avec F. Laborie), Meudon, Éditions du CNRS

1986 *Le sujet et l'objet : Implications*, (co-direction avec F. Laborie), Meudon, Éditions du CNRS

1991 *Moyenne, Milieu, Centre : Histoires et usages*, (co-direction avec G. Lagneau et B. Matalon), Paris, Éditions de l'EHESS

1996 *Éthique, Épistémologie et Sciences de l'Homme*, (co-direction avec J-C. Filloux, B-P. Lécuyer, M. Selz et M. Vicente), Paris, L'Harmattan

2000 *L'éthique dans la pratique des sciences humaines* : *Dilemmes* (co-direction avec R. C. Kohn), Paris, L'Harmattan

DATES

1938 : Naissance (8 juillet)

1955 : Baccalauréat Math Elem
1960 : Diplôme d'Ingénieur de l'École Nationale Supérieure de Chimie de Toulouse
Licences de physique et de chimie
Entrée au CNRS, Laboratoire de Peintures et Vernis et de synthèse des polymères, Meudon-Bellevue (92) puis Thiais (94)
1967 : Doctorat ès sciences physiques (mention TB) Paris
1967-1976 : Laboratoire de Chimie des radiations du CNRS, Meudon-Bellevue (92)
1968 : Chargée de recherches au CNRS

1971 : Licence de sociologie Paris X
1972 : Intervention militante pour empêcher le cours au Collège de France du physicien américain Gell-Mann
1975 – 1977 : Participation active à *Impascience*, revue de contestation des sciences par les scientifiques
1976 : Maîtrise de sociologie Paris X (sous la direction de Marcel Jollivet)
Passage de la section de chimie macromoléculaire à celle de sociologie
1976 – 1979 : chercheur isolé
1976 - 1982 : RCP (avec Feldman, Le Millour, Schiff, Verlet)
1977 - 1978 : "Enquête dans 2 laboratoires de biologie moléculaire", 1983, *Inf Sc Soc*
1979 – 1985 : chargée de recherches au CES : URES "Santé et Société"
1980 - 1983 : Séminaire "Interrogations sur les savoirs et les sciences", avec J. Feldman
1984-86 Publication en 2 livres, Ed du CNRS-Meudon
1980 : Participation à Agata Mendel (coll.) *Les manipulations génétiques*
1981 : 2ème insémination artificielle d'une femme (la 1ère a eu lieu en 1776, en Angleterre)
1982 : Naissance d'Amandine
1983-4 : Séminaire "Champ social et inconscient"
1985 : *Ceci est une éthique,* Les Temps Modernes
Nombreuses participations à des colloques et débats sur les nouvelles techniques de reproduction et les mères porteuses
1989 : Affectation au GEDISST
1990 : Participation à l'émission de Jean-Marie Cavada, F2, *La marche du siècle*
1990 : *Titres et travaux*
1992 : *Titres et travaux*
1994 : Participation au livre collectif (avec J. Testard) : *Le magasin des enfants*
1999 : Démission du CNRS
2000 : *Dictionnaire critique du féminisme* (coed. Avec Helena Hirata et al.) Paris, PUF

27 janvier 2016 : décès après une longue maladie
21 décembre 2016 : mort par crise cardiaque de son fils Pascal (né le 18 octobre 1962)

PRÉSENTATION

Ce livre se veut un hommage à notre collègue et amie Françoise, à son intelligence, sa générosité, sa vitalité.

Entrée très jeune au CNRS, imbue de respect pour la science, alors vénérée comme allant de pair avec le Progrès, la doctorante en chimie se confronte à des relations difficiles dans son laboratoire. C'est avec soulagement qu'elle rejoint, dans les années soixante-dix, le mouvement de contestation de la science mené au sein même de la cité scientifique. Une psychanalyse la convainc par ailleurs que la chimie ne peut lui fournir son "bon objet de recherche".

Devenue sociologue, une science nettement plus "humaine", où le langage même est outil de connaissance, elle trouve ce "bon objet" à l'arrivée des NTR (nouvelles techniques de reproduction). Elle s'engage avec passion dans les diverses controverses qui s'élèvent à ce sujet, travaillant à préciser et discuter les nouveaux enjeux, scientifiques, éthiques, sociaux, féministes.

Elle atteint alors, comme tant de femmes en science, ce "plafond de verre" qui lui accorde une certaine reconnaissance, mais la maintient hors du cercle réservé de ceux qui exercent le pouvoir dans la cité scientifique.

Déçue par les conditions de la recherche et pour des raisons personnelles, elle démissionne du CNRS avant l'âge de la retraite. Elle se passionne alors pour la peinture, qu'elle abandonne lorsqu'elle décide qu'elle n'est pas "assez douée" – les lecteurs de ce livre pourront en juger par eux-mêmes d'après les reproductions de quelques-unes de ses peintures.

Il est cependant une activité qu'elle n'abandonnera jamais, la littérature. Certains de ses textes, particulièrement ceux qui la concernent personnellement, révèlent un authentique talent littéraire, qui apparaît aussi dans son art des titres et son humour. Là encore, le lecteur pourra en juger par lui-même.

Jusqu'à la fin de sa vie, elle n'abandonnera non plus le théâtre ni le cinéma, malgré les gros problèmes de déplacement qu'elle a, en raison des séquelles d'une opération des hanches et du cancer des os qui allait finir par l'emporter.

A cet hommage a été joint un autre à son fils Pascal adoré : il apparaît ici, enfant, dans un entretien sur l'enseignement des mathématiques modernes que Françoise avait mené pour la revue *Impascience.* Sa mort soudaine, par crise cardiaque, allait suivre de seulement quelques mois celle de sa mère.

Figure aussi un texte de Nadine Dessaule, qui l'a connue au plan personnel pour avoir été sous-locataire chez elle de nombreuses années.

Ce livre concerne principalement l'aventure scientifique de Françoise - les premières déceptions, les colères, les rebondissements, les choix. Sont reproduits ou présentés l'essentiel de ses articles, où elle s'interroge sur la recherche scientifique, les relations de pouvoir qui y règnent, ses épistémologies diverses, ses éventuels soubassements psychanalytiques, ainsi que les rapports particuliers de la science biologique à la société.

Les textes qui accompagnent ces articles les remettent dans les contextes sociaux et politiques de l'époque – nous avons en effet assisté à des changements profonds dans la perception de la science, passant de la foi totale en son pouvoir de progrès à des vues beaucoup plus critiques et controversées.

On a également voulu faire figurer dans cet hommage des présentations courtes de quelques-uns de ses amis et collègues qui ont été proches d'elle, certains disparus (et absents de Wikipedia). Ces vignettes servent, au même titre que les photographies et ses peintures, d'illustrations.

Question d'orthographe
Quel féminin pour "chercheur" ?

La révolution culturelle amenée par le mouvement des étudiants en mai 68 puis approfondie et élargie par celui des femmes deux ans plus tard implique évidemment le langage, et tout particulièrement celui qui concerne le *genre* (mot introduit dans son nouveau sens, celui de sexe social, dans les années 90).

Que le masculin l'emporte sur le féminin, que les noms des métiers prennent le genre (grammatical) du genre (sexuel) à qui la société les pensait destinés, voilà qui est en train de changer.

Nous sommes responsables de ces changements, en particulier lorsque nous éditons un livre.

Le chercheur du CNRS a très longtemps été un homme et surtout était vu tel.

Je parle ici du parcours d'une femme au CNRS. Dois-je la qualifier de chercheur ou de chercheuse ?

Autrement dit, quel féminin pour chercheur ?

Nous avons la chance d'être dans une période où nous pouvons décider, l'égalité des genres est en recherche dans le langage.

Je n'aime pas "chercheuse". Cela me fait penser à "tête chercheuse", terme militaire qui désigne "un dispositif de guidage automatique d'un missile sur un objectif déterminé".

Je propose "chercheure", (tout comme "professeure", ou "auteure") qui a l'avantage, à mes yeux, d'ignorer le genre de la personne à l'oral, et de l'indiquer à l'écrit.

C'est une façon de marquer le genre, le rendre présent, conscient, mais sans s'appesantir a priori dessus.

C'est, entre deux identités – chercheur scientifique, femme - le choix de mettre en avant la première.

C'est aussi une position philosophique dans le champ du féminisme : en gros, celle du pari de l'universalisme possible de la pensée[1].

De fait, comme je considère avoir le choix, je m'aperçois que j'utilise les trois orthographes, chercheur, chercheuse, chercheure, ou encore le dernier venu : chercheur.e : selon que je veux signifier l'acteur neutre, général ; préciser qu'il s'agit d'une femme ; ou qu'il

---

[1] Toute pensée existe bien évidemment dans un contexte et c'est ce contexte qui est très souvent marqué par l'identité de genre.

s'agit d'une femme dont je mets en avant l'activité de recherche ; ou que je veux signaler l'existence de deux genres.

Cette possibilité de choix me plaît : elle souligne l'ambiguïté qui demeure dans notre société, malgré son égalitarisme revendiqué, en ce qui concerne l'identité des femmes, en train de se construire.

Addendum : Que l'épouse abandonne son nom pour celui de son époux ne semble toujours pas être un dilemme important pour beaucoup de féministes, apparemment peu sensibles à la force du symbole.

Françoise, à son divorce, a gardé le nom de son mari (et de son fils), et c'est seulement quand Internet est apparu que nous avons appris son nom d'avant, Gardaix. Comme elle a signé toutes ses publications du nom de Laborie, et que nous suivons ici son itinéraire de chercheure avant tout, j'ai conservé ce nom.

Mon aventure avec Françoise

J'ai rencontré Françoise en 1975, à *Impascience,* la revue de contestation des sciences par les scientifiques eux-mêmes. C'était dans la suite des « événements de mai 68 ». La commune des étudiants n'avait duré que quelques semaines, mais elle avait bouleversé, au moins pour une portion de la société, dont nous étions l'une et l'autre, les façons d'être dans la vie. Et les remises en question tous azimuts qu'elle avait initiées continuaient à être débattues, au moins jusqu'à ce que la venue de la gauche au pouvoir, aux élections de mai 1981, atténue la vigueur des questionnements, et en intègrent certains, peu ou prou, dans la société[2].

Nous avions beaucoup de choses en commun : femmes scientifiques, minoritaires dans un univers à dominance masculine, nous venions l'une et l'autre de quitter les sciences dures - chimie macromoléculaire pour Françoise, physique théorique pour moi - avec une carrière au CNRS qui, après une thèse de doctorat d'état, nous avait conduites au grade de Chargée de recherches, ce qui nous laissait, grâce à une certaine sécurité d'emploi, pas mal de liberté.

Ce changement correspondait, pour ma part, à un programme de vie que je m'étais donné très tôt, au moment du choix de mes études : hésitant entre les lettres et les sciences - tel se posait le dilemme à l'époque - j'avais décidé de commencer par les sciences, moins aventureuses matériellement, puis passer aux "lettres" (mais ce furent les sciences humaines dont j'avais appris l'existence entre temps), le passage me semblant devoir être beaucoup plus facile dans ce sens que dans l'autre. Françoise devait cette bifurcation à la déception qu'elle avait connue dans son travail, avec des conflits avec ses patrons, et sans doute à la rencontre, grâce à mai 68, de Jacques Maho, qui l'avait emmenée sur son « terrain » de sociologue rural, où elle avait trouvé que ce qui s'y passait était décidément bien plus passionnant que son travail répétitif d'expérimentatrice, enfermée dans un labo au sous-sol.

Nous étions l'une et l'autre divorcée, élevant seule un enfant, avec les problèmes affectifs que cela supposait. Nous avions choisi l'une et l'autre de « faire un travail sur nous ». Françoise avait découvert la psychanalyse avec passion, c'était celle de Lacan, très à la mode alors, elle était séduite par le dévoilement des profondeurs psychiques, les mystères de l'inconscient, le brillant étonnant et souvent cocasse des

[2] Le gouvernement précédent avait déjà commencé à entendre certaines revendications : le droit à l'avortement, 1975, la reconnaissance du viol comme crime, 1980 ...

interprétations/jeux de mots du Maître. J'étais beaucoup plus circonspecte, je tenais beaucoup plus qu'elle à une rationalité solide, et mon trajet psy avait essayé plusieurs formules, psychanalyse mais aussi techniques corporelles de "développement humain" venues de la Californie dans ces années-là.

Le mouvement de mai 68 avait été suivi, deux ans après, de l'éclosion du *mouvement de libération des femmes,* auquel nous ne pouvions évidemment pas être indifférentes, mais là encore, notre trajet féministe fut différent. La problématique féministe était inscrite profondément en moi, depuis longtemps. J'étais donc prête quand a éclaté ce mouvement - tout comme une mayonnaise prend -, qui s'avérait bien plus riche en ouvertures que tout ce que nous avions pu imaginer. Pour Françoise, je pense que la problématique psychanalytique était première. C'était loin d'être incompatible, bien sûr : les deux relevaient de cette « révolution psy » qui ne se contentait plus des changements politiques, mais interrogeait nos psychismes profonds. Un des courants du MLF s'inspira résolument de Lacan, porté par le charisme d'une de ses patientes qui tentait la jonction des deux courants. A ma connaissance, Françoise n'a jamais été attirée par ce courant du MLF, son ancrage dans la rationalité classique refusait le verbiage, son besoin farouche de liberté intellectuelle ne pouvait accepter les dérives sectaires qui avaient lieu.

La suite montrera qu'ayant à choisir un laboratoire de recherches au CNRS, elle a fini sa carrière dans le groupe des études féministes, auquel elle apporta son efficacité et son dynamisme habituels. En particulier, par sa contribution au *Dictionnaire critique du féminisme.*

Surtout, la recherche de ce qui devait être pour elle un « bon sujet de recherche », contrairement à la chimie macro-moléculaire où elle s'était fourvoyée dans ses débuts, la conduisit à la bataille de sa vie de scientifique-citoyenne : l'examen critique des nouvelles techniques de reproduction qui s'introduisaient alors dans la société et bouleversaient ses fondements concernant la reproduction ; elle trouvait là une triple, sinon quadruple motivation : le problème des relations entre science et société, une bataille idéologique et éthique à mener d'urgence, en se servant autant qu'elle le pouvait des media, le rapport au corps, et tout particulièrement, le rapport au corps des femmes et à son pouvoir de gestation, les relations entre le corps (institution) médical, à dominante masculine, et le corps (vécu) des femmes. Cette bataille venait à la suite de celle qui venait d'être menée victorieusement par le mouvement féministe, le droit à l'avortement, c'est-à-dire le droit des femmes à décider elles-mêmes de leur corps. Les nouveaux problèmes éthiques et sociaux - dilemmes de la gestation pour autrui par les "mères porteuses" - qu'apportaient ces "progrès" biologiques, dans une société donnée (capitaliste, dominée par les hommes), étaient bien de nature et de taille à la passionner.

Avant mai 68, la science, qui représentait le Progrès, ne pouvait être contestée, surtout de la part de scientifiques, qui n'étaient autorisés qu'à poser les questions intérieures à leur propre discipline. Aussi, pour le questionnement bien plus large que nous engagions sur la science, nous nous réunissions dans des appartements privés. Là encore, mai 68 avait introduit un nouveau ton : terminées les réunions militantes dans des lieux neutres, tels les arrières-salles de café, c'est la personne entière qui s'engageait, et acceptait bien plus volontiers de livrer son intimité. De même, dans l'esprit anti-hiérarchique qui s'était installé, les réunions supprimaient la disposition habituelle des salles avec le bureau du prof face aux tables d'étudiants, pour installer des chaises en rond, ou plutôt en ovale, réparties égalitairement autour d'une longue table reconstituée avec les tables individuelles.

Françoise habitait un grand appartement, dans le vieux centre de Paris, tout près du centre Pompidou, c'était pratique. Nous nous réunissions souvent chez elle. Ce grand appartement n'avait pas de salon, donc pas de salle commune, seulement une petite entrée, avec autour les chambres, et une petite cuisine à l'ancienne, mal commode, mais où elle aimait bien cuisiner pour ses amis, nous mangions alors dans l'entrée. Je me souviens en particulier d'une très bonne daube aux carottes - plat provincial, plat paysan - dont elle nous régalait.

Pour les réunions d'*Impascience*, nous nous rassemblions dans sa chambre, qui était spacieuse, jonchée de livres et de papiers. Le grand lit permettait d'accueillir deux ou trois personnes, les autres se répartissant sur des chaises alentour.

Impascience dura 7 numéros et 2 ans (1975-1977).

Mais, dans la cité scientifique elle-même, le virus de la critique, et même de l'hyper-critique, avait envahi une sociologie des sciences jusque-là très respectueuse de la Science. De brillants et jeunes esprits s'étaient adonnés à démontrer que la science n'était pas cette construction de vérité infaillible que le scientisme nous présentait, mais une entreprise humaine, où les rapports de force dominaient, et où la vérité était d'abord celle du vainqueur, bref, que la science était "sociale de part en part". Un relativisme combattant venait détrôner un scientisme dogmatique.

C'est évidemment une thèse à laquelle Françoise était sensible, puisqu'elle avait été l'une des premières à dénoncer les jeux de pouvoir de la cité scientifique dont elle se sentait avoir été victime. Mais là non plus, elle n'a jamais versé dans le dogmatisme. Par son expérience de la science et sa fréquentation de scientifiques, elle admettait que certains puissent être enthousiastes, et respectait leur position.

Vers la fin des années soixante-dix, il me parut possible d'exercer désormais notre questionnement sur la science dans l'Institution même, et je proposai à Françoise d'organiser ensemble un séminaire. Nous l'avons intitulé *Interrogations sur les savoirs et les sciences*, et nous y avons invité les personnes que nous avions envie d'entendre. Cela dura 3 ans. Les presses du CNRS de Bellevue-Meudon (disparues depuis) en publièrent 2 livres.

Ce fut une belle aventure et une vraie audace. Ceux qui parlaient de science, habituellement, c'étaient les philosophes, éventuellement les sociologues qui la décrivent, ou bien encore de grands noms, des scientifiques reconnus, qui s'autorisaient à exprimer leurs idées sur la question.

Nous étions sans autorité aucune pour oser se lancer ainsi, toutes les deux chercheuses de rang B, c'est-à-dire soumises à la hiérarchie d'un directeur de recherches, n'ayant en effet que nos interrogations à offrir et à partager avec d'autres. Nous n'avions jamais fait de séminaire avant. Mais Mai 68 et le MLF nous avaient appris à oser.

J'obtiens une salle à la Maison des Sciences de l'Homme, Bd Raspail, où j'avais mon bureau, et un horaire. Nous préparons un programme, nous l'affichons, en tremblant, sur les panneaux destinés à cela, et nous attendons.

A notre grande surprise, nous avons un public. Pas seulement quelques amis attendus, mais des gens que nous n'avons jamais vus.

Il semblait que ces interrogations avaient bien lieu d'être.

Nous avons pu mener à bien cet exercice et ce projet, alors même que chacune connaissait parfois quelques moments de crise, dans nos vies sentimentales, professionnelles, familiales ... bref, nous n'étions pas toujours au mieux de notre forme. Mais c'était à tour de rôle, et nous avions confiance l'une dans l'autre. L'une pouvait dire : « aujourd'hui, tu prends le relais, je ne peux pas » et c'est ce que faisait l'autre. Dans un milieu traditionnel scientifique, nous n'aurions pu avouer ainsi nos faiblesses. Cela était possible parce que nous étions deux femmes, qui faisions un travail psy sur elles-mêmes, nous savions reconnaître nos vulnérabilités et les respecter.

Je garde un souvenir très ému de cette aventure que nous avons menée ensemble. Tous ceux qui ont travaillé avec Françoise connaissent sa grande intelligence, son esprit rapide et ouvert, qui accepte les idées et les objections avec une sorte de gourmandise, puisqu'elles sont prétexte à penser, à aller plus loin, à étendre son regard, à solidifier l'argumentation.

J'aurais bien aimé que nous continuions ensemble cette coopération, mais elle s'était déjà, à l'époque, engagée du côté de la biologie, et il allait justement s'y passer des choses qui l'ont passionnée. Et moi, j'ai continué, peu ou prou, à m'interroger sur les sciences et la scientificité : était-elle possible ou non dans les sciences sociales, et si oui, de quelles façons ?

Contrairement à elle, je n'avais pas été déçue par la recherche en physique théorique. J'y avais connu de grands moments, par exemple ceux où la communauté scientifique se retrouve, enthousiaste, devant un nouveau résultat bien prouvé ; j'avais pu reconnaître l'intelligence supérieure de certains physiciens qui nous emmenaient dans de nouvelles belles aventures et à qui je portais admiration, intellectuelle au moins. J'avais néanmoins reconnu, aussi, que je n'étais pas vraiment physicienne, je n'avais aucune de ces intuitions que je voyais certains avoir autour de moi, je ne savais qu'assez bien faire des calculs pour des modèles que d'autres inventaient. J'étais bonne matheuse.

Par contre, je me sentais sociologue, je "voyais" les évolutions sociales, cette matière compliquée et quelque peu abstraite qui se déroulait autour de moi, mais aussi en moi : les relations hommes-femmes, par exemple, dans leur généralité sociologique, ou le vécu si différent des classes sociales.

J'avais pensé que, si j'avais pu réussir raisonnablement dans un domaine qui n'était pas vraiment le mien, alors je réussirais bien mieux dans ces sciences sociales qu'il me semblait "sentir" intimement.

Or ce fut le contraire qui arriva. Il se trouva que je fus rabrouée, parfois avec méchanceté, parce que j'arrivais un peu trop imbue de mon expérience de "vraie" scientifique, dans un univers qui s'avéra très déroutant pour moi au début : je m'aperçus que les idées sur la scientificité et la science que j'avais acquises lors de mon expérience dans la science la plus classique, la physique, n'étaient pas du tout celles de mon nouveau milieu.

Du coup, l'épistémologie, qui m'avait jusque-là semblé bien barbare, devint mon champ favori : il me fallait comprendre les méprises auxquelles j'avais affaire. Je continuai donc sur ma lancée. D'autant plus que, derrière l'opposition/complémentarité du couple objectivité/subjectivité, se profilait cet autre couple qui m'intéressait fortement : homme/femme.

Nous avons donc suivi des chemins différents. J'ai admiré Françoise et ses combats, Françoise et ses succès. Généreuse, affective, extravertie, passionnée, elle avait une vie plutôt trépidante. En comparaison, j'étais une personne plutôt sérieuse et solitaire, ennuyeuse, peut-être.

Nous n'avons jamais rompu le fil de notre amitié, mais il était devenu plus ténu, surtout dans les dernières années, où la maladie l'accaparait. C'est surtout moi qui lui téléphonais, je voulais savoir où elle en était. Je savais que je ne faisais plus partie de son cercle intime.

En 1990, puis en 1992, elle avait désiré faire reconnaître par la cité scientifique - c'est-à-dire par la section de sociologie - la qualité de son trajet professionnel. Elle avait élaboré avec soin la présentation de ses "Textes et Travaux", sésame pour l'admission au grade supérieur A, qui la libérerait définitivement de la tutelle (plus ou moins affirmée) d'un Directeur de recherches. Elle y définissait son épistémologie.

Peut-être déçue par les réponses négatives, elle avait, en 1999, décidé de quitter le CNRS, quelques années avant l'âge de retraite officielle, 65 ans. Elle nous donnait comme argument le fait que son ami, déjà à la retraite, vieillissait et qu'elle voulait qu'ils puissent voyager ensemble. Cela faisait plusieurs années qu'elle soutenait cette relation. Mais il la quitta peu de temps après, il se disait - nous raconta-t-elle - inhibé par sa personnalité.

Nouvelle déception, nouvelle solitude. Elle se lança dans la peinture, s'enthousiasmant pour son professeur - jusqu'à ce qu'elle apprenne qu'il s'apprêtait à voter Sarkozy -, se faisant de nouvelles amies avec qui elle allait peindre. M'ayant invitée avec des amis communs, Danielle et Francis Bailly, elle nous avait dit de choisir un de ses tableaux : dépêchez-vous, ils sont gratuits pour l'instant, nous dit-elle en riant.

Puis elle décida que décidément, elle n'était pas assez douée, et arrêta. Il restait, pour son enthousiasme et sa curiosité, la littérature, le cinéma, le théâtre ... Elle y allait en clopinant sur ses béquilles.

Et toujours pour elle, le plaisir de la lecture et celui de la littérature : elle suivait avec enthousiasme les leçons au Collège de France d'Antoine Compagnon, avec qui elle entretenait, je crois, un véritable échange amical.

Quand elle était venue me voir à l'hôpital Pompidou, où j'allais subir une intervention, en 2008, elle m'avait offert sa dernière découverte, *La vie d'Henry Brulard*, l'autobiographie non terminée de Stendhal.

La dernière carte que j'ai reçue d'elle, en mai 2015, c'était en réponse à une demande que je lui faisais, par carte également, d'avoir de ses nouvelles. Elle était dans sa maison du Limousin, elle lisait, le cancer s'abstenait pour l'instant, c'était plutôt rassurant.

D'où le choc quand j'avais lu l'avis de son décès mis dans *Le Monde* par son fils.

Ses collègues du groupe d'études sur le genre ont aussitôt fait ce qu'elles avaient à faire : un texte collectif d'hommage dans leur revue, sous la responsabilité de Jacqueline Heinen. Elles m'ont contactée pour y participer, puisque j'étais celle qui connaissait bien une de ses périodes de vie antérieure[3].

Mais pour moi, la personnalité si riche de Françoise ne pouvait se trouver réduite à un seul hommage dans une revue académique. Chercheuse dans l'âme, sa vie, son originalité, sa générosité débordaient largement de sa carrière au CNRS. Elle avait droit à un hommage qui en rendrait compte, et qu'on illustrerait avec ses tableaux, des photos, des témoignages, surtout.

Je me suis investie dans ce projet de façon peut-être déraisonnable : le temps, à mon âge, est compté, la pensée émoussée, la mémoire rétive. Mais j'y ai trouvé l'occasion de reprendre le dialogue avec Françoise, en faisant le point sur nos aventures, au début les mêmes.

Replonger dans cette époque a été ardu, mais m'a beaucoup intéressée. C'est que la société a tellement changé, sous les coups de boutoir de ces jeunes et de ces femmes exaspéré.e.s par les autoritarismes imbéciles et hypocrites dans lesquels nous avions été élevé.e.s et qu'il est aujourd'hui quasiment impossible d'imaginer. Des temps nouveaux sont advenus qui continuent à se déployer, à nous entraîner bon gré mal gré, et leur vélocité toujours plus grande me donne, personnellement, le tournis.

Nous étions très différentes l'une de l'autre, mais recherchions l'une et l'autre notre propre voie dans l'univers des savoirs et des

---

[3] Elles ont adopté le titre de ma courte contribution : "*Le cœur et l'intelligence*", les deux attributs de Françoise qui me sont venus spontanément à l'esprit, alors.
Jacqueline Heinen : À la mémoire de Françoise Laborie. Le cœur et l'intelligence. *Cahiers du genre*, 2016/1 (n° 60) 213 – 219. (reproduit dans la 4ème partie)

sciences, qui nous importait à l'une et l'autre beaucoup. Ce que nous en demandait l'Institution qui nous payait, le CNRS, ne nous convenait pas entièrement. Françoise recherchait, et a trouvé, son "bon objet de recherche". Je suis restée dans les interrogations épistémologiques et identitaires.

Il faut bien en effet que mon "bon objet" à moi, ce soit l'aventure de la connaissance, la recherche de la vérité, les manières de comprendre que chacun.e vit à sa manière, pour que je m'acharne ainsi à travailler sur nos deux aventures, et à vouloir contribuer à rendre à Françoise une justice que j'estime nécessaire.

C'est aussi une responsabilité - peut-être même une tricherie - que de faire ce dialogue avec quelqu'un qui n'est plus, qui ne peut pas répondre, rectifier, expliquer, s'opposer. J'ai presque envie de lui demander pardon. Mais je suis sûre qu'elle comprendrait les déviations inévitables, si elles sont sans perversité aucune, seulement impuissance, maladresse. Car son intelligence, sa générosité, qui vont ensemble, résident là.

J'écris un peu comme si elle me lisait au fur et à mesure, sur mon épaule. Et je me dis que, même imparfait, même un peu faux, ce travail la fait continuer à vivre.

Bibliothèque des Amis de l'Instruction du 3ème arrondissement après une conférence de Michel Bourdeau sur Auguste Comte et le positivisme, 2004, (photo J. Rossi). Michel Bourdeau, Marie-Ange Schiltz, J. Feldman et Françoise Laborie.

À la recherche du "bon objet" de recherche

PREMIÈRE PARTIE

Les savoirs en questions

1. Famille, études, plaisir d'apprendre

Elle voulait savoir. Savoir comment être aimée de ses parents qui semblaient la vouloir savante. Comment est fait le monde, comment il va et court vers l'inéluctable de l'Histoire. Marx et son père l'avaient dit : le développement des forces productrices sous-tendu par les conflits sociaux ne sauraient manquer de faire advenir, dans la traversée d'une révolution, le socialisme où enfin seraient abolies les classes et leurs luttes et où chacun recevrait selon ses besoins. Chez elle, on se disait athée. Mais on croyait aux Lumières, à la Science terrassant les obscurités paralysantes, au Progrès des connaissances, aux vertus de l'enseignement laïque et obligatoire, au mouvement de l'histoire dans les luttes contre l'obscurantisme, la religion et le profit.

Ainsi commence le beau texte de Françoise où elle raconte son cheminement à travers le savoir et la science, et que nous suivrons, pour cette première phase de sa vie. Elle l'a intitulé : *Les savoirs en question : réflexions après coups*[4].

Nous venions de faire un séminaire, pendant trois ans, où, simples chercheuses de base, nous avions osé poser des questions sur les savoirs et les sciences qui nous tracassaient, questions que seuls les philosophes ou les savants reconnus étaient supposés en droit d'aborder.

Nous en préparions deux livres. Le texte de Françoise est une des deux introductions au premier. Dans l'autre, j'examine, de façon beaucoup plus distanciée, la mutation de la science à laquelle nous sommes en train d'assister.

Le texte de Françoise est d'une grande force. Avec des qualités littéraires certaines, on la voit décrire, dans cet extrait, de façon exacte et concise, le contexte idéologique où nous avons fait nos études, et qui n'existe plus du tout aujourd'hui ; puis son itinéraire à travers les institutions du savoir : agréable au lycée, c'est une élève qui aime les maths, la science et y réussit bien, beaucoup plus heurté, voire, douloureux, ensuite, au CNRS.

Beaucoup de choses sont déjà dites dans ce premier paragraphe : il y a le jeu de mots du titre, qui témoigne de son humour et de son amour des mots ; on verra bien d'autres titres percutants dans sa bibliographie ; la présence dominante de l'idéologie marxiste, narrée dans un recul tendre et amusé ; celle de la psychanalyse – l'amour désiré des parents ; un rapport intime à la littérature : ainsi,

[4] Les savoirs en question : réflexions après coups. *Le sujet et l'objet : confrontations,* Éditions du CNRS, 1984, 39-43 (cf. chap. I.9)

l'utilisation, dans ce texte autobiographique, de la troisième personne est une façon élégante de conjurer le danger du narcissisme.

Françoise est née en 1938 à Tarbes, et a vécu longtemps dans le Limousin, terre pour laquelle elle a gardé toute sa vie un très grand attachement. Son fils Pascal y fera un retour à la terre. Elle a reçu de sa famille la conscience de l'importance de l'instruction et du savoir : comme très largement alors dans la société, la science y est considérée comme un élément essentiel du Progrès.

Avec des grands parents paysans et une mère professeur de mathématiques, elle est en « ascendance sociale », comme disent les sociologues, et elle reconnaît, selon le vocabulaire bourdieusien, l'accumulation dans sa famille d'un capital culturel, lui donnant une aisance dans la pensée et sa formulation. Dans cette période que l'on a surnommée les trente glorieuses, un espace d'émancipation et de liberté s'ouvre à l'écolière douée, que le bonheur d'apprendre animera tout au long de la vie.

Elle aime l'école, elle est bonne élève, et passe le bac maths elem, le plus difficile, avec un an d'avance, elle a 17 ans.

Elle aime les maths : elle parle de "*l'apaisement qu'apportait la résolution de difficiles questions posées en termes mathématiques, et le jeu des règles et concepts de cette discipline.*"

Elle arrive à Paris pour faire Math Sup au lycée Jules Ferry. Mais elle renâcle finalement à suivre la voie de sa mère jusqu'au bout et, au lieu de l'enseignement, elle choisit une préparation à une école d'ingénieur. Elle intègre l'École Nationale Supérieure de Chimie de Toulouse, obtient son diplôme d'ingénieur en 1960, à 22 ans, et en même temps, à l'Université, sa licence de physique-chimie.

Ce choix d'un métier considéré comme masculin, elle le replace dans le contexte d'une sensibilité féministe de sa mère, qui veut l'égalité des sexes. Elle est la deuxième fille de la famille - on aurait, bien sûr, préféré un garçon. "*Faute d'être le garçon attendu, elle se devait de faire aussi bien*". Et cela la conduit, réussite aux yeux de ses parents, dans une école d'ingénieurs chimistes. Elle a ainsi "*l'accès à la sphère de ceux qui agissent sur la matière pour la forcer en ses secrets et la rendre manipulable, monde de l'intelligence active et productive*".

Elle ne pratiquera pas, finalement, la profession d'ingénieur, mais celle de chercheur : elle entre au CNRS.

> *La recherche dont on parlait en termes nobles lui parut devoir prolonger cet état de grâce où le pur jeu intellectuel tenait lieu de conduite et où la découverte, la mise à jour de mécanismes jusque-là ignorés ou mal connus ne saurait manquer de maintenir ce qui était une jouissance de l'esprit.*

2. Chercheure chimiste au CNRS : la déception

Il est aujourd'hui difficile de l'imaginer : on pouvait alors entrer très tôt au CNRS. Nous sommes pendant les "trente glorieuses", la société se reconstruit après la guerre, le CNRS, créé tout juste avant, se développe, les salaires y sont bien moindres que ceux de l'Industrie, et conviennent à de jeunes idéalistes. On est d'abord, pendant deux ans, "stagiaire", une étape qui a disparu avec l'institution du 3ème cycle. On passe quasi-automatiquement "attaché.e" au bout de deux ans. Mais il faut faire une thèse (une plaisanterie du milieu : au début, ça va bien, on vous demande de chercher, mais au bout d'un moment, ils veulent aussi qu'on trouve).

Or, la vérité scientifique s'avère bien plus compliquée à découvrir et à faire admettre que celle qui nous a été enseignée au lycée.

Elle comprit petit à petit et soudain violemment que les règles de jeu avaient changé sans qu'on l'ait avertie ni que le mode d'emploi en fut explicite. Il ne s'agissait plus seulement de savoir recracher à bon escient de larges parts du savoir précédemment assimilé et organisé, il fallait désormais s'alimenter en questions, en "bonnes questions", puiser en son for intérieur le désir de chercher, savoir le relancer, le mettre en acte et en parole, car il fallait, elle le vit assez vite, être capable aussi de savoir convaincre de la pertinence de ses questions et de la rigueur des moyens envisagés pour les transcrire en expériences, manipulations ou avancées théoriques.

Personnellement, lors de cette expérience de vie qui m'avait aussi parue difficile, j'avais eu l'image d'une piscine où, apprentis chercheurs, on nous lançait dans l'eau sans bouée. Il y avait ceux qui arrivaient à apprendre à nager, et surnageaient jusqu'à l'obtention du diplôme ô combien désiré, et ceux qui sombraient. Aussi, quel soulagement de passer du statut de chercheur.e débutant.e à celui de chercheur.e confirmé.e, où l'on a fait ses preuves, acquis une certaine confiance en soi, et surtout appris les règles de jeu du milieu.

Mon milieu, la physique théorique, n'était pas celui de Françoise. J'ai eu la chance de travailler dans deux laboratoires d'élite, internationaux, Copenhague puis le CERN ; j'y ai rencontré des patrons dont l'intelligence supérieure était reconnue par tous, et qui élevait la nôtre. J'y ai appris les règles de jeu. Les coups, je les ai eus, contrairement à Françoise, dans la 2ème phase de ma carrière, quand je suis arrivée dans les mathématiques sociales, puis en sociologie, où j'ai appris avec brutalité que les règles du jeu n'étaient pas les mêmes.

Certains de mes collègues, qui tentaient également le rapprochement difficile entre deux traditions culturelles très différentes, se sont suicidés [5]. Personnellement, je m'en suis tirée par un recul intellectuel, avec une réflexion sur ce que je nomme psycho-socio-épistémologie, qui me permettait d'analyser ce qui arrivait.

L'espace intellectuel de la recherche scientifique s'accompagne en effet de rapports de force bien humains. Face à eux, la rigueur morale de Françoise l'a laissée démunie. Elle n'admet pas la tricherie, la manœuvre.

> *... Ceci supposait à l'évidence l'entrée dans de curieux rapports sociaux où la rivalité, les rapports de force, les ruses, les séductions paraissaient essentiels. Et là, on ne lui avait rien appris, l'enseignement scientifique qu'elle avait reçu, bien reçu, ne lui permettait en rien d'interpréter ni d'avoir prise sur cet aspect du monde.*

C'est une combattante, elle refuse de courber l'échine, de s'adapter en silence. Elle s'insurge contre un pouvoir hiérarchique qui lui ôte la liberté et le plaisir de la découverte, elle le ressent comme une trahison par rapport à ce travail de vérité qui lui importe tant.

Elle soutient, dans le conflit, sa thèse de doctorat en 1967, et passe chargée de recherches au CNRS en 1968, un statut qui garantit la stabilité d'emploi.

Ses heurts avec ses patrons, elle en gardera longtemps l'amertume : elle y consacre au moins trois textes, deux dans *Impascience* d'abord, et celui-ci, où elle inclut dans les titres mêmes ses déceptions : coups reçus, temps perdu, répression.

De vérité scientifique en cette affaire : point !

Ecrit-elle. Formulation abrupte, comme en faisait assez souvent Françoise la batailleuse, qui permet de comprendre le succès du relativisme de l'époque. Pourtant, elle ne s'y est jamais engagée personnellement. Intellectuellement prudente, sa formulation ne concerne qu'un cas précis.

Françoise n'est pas une dogmatique : elle voit bien, autour d'elle, que certains se plaisent dans ce travail, ce qui va la conduire, quand elle sera devenue sociologue, à son travail de recherche dans deux labos. Car lors de cet apprentissage du métier, elle a découvert "*qu'il y avait de bons et de mauvais laboratoires, de bonnes et de mauvaises directions de recherche et que les réseaux de relations et les rapports*

[5] Je n'exclue bien évidemment pas les causes personnelles.

de force avaient leur place dans l'estimation de la valeur d'un travail scientifique".

Reste alors, contre les aléas de l'Institution, l'appui sur son désir personnel, le "désir de chercher" : "*puiser en son for intérieur le désir de chercher, savoir le relancer, le mettre en acte et en parole".*

Et longtemps après, il s'avéra par ailleurs que les objets de "sa science", la chimique, ne semblaient pas être les "bons", ceux vis-à-vis desquels elle aurait pu se sentir inspirée ou créative, en ce qu'ils ne lui permettaient pas de relancer son désir au savoir.

Autre déception, la routine du travail quotidien : "*On pointait comme à l'usine, travaillait dans des sous-sols sinistres où s'irradiaient des molécules, il fallait produire intensément des résultats expérimentaux, on n'avait guère le temps de lire l'énorme volume hebdomadaire de littérature scientifique ni de s'alimenter d'idées".*

Bref, "*elle trouvait les sciences exactes assez inhumaines*"

Trois photos de Michel Fontannaz

3. Mai 68 et la critique de la science

Éclate alors, en mai 68, le mouvement des étudiants, résolument anti-hiérarchique. Il s'étend bientôt dans toute la société. Après l'occupation de la Sorbonne, les universités, les centres de recherches sont "occupés" aussi. On participe à la critique totale de la société, celle que l'on nomme désormais société de consommation.

Critique hiérarchique de l'organisation du travail scientifique, critique de classe aussi, certains labos vont jusqu'à une redistribution des salaires pour arriver à l'égalité.

Et surtout, commence une réflexion sur le sens de la science et sa place politique dans la société.

Jusque-là, son identification au Progrès l'avait protégée de toute critique, sauf de la part de quelques "réactionnaires" qui n'admettaient pas que ses avancées se fassent aux dépens des "humanités", quelque peu marginalisées par elle. Déjà pourtant, un peu avant 1968, quelques questionnements avaient surgi, venus de "jeunes scientifiques" : à l'instar de leurs collègues "jeunes architectes", "jeunes juristes", "jeunes médecins", ..., ayant pour la plupart accédé à ces professions jusque-là respectées et protégées grâce au développement des classes moyennes et à la démocratisation de l'enseignement, ils refusaient leur statut de privilégié – qui allait par ailleurs s'amenuisant – pour se solidariser avec les classes populaires, dans le schéma marxiste qui prédominait alors.

Dans la revue *Porismes*, ces jeunes scientifiques refusaient tout d'abord la "tour d'ivoire" qui caractérisait la science. Ils étaient avides de poésie, de culture générale, d'engagement dans la société. La question des femmes faisait son apparition : pourquoi, alors que les femmes avaient acquis le droit désormais d'étudier et de travailler, étaient-elles si peu nombreuses en science ? Il n'était plus question de donner la réponse habituelle alors, leur "infériorité naturelle en logique". [6]

Mais on restait scientiste : la science était une bonne chose, dont il fallait mieux faire profiter la société.

La critique post-mai 68 est beaucoup plus radicale et totale. Émise pour la première fois par les scientifiques eux-mêmes, elle sonne le glas de l'idéologie scientiste du 19ème siècle. [7]

---

[6] J. Feldman 1984 "La science en mutation", dans *Le sujet et l'objet. Confrontations,* op. cit., 21-38 .

[7] Jaubert et Lévy-Leblond, (Auto) critique de la science, seuil 1973.

Les scientifiques refusent d'isoler leur travail du reste de la société. Ils s'interrogent sur les liens étroits entre la science et la société globale, capitaliste, militaire, et se sentent désormais responsables de ses retombées néfastes : armement, nuisances écologiques. Foin du respect du aux grands savants, ils mettent en cause violemment les "mandarins".

Dans le style bouillonnant de l'époque, on assiste à de nombreuses interventions spectaculaires.

En janvier 1969, le physicien Jean-Marc Lévy-Leblond profite d'un prix qui lui a été remis par l'Académie de Lyon pour, dans ses remerciements, avancer la nécessité de poser des questions politiques et personnelles sur l'activité scientifique, à partir des "profondes remises en question" amorcées par mai 68 :

> *Pourquoi cette récompense, qu'ai-je fait de méritoire, aux yeux de qui ; et plus généralement, à qui, à quoi sert en définitive mon activité scientifique ? Pourquoi fais-je de la recherche, quelles sont mes motivations personnelles ? Pourquoi la société organise-t-elle la recherche scientifique ? Quel est le rôle de la science dans notre société ?*

Suit une analyse de type marxisante : "*remplir le rôle que (lui) assigne la société : propager et entretenir l'idée d'une science politiquement neutre et socialement progressiste, accepter et amplifier l'idéologie d'élite et de la compétence, et aider ainsi la classe dirigeante à masquer les phénomènes d'exploitation et d'oppression sur lesquels est fondée cette société.*"

Et il termine en annonçant que "*pour une fois, l'argent d'un prix scientifique aidera ceux qui veulent construire une société sans exploitation, sans hiérarchie et sans prix.*"

En septembre 1970, il écrit dans *La Recherche* (n°4) :

> *Bien plus profondément, ce qui est en cause aujourd'hui, de façon encore obscure chez beaucoup, mais plus claire de jour en jour, c'est le sens même de la recherche scientifique fondamentale et la signification du métier de chercheur.*

Grothendieck, fils d'anarchistes, reconnu comme très grand mathématicien, va pour rencontrer les « enragés » qui occupent la fac d'Orsay, il est très mal reçu et traité de "mandarin". C'est un choc : "*Venu défendre la recherche fondamentale, il repart ébranlé* " (Libération, 13 nov 2014).

Peu après, il s'engage, avec d'autres mathématiciens éminents, dans le combat écologique, en fondant la revue *Survivre... et vivre*[8]. Le Collège de France, où il a une chaire, lui ayant refusé d'organiser des discussions autres que mathématiques, il ira jusqu'à la rupture : il finit sa vie isolé en Ariège. Là, il continue à satisfaire sa passion des maths, mais en dehors de la société. Cf. *Vignette Grothendieck.*

L'autre grand sujet, c'est le lien de la science avec l'armée. [9]

Deux anecdotes personnelles :

En 1967, j'étais au CERN (Genève), et une conférence Pugwash[10] eut lieu dans un grand amphithéâtre. J'avais été désolée de voir que nous étions très peu à y assister.

J'avais bénéficié, comme bien d'autres, de plusieurs bourses de l'OTAN pour aller à des écoles d'été de physique théorique : c'étaient des moments privilégiés où l'on profitait à la fois de séjours dans des endroits très agréables et de rencontres avec des personnalités de tout premier plan, à l'échelle internationale, de notre discipline. Nous nous sentions, en tant que scientifiques, porteurs du progrès de la société, et nous nous gaussions des militaires qui nous octroyaient cet argent alors même que nous étions antimilitaristes et que nous pensions bien que nos propres recherches, bien trop théoriques, ne leur serviraient jamais.

Après mai 68, ceci n'est plus de mise pour les plus radicaux : Grothendieck quitte un institut qui lui donne des conditions de travail idéales quand il s'aperçoit qu'il est partiellement financé par l'armée. (cf. Vignette *Grothendieck*)

Autre intervention spectaculaire : le renommé physicien Murray Gell-Mann, prix Nobel en 1969 « pour ses contributions et ses découvertes concernant la classification des particules élémentaires et leurs interactions », doit faire, en 1972, une conférence au Collège de France sur les particules élémentaires. Mais des étudiants américains

---

[8] Céline Pessis, coord., *Survivre et vivre ; critique de la science, naissance de l'écologie,* coll Frankenstein, Éditions l'Échappée, 2014.

[9] Il est symptomatique qu'au moment de la grande guerre, qui opposa la France et l'Allemagne, la grande majorité des scientifiques, de part et d'autre, se laissèrent embarquer dans la passion nationaliste et ils furent bien rares ceux qui, à l'instar de Russell, restèrent pacifistes.

[10] Le mouvement Pugwash fut fondé en 1957, durant la guerre froide, par Józef Rotblat et Bertrand Russell à Pugwash (Canada), à la suite de la parution deux ans plus tôt du manifeste Russell-Einstein contre l'armement nucléaire. Le mouvement Pugwash et Rotblat se partagent le Prix Nobel de la paix en 1995 pour leurs efforts sur le désarmement nucléaire.

ont révélé qu'il faisait partie du comité Jason, groupe de scientifiques américains chargé de conseiller le gouvernement des États-Unis en matière militaire et de sécurité nationale. Or, beaucoup d'étudiants et d'universitaires sont engagés contre la guerre américaine au Viet-Nam. Daniel Schiff (cf Vignette *Daniel Schiff*) organise un boycott de sa conférence, en lui demandant de parler plutôt de la guerre au Viet-Nam et de sa participation au Comité Jason.

Françoise y était. (cf photo page suivante)

D'autres interventions ont lieu dans l'année dans diverses écoles avancées de physique. La plupart des physiciens reprochent aux intervenants de mélanger la politique et la science. Ils répondent : ce n'est pas nous. cf Vignette : *Lettre de Daniel Schiff au professeur Bethe*, un autre physicien prestigieux, qui défend ses collègues engagés dans Jason.

Reprenons le récit de Françoise sur cette époque, heureuse de pouvoir participer à des mouvements qui posent les mêmes questions qu'elle :

> *Elle allait désormais poursuivre le mouvement réflexif sur sa relation aux savoirs et à la science ... Et ceci en collaborant à divers mouvements critiques issus de l'après-mai 68 ; qu'il s'agisse d'une analyse critique de la science, de ses modes de production, son triomphalisme hégémonique, mais aussi des mouvements de femmes où cherchaient entre autres à s'élaborer collectivement des réflexions sur la différentiation des rôles sexuels, dans la production intellectuelle et théorique et la reproduction humaine, ou sur la division sexuelle des formes d'exercice des pouvoirs ou de la maîtrise."* (Après coups, p. 42-3)

Après avoir abordé ici l'émergence de la critique de la science par les scientifiques, il faudra donc évoquer l'autre grande contestation qui s'élève alors, celle du Mouvement de libération des femmes.

Un prix Nobel de physique chassé du Collège de France par des physiciens en raison de ses conseils au gouvernement américain pendant la guerre du Viet-Nam, 1972. Derrière Murray Gell-Mann, (1928-2019), à gauche, Jacques Prentki (1920-2009), Chaire de Physique théorique des particules élémentaires au Collège de France ; à droite Françoise Laborie ; derrière Prentki, à gauche, Evelyne Guedj. Photo prise par Suzanne Sacks dans la cour du Collège de France.

Daniel Schiff

(D'après un entretien avec Renaud Debailly, 2006)

Je suis né en 1940. Quand j'ai été en âge de choisir, il y avait une pression, dans ma famille, pour aller vers les sciences.

Je crois que j'appréhendais mal ce qu'était la physique dans le quotidien, il y avait l'image du prix Nobel, des grandes découvertes, et je me suis rendu compte que ce n'était pas facile du tout, et que j'allais seulement faire quelques petits trucs très limités et modestes.

L'inflexion par rapport à une trajectoire scientifique ordinaire est venue des prises de position de Grothendieck. Il était considéré comme un très grand mathématicien, et était venu à Orsay, après 1968, faire une conférence sur quelque chose comme "Pourquoi faisons-nous de la recherche scientifique". C'était une mise en question radicale dans la mesure où l'activité elle-même était tout d'un coup questionnée. Ça m'a ébranlé.

Puis, j'ai passé un an aux USA avec Dominique, ma femme, physicienne également. Nous sommes allés quelques jours à Berkeley. C'était pendant la guerre du Viet-Nam. C'est là où j'ai vu les étudiants manifester contre les physiciens qui participaient au comité Jason. Le comité JASON, créé en 1960, est un groupe de scientifiques américains chargé de conseiller le gouvernement des États-Unis en matières militaire et de sécurité nationalc. Ainsi, j'avais vu qu'il était possible de contester des grands noms de la physique sur les campus.

J'avais d'autre part commencé une psychanalyse qui m'avait conduit à voir que j'avais des problèmes personnels avec la physique. C'est difficile de faire la part de ce qui est psychologie individuelle et sociologie de l'époque.

C'est aussi la psychanalyse qui m'a permis de m'autoriser à contester l'homme Gell-Mann, à ne plus être arrêté par son prestige de grand physicien. Après tout, j'avais le droit d'avoir des opinions politiques qui valaient autant que les siennes.

Quand j'ai appris qu'il allait venir au Collège de France, j'ai mis un mois à me préparer, à parler à d'autres, et quand la conférence a eu lieu, il y avait mes amis dans la salle, nous étions majoritaires. Je me souviens du moment où j'ai levé la main dans l'amphi prestigieux et ai demandé des comptes à Gell-Mann à propos de la guerre du Viet-Nam, rompant le consensus si fort de la "communauté scientifique neutre, hors politique, ne s'occupant que de science".

Les organisateurs ont essayé de freiner, mais de chaque côté de l'amphi se levait une main : "Il a raison". Les autres s'exprimaient ainsi l'un après l'autre pour me soutenir.

La plupart des scientifiques prestigieux dans ce domaine nous ont donné tort, il ne fallait pas mélanger les questions politiques et les questions de science. On répondait que ce n'était pas nous qui les mélangions.

C'est à ce moment que je me suis mis en rupture avec le milieu dans lequel j'avais été jusque-là. J'ai arrêté la recherche pour ne faire que de l'enseignement, ce qui était mal vu dans le milieu élitiste où j'étais. C'était un peu comme une désertion, comme si la science était une espèce de service national que j'avais en quelque sorte trahi.

Cela m'a été facilité par le fait que mon directeur de thèse, Loup Verlet, a lui aussi suivi un itinéraire de désaffectation par rapport à la physique. Il est devenu écologiste et psychanalyste.

Pour ce qui est de l'enseignement, c'est comme si on m'a rétrogradé au cours de ma carrière en me donnant des cours à faire de plus en plus pour les débutants, donc de plus en plus loin du prestige de la physique théorique la plus avancée : ainsi, je suis passé de l'enseignement dans un DEA de Physique théorique et mécanique quantique à Orsay, où j'étais à peine plus âgé que les étudiants, à un enseignement du 2ème puis du 1er cycle, puis pour des étudiants non bacheliers en formation permanente. Cela ne me dérangeait pas, car c'est souvent plus difficile et intéressant d'enseigner les bases d'une discipline.

Cet enseignement n'allait pas sans contradiction non plus, au fond de moi-même. J'ai, vis-à-vis de la science, une attitude ambivalente. A la fois, je suis impressionné par ce que ça représente comme réussite intellectuelle et comme description efficace, mais en même temps, j'ai une espèce de révolte, peut-être un peu puérile, contre l'autorité qu'elle représente.

Finalement, je me rends compte que ce qui m'a toujours intéressé, c'est d'introduire autre chose dans la physique ...

Quelques publications :

Lettre au prof Bethe, 1972, *Science against the people* The story of Jason - 3ème de couverture. (page suivante)

L'institution scientifique garante de l'ordre, 1973, *Les Temps Modernes*, n° 320, "La science et la guerre".

Un prix Nobel expulsé du Collège de France, *in* Jaubert et Levy-Leblond : A*utocritique de la science*, 1975, pp 185-6.

La Ligne de Sceaux 1982, Éditions de Minuit.

Participation au collectif Adret, cf I.8.

Lettre de Daniel Schiff au physicien Hans Bethe

Professor Hans Bethe of Cornell University wrote to the physicists at the Trieste meeting, defending his Jason friends from what he felt were some inaccurate statements that had been circulated about Jason's work for the Vietnam war. The following reply was written by the young French physicist, Daniel Schiff, of the University of Paris, Laboratory at Orsay.

Dear Professor Bethe,

I have read your letter adressed to Bruno Vitale, and distributed to all the participants to the Symposium at Trieste, and after reading it I was wondering whether we are not progressively losing any sense of reality : imagine a discussion on the chemists who advised the Nazis as to which gas to use in the gas-chambers, and people starting to distinguish between those who worked on "cyclon A" and those who worked on "cyclon B" ...

It seems that, concerning the overwhelming atrocity of the sufferings imposed on the Vietnamese by the US bombs, we are no longer horrified : it may be that we have been given so many figures, so many technical details that we can no longer think about the human beings on which all these bombs fall. Or is it, as Chomsky puts it in "American Power and the New Mandarins", that we have become totally immune to the sufferings of others?

You inform Vitalc that Jason has never worked on plastic fragmentation bombs. Is this really relevant? Should one not rather be appalled by scientists recommending that be dropped on the Vietnamese "10000 SADEYE-BLU-26B clusters" (i.e. steel fragmentation bombs) per month (Pentagon Papers, Gravel edition, vol.IV, page 122).

To quote Chomsky again: "By entering into the arena of argument and counterargument, of technical feasibility and tactics, of footnotes and citations, by accepting the presumption of legitimacy of debate on certain issues, one has already lost one's humanity." Perhaps moral statements of that kind can awaken us, could have helped awaken the physicists at Trieste, more than the technical information contained in your letter.

Sincerely yours,

Daniel Schiff

1972, *Science against the people, The story of Jason*, 3ème de couverture.

Grothendieck et le collège de France

Grothendieck (Berlin, 1928 - Saint-Lisier (Ariège), 2014) est considéré comme un des plus grands mathématiciens du 20ème siècle.

Son enfance se passe dans un contexte très dur : ses parents, juifs et anarchistes [11], quittent l'Allemagne en 1933 pour la France, où Alexandre les rejoint en 1939. Mais son père est interné en France puis déporté à Auschwitz, où il meurt ; lui-même est d'abord interné au camp de Rieucros, en Lozère, avec sa mère, puis caché à Chambon-sur-Lignon, village protestant du Massif central doté d'une tradition courageuse d'aide aux persécutés.

Il devient mathématicien.

Pendant près de 25 ans, j'ai consacré la totalité de mon énergie intellectuelle à la recherche mathématique, tout en restant dans une ignorance à peu près totale sur le rôle de la mathématique dans la société ; i.e. pour l'ensemble des hommes, sans même m'apercevoir qu'il y avait là une question qui méritait qu'on se la pose ! [12]

Il entre au CNRS en 1950.

J'y ai passé huit années de ma vie, de 1950 à 1958, toujours émerveillé à l'idée que l'exercice de mon activité favorite m'assurait en même temps la sécurité matérielle, plus généreusement d'ailleurs d'année en année. Depuis 1959, j'ai été professeur à l'Institut des hautes études scientifiques (IHES) [13] *... (où) je jouissais de conditions de travail exceptionnellement favorables.*

Néanmoins, depuis environ une année, j'ai commencé à prendre conscience progressivement de l'urgence d'un certain nombre de problèmes ... Au mois de novembre 1969, j'appris fortuitement que l'IHES était depuis trois ans financé partiellement par des fonds militaires ... Cela m'a conduit à quitter l'IHES au mois de septembre dernier. Pour l'année académique 1970-1971, je suis professeur au Collège de France.

Cette "chaire associée" pour deux ans a été spécialement créée pour lui car, étranger, il ne peut être titulaire. Il sera naturalisé français en 1971. Mais le Collège de France ne renouvellera pas son contrat.

---

[11] Cf Maitron : Sacha Shapiro dit Tanaroff et Johanna Hanka Grotendieck.

[12] *Survivre, n°6, janvier 1971,* p 9-10. in Céline Pessis, op. cit. Pp . 106-110.

[13] En grande partie créée pour lui, qui est apatride.

Car il a décidé d'utiliser sa chaire pour y inviter le public à discuter avec lui de ces problèmes qu'il juge urgents. Il raconte l'histoire en détail dans un autre article[14] :

Il décide de commencer son cours par une discussion sur le thème :

SCIENCE ET TECHNOLOGIE DANS LA CRISE ÉVOLUTIONNISTE ACTUELLE : ALLONS-NOUS CONTINUER LA RECHERCHE SCIENTIFIQUE ?

Cette proposition, comme il est d'usage, est discutée par l'ensemble du corps professoral, et particulièrement âprement. "*Comme je m'y attendais, elle a donné lieu à un débat fort intéressant, extrêmement vif et révélateur.*"

Les opposants lui dénient toute compétence pour traiter d'autres sujets que sa spécialité – alors qu'il a seulement proposé une discussion. Ils sont majoritaires, 32, mais il y eut tout de même 9 voix pour, et une abstention. Grotendieck souligne :

> *Il est remarquable que dans un haut-lieu de la science comme le Collège de France il se soit trouvé 9 voix pour appuyer un sujet de cours brûlant certes, mais qui rompt avec des traditions académiques fortement enracinées ; cela me semble un signe frappant de l'évolution qui est en train de se faire dans les esprits, y compris dans les sphères qu'on pourrait croire le plus inconditionnellement acquises au « scientisme ».*

Il décide de passer outre en s'adressant directement aux lecteurs de Survivre :

> *Le nombre des séances consacrées à ce sujet, avant de passer à la partie technique du cours (concernant la théorie de Dieudonné), dépendra entièrement des réactions de l'auditoire. Précisons ici que le Collège de France est ouvert à tous les auditeurs, sans distinction de nationalité, sexe, religion, âge, diplômes, coupe de cheveux ou toutes autres particularités. Il n'y a aucune formalité d'inscription, ni aucune formalité pour assister à aucune des séances : l'appariteur vous indiquera gracieusement la salle. Toute personne intéressée par le thème est bienvenue pour participer aux discussions, qu'il soit ou non mathématicien. Adresse du Collège de France : Place Marcellin Berthelot – PARIS 5ème. Pour tous renseignements, on peut me téléphoner au 920 13 34.*

Son cours ne sera pas renouvelé. Il quitte alors Paris, est nommé à Montpellier et, à la retraite, s'installe en Ariège en solitaire, continuant de faire des mathématiques sans en discuter avec ses collègues.

---

[14] *Survivre ...et vivre*, n° 9 août-septembre 1971.

4. Le Mouvement de libération des femmes

Parmi les nombreuses suites de mai 68, la plus spectaculaire peut-être, la plus durable certainement, a été celle qui a contribué à changer le rapport de forces entre le premier et le deuxième sexe, avec le surgissement du Mouvement de libération des femmes en 1970.

Car, alors que nombre d'autres revendications allaient, soit finir au cimetière des utopies défuntes (je pense à la révolution prolétarienne), soit se dissoudre dans l'évolution de la société (je pense à la révolution psy et la libéralisation des mœurs) – je tenterai dans le texte "Actualisation" de faire le bilan actuel de la critique de la science –, la contestation des femmes s'adresse à une réalité qui a deux ancrages très profonds, historique et psychologique.

Quand j'ai rencontré Françoise à *Impascience*, la revendication nouvelle des femmes y était admise. Dès le numéro 2, une place importante y était consacrée. Bien sûr, on ne sera pas étonné.e d'une prédominance masculine certaine, mais le collectif était à peu près paritaire et d'esprit égalitaire. C'est ailleurs que certaines d'entre nous menions la réflexion sur notre place, en tant que femme, dans cette société.

Nous n'avons jamais parlé ensemble, Françoise et moi, de la façon dont nous avions chacune vécu l'émergence du MLF. Je ne puis donc rien dire là-dessus, sinon que, sans être une des activistes de ce mouvement, elle avait tout à fait compris son importance. La suite le montrera bien, avec ses engagements féministes sans faille.

Il me parait important que ce moment du réveil féministe des femmes soit présent dans ce récit fait autour de la vie de Françoise. Voilà ce que j'ai trouvé pour pallier au manque de sources la concernant directement, outre mon propre témoignage, auquel je renvoie [15].

Le MLF, c'était le mouvement de chaque femme qui désirait décider de son propre destin, alors que, dans les dictionnaires, la femme était toujours définie comme "compagne de l'homme". Aussi avait-il de nombreux aspects et s'incarnait-il dans de nombreuses formes de lutte.

Je vais évoquer – et là encore, c'est comme un devoir de mémoire et un plaisir du souvenir – une amie très proche d'elle, jusqu'à sa disparition au début des années 2000, Evelyne Guedj, que j'ai bien connue aussi, sans que notre amitié soit aussi proche et solide qu'elle l'était avec Françoise.

[15] Jacqueline Feldman : De FMA au MLF ; Un témoignage sur les débuts du mouvement de libération des femmes, *Clio,* 2009, 29, 193-203.

Evelyne Guedj

Évelyne travaillait dans le laboratoire de Lévi-Strauss au collège de France, elle s'occupait de la revue d'anthropologie *L'Homme.*[16] Dans le même labo travaillait aussi Nicole-Claude Mathieu, qui a produit des analyses féministes nouvelles, fines et fortes ; l'on sait d'autre part l'apport considérable de Françoise Héritier - qui a succédé à Lévi-Strauss à la direction du laboratoire - à la question : l'introduction de la notion de "valence différentielle des sexes", la démonstration, en tant qu'anthropologue reconnue mondialement, de la généralité de cette situation, et son engagement personnel pour sa disparition, nous a fourni une arme scientifique désormais indiscutable.

Évelyne participe au début des années soixante-dix, quand naît le MLF, à des groupes de parole de femmes, qui l'ouvrent à la politique. En 1972, elle participe à l'action contre Gell-Mann au Collège de France, on la reconnaît au 2ème rang sur la photo, partiellement cachée par lui.

En 1973, Évelyne va à New-York. Elle fait connaissance, dans l'avion, avec Malka Weksler, toutes deux sympathisent, ont un compte à rendre avec les études supérieures qu'elles n'ont pas pu faire – Evelyne est une jeune veuve avec deux enfants, Malka a une histoire familiale difficile (père juif déporté). Elles décident d'écrire un livre ensemble, qui sera leur travail de maîtrise (il semblerait qu'il n'ait pas été poussé jusque la reconnaissance universitaire). Ce livre, *Quand les femmes se disent,* porte bien la marque de ces années, avec un mélange assumé entre subjectivité et objectivité. Il est publié par Le Seuil en 1975.

Extrait de la 4ème de couverture : "*Refusant l'écran d'un langage intellectualiste et impersonnel, elles racontent dans ce livre leur cheminement*".

Le corps du livre est composé d'entretiens avec des femmes américaines militantes socialistes – on y retrouve donc la prégnance du combat de gauche "classe sociale" de l'époque, avec l'introduction de la parole féministe. L'originalité vient de la présence discrète mais affirmée des auteures : la première page, au lieu des remerciements habituels des travaux universitaires, a pour titre : "*soutiens*", et commence par l'énoncé des personnes ayant participé "*aux tâches de la vie quotidienne*". La deuxième énonce rapidement "*Ce qui nous est*

[16] J'imagine qu'aucun universitaire n'oserait aujourd'hui donner un tel nom à une revue, alors que le démasculinisation de la langue française est désormais un combat engagé (nov 2017).

arrivé" pendant l'aventure, "*Beaucoup d'ennuis à mon travail*", pour Malka, "*des crises affectives*" pour Évelyne, entre autres difficultés matérielles et/ou psychiques.

A la fin du livre, quatre pages discutent de ce qu'est une bibliographie - c'est une partie du métier d'Évelyne - avant d'en donner une, très complète, comprenant aussi des livres qui ont marqué leur enfance.

"*L'ordre du nom des auteurs adopté sur la couverture a été tiré à pile ou face*". De fait, c'est Évelyne qui a surtout la plume, Malka est d'abord une conteuse et une penseuse politique.

5. L'aventure d'*Impascience*

La « commune étudiante » ne dura qu'un printemps, la droite reprenant le pouvoir aux élections de juin. Mais la dynamique introduite par les étudiants a été si puissante qu'elle continue à irriguer la société entière. Réflexions, discussions, remises en question, tentatives nouvelles durent au moins toute la décennie qui suit, l'arrivée de la gauche au pouvoir en mai 1981 changeant alors la donne. Déjà la droite avait du tenir compte de ces revendications nouvelles et accorder aux femmes la maîtrise de leur corps avec, événement majeur, en 1975, la liberté de l'avortement, symbole des transformations en cours dans ce qui ressortait alors d'une sphère privée cadenassée dans le tabou.

En janvier 1975, des scientifiques, surtout des physiciens – mais la physique passait justement alors pour l'exemple le plus emblématique des succès de la science, au point d'en être pour beaucoup le modèle – font paraître le premier numéro d'une revue de contestation des sciences : ils la nomment *Impascience,* Impasse-science, selon un jeu de mots de style lacanien, c'était en vogue. Françoise en était, et a sans doute participé avec plaisir à, sinon même proposé, ce choix.

Je les ai rejoints au numéro 4, qui portait sur les mathématiques et en ai fait partie jusqu'au dernier numéro, le 7, mai 1977. J'étais là pour signer la fin du contrat de la revue avec l'éditeur Solin.

C'est donc là que je rencontrai Françoise. A l'époque, il était très mal vu dans le milieu des scientifiques, supposés sérieux et absorbés dans leurs travaux hautement spécialisés, de se poser des questions générales, de nature philosophique et/ou politique, sauf évidemment si l'on avait atteint un haut statut de reconnaissance dans sa discipline, qui vous autorisait un certain "vedettariat". On entendait dire assez souvent que la philosophie ou l'histoire des sciences convenaient à ceux qui n'avaient pu réussir ou ceux qui n'étaient plus dans la course de la compétition. Il y avait un très grand mépris pour les sciences sociales, du "simple bavardage". Y réfléchir ressortait de la sphère privée.

Puisque l'occupation des universités et des laboratoires était terminée, on se réunissait dans des appartements privés. Pour moi, qui avais connu le militantisme d'avant mai 68, où nous nous réunissions dans les salles-arrières, anonymes, sombres, des cafés, et où nous n'abordions que les problèmes politiques, restant très discrets, en règle générale, sur les problèmes personnels, je voyais là un des effets de cette révolution en marche qui déplaçait les frontières de l'intime. Autrement dit, c'est la personne tout entière qui s'engageait désormais, et non plus seulement sa partie idéologique et intellectuelle.

Françoise habitait un grand appartement dans le 3ème arrondissement, tout près du centre Pompidou, une sorte de nouveau quartier latin, central et pratique, qui convenait à son esprit curieux de tout ce qui était culturel. C'était un appartement à l'ancienne. Sur la petite entrée s'ouvraient une cuisine minuscule et plusieurs chambres, dont la sienne, qui était grande mais très encombrée, ce qui faisait qu'en l'absence de sièges suffisants, elle trônait, avec une ou deux autres personnes, sur le lit.

En symbiose avec la partie libertaire du mouvement de mai, nous étions dans la hantise d'une structure qui se figerait, à l'instar de ce que nous voyions dans les organisations politiques et syndicales, et qui ferait apparaître des leaders, ce qui signifierait la fin de l'égalité, à laquelle nous tenions avant tout : chacun devait avoir sa place, chacun devait pouvoir s'exprimer. L'utopie avait encore le vent très en poupe, et était même assez souvent vécue, d'une façon ou d'une autre. L'anonymat des articles était de rigueur, pour éviter le vedettariat dont la presse était friande, et empêcher les hiérarchies honnies de se reconstituer. Un argument était aussi le caractère fondamental, en quelque sorte, de notre critique, qui transcendait les histoires, et donc les signatures individuelles.

Pour chaque numéro, un groupe se réunissait qui le prenait en charge, définissant son thème. L'ambiance était festive, et les conflits restaient en général sous-jacents. Il était entendu que cette façon de fonctionner était fondamentale au projet, et que celui-ci s'arrêterait donc quand elle ne serait plus possible. L'idéologie de mai 68 s'appuyait ainsi sur la "spontanéité" des mouvements venus de la base, ne voyant pas de drame à ce qu'elle ne dure que le temps où elle était nécessaire, c'est-à-dire vécue.

Sept numéros furent ainsi publiés par les Éditions Solin [17]. Ils avaient un petit local rue des Fossés-Saint-Jacques et s'investissaient beaucoup dans cette révolution. Ils soutenaient diverses revues contestataires, telles "Les cahiers d'Action juridique", qui parurent de 1974 à 1992, première revue qui n'était pas seulement de droit mais s'intéressait à la pratique juridique réelle. Ils partageaient le local avec les éditions Tierce, fondée par Françoise Pasquier (1944-2001).

---

[17] Elles finiront par rejoindre, en 1989, les éditions Actes Sud.

Le contrat de fin d'édition d'Impascience est signé de : Estelle Asseo, Jean Eisenstaedt, Jacqueline Feldman, Anne-Marie Heumann, Françoise Laborie, Jean-Marc Lévy-Leblond, Dominique Pignon, Daniel Schiff, John Stewart.

Les couvertures d'Impascience étaient soignées, les illustrations bien choisies, l'humour abondant, cela faisait de chaque numéro un "bel objet", foin de l'austérité habituelle du scientifique.

Dans la vignette qui suit, je donne quelques exemples de titres. Remarquons qu'il nous fallait, à nous, scientifiques classiques, un certain courage pour aborder, au numéro 6, un thème très controversé, celui des "parasciences" ou "fausses sciences", autrement dit quasiment diaboliques aux yeux de beaucoup de nos collègues. Nous avions, pour le faire, passé une petite annonce dans *Libération*, qui nous a permis d'organiser une rencontre, sur les pelouses de Jussieu, entre "scientifiques durs" et praticiens des savoirs mystérieux. Quelques années plus tard, patronné par France-Culture, aura lieu le Colloque de Cordoue, qui, au grand scandale de la communauté scientifique, osera mettre sur le même pied sciences psychiques, religieuses et exactes[18].

---

[18] Science et conscience. Les deux lectures de l'univers, Colloque de Cordoue, 1979.

Impascience[19]

L'éditorial du premier numéro, janvier 1975, qui présente l'entreprise et sera repris dans les numéros suivants, commence ainsi :

> *Par des chemins divers nous, scientifiques, chercheurs et enseignants, en sommes tous arrivés à questionner le sens de l'activité scientifique aujourd'hui : soit que nous mettions en cause le rôle politique et idéologique de la science et de la technique, soit que nous soupçonnons des liens étroits entre méthode scientifique et domination, entre rationalité scientifique et répression sociale, soit encore que nous en ayons tout simplement ras-le-bol de notre métier ...*

Notons le point de départ résolument subjectif, contrairement à l'usage pré-mai 68 de prises de positions qui se voulaient objectives et assénaient directement leurs analyses politiques, principalement de type marxiste, supposées guider l'action contestataire. Elles seront d'ailleurs encore très présentes.

Surtout, au lieu d'endosser la conviction de l'alliance inéluctable entre science et progrès, que nous avions reçue de la société, il est question, dès cette première phrase, du "sens" de notre activité, un vocable important, qui en appelle à la responsabilité de chacun dans son choix de vie. Cette recherche personnelle va conduire ensuite chacun.e dans bien des directions possibles, dont certaines s'avéreront parfois à nouveau des impasses, c'est le risque de la liberté.

Trois raisons sont données à la remise en question de la science, selon trois niveaux de la réalité : au niveau de la société, niveau le plus général, "*le rôle politique et idéologique de la science et de la technique" ;* au niveau des instruments de la profession, on va jusqu'à remettre en cause la méthode et rationalité scientifiques mêmes, célébrées jusque-là pour leur efficacité et leur aspect émancipateur, en les soupçonnant d'avoir partie liée avec la domination. C'est la première fois que cette critique, défendue jusque-là par le courant romantique du 19ème siècle et des courants littéraires du 20ème, est prise en compte par des scientifiques eux-mêmes. Enfin, au niveau le plus individuel, on ose exprimer un "ras-le-bol" pur et simple, dans lequel, je pense, on pourrait retrouver l'influence de Françoise, qui sans doute était partie prenante de cet éditorial.

Au point de vue politique, on trouvera dans les divers numéros des articles sur la répression dans diverses parties du globe ; des tentatives

[19] On trouvera la collection complète sur le site http://science-societe.fr/impascience/

de critiques marxistes, y compris, dans le numéro 7, le dernier, p.51 ce magnifique exemple de langue de bois : "*Le problème du changement radical de la forme et du contenu de la science ne se posera concrètement qu'après la révolution. L'appropriation par le peuple des connaissances scientifiques ira de pair avec la disparition de l'élite." ;* l'évocation des problèmes du nucléaire ; assez peu de choses, en définitive, sur l'écologie, qui suscite au même moment l'engagement d'autres scientifiques (principalement des mathématiciens) dans la revue *Survivre* [20].

Quelques titres, choisis pour leur fantaisie, si absente des articles scientifiques habituels :

Si vous avez raté le Nobel (n°1)
Physique et libido (n°1)
Auteur n'a pas de féminin (n°2)
Les enragés de Pasteur (n°2)
Que les gueules s'ouvrent (n°2)
Ils n'aiment pas les neutrons, vive les bretons (n°2)
De la matraque à la seringue, URSS, FRANCE, USA (N°2)
La maman et la dactylo (n°3, sur les "Subalternes")
La science : un drôle de je (n°3)
Les ravages des maths modernes (n°4)
Il était une fois un petit chercheur (n°4) [21].
Maths et sciences humaines : union libre ou mariage forcé ? (n°4)[22]
Chercheur de la toison d'or (n°7)
Basse Tension (n°7)
A propos de la scientificité : physique, mythes et maths (n°7)

On y trouve aussi une chronique régulière : *Petit florilège du scientisme quotidien :* reproductions de pubs - shampoings, produits de beauté ... - utilisant la notoriété de la science pour vendre leurs produits.

La dernière réunion à laquelle j'ai assisté, juste avant la décision de terminer l'aventure, s'était fixé le thème : "Juifs et science", pour un prochain numéro, qui ne sera jamais fait. Il fallait, là encore, un certain courage pour soulever cette question, ignorée en règle générale : pourquoi tant de juifs scientifiques ?

---

[20] Céline Pessis, op cit.
[21] L'auteur est Jacques Jenny
[22] L'auteur est Jacqueline Feldman

Lors du tour de table qui fut fait sur nos origines respectives, j'appris alors que j'étais celle qui venait du milieu le plus humble : père immigré de Pologne, petit artisan tailleur pour dames. J'appris aussi l'importance du Talmud dans la tradition intellectuelle juive, héritage dont j'avais sans doute bénéficié sans rien en savoir.

Femme et science

C'est en entrant au CNRS, c'est-à-dire en arrivant à l'âge adulte, que mon féminisme a connu une étape fondamentale : après avoir vécu ce que j'avais ressenti comme une parfaite égalité en tant qu'étudiante, je m'apercevais que le vieux monde, avec ses schémas stéréotypés sur le destin particulier des femmes, existait toujours bel et bien.

Et d'abord, cette différence entre les étudiants et les étudiantes, quand il s'était agi de choisir entre la recherche et l'enseignement : elles, ne pensaient pas être capables de faire de la recherche ; eux, qui étaient souvent loin d'avoir réussi aussi bien qu'elles dans leurs études, n'avaient aucun doute sur leur capacité.

Mais c'est surtout à l'étranger - la physique théorique est internationale, et je m'y suis trouvée souvent la seule doctorante - que j'ai subi les préjugés de ce vieux monde. Et quand un gentil collègue venait m'encourager en me disant qu'il se réjouissait de ma présence en tant que femme, cela faisait ressortir, alors que j'aurais aimer l'oublier, ce que j'avais de quasi-monstrueux à ne pas être dans la norme.

J'avais surtout ressenti – comme d'autres femmes le dirent par la suite - ma présence dans ce monde masculin comme une mise à l'écart discrète, certainement en grande partie inconsciente, comme pour préserver une connivence masculine [23]. Cet isolement renforçait bien évidemment notre manque de confiance en nous-mêmes. Comme l'a rappelé encore récemment une femme scientifique, il rôde toujours au-dessus de nous un "soupçon d'incompétence" [24].

Quand le Mouvement de libération des femmes a surgi, avec ses nombreux groupes, j'aurais aimé susciter un groupe "femme et science" mais je n'y ai pas réussi. Les amies proches à qui j'en parlais n'étaient pas intéressées : la situation était telle qu'elles imaginaient alors quitter bientôt la science pour une autre vie. Plus tard, quand des groupes se furent formés sur le sujet, j'étais déjà largement engagée dans ma propre réflexion, singulière en raison de mon itinéraire singulier.

---

[23] Plus tard, des sociologues américaines de la science ont montré que les femmes étaient d'autant mieux acceptées dans la science qu'elles étaient mariées à un scientifique, ce que j'avais pu remarquer par moi-même.

[24] Ce soupçon est comme une ombre qui est loin de remplir la réalité souvent dense et passionnée d'un échange scientifique.

A *Impascience*, en principe, l'égalité était de rigueur, et en gros, la parité. Dès le numéro 2, la revue s'était attaquée à la problématique des femmes en science avec ce titre : "*La femme et le science*"

Le premier article : "*Devenir mathématicienne*" (Michèle Vergnes) débute ainsi :

> *Comme, contrairement à beaucoup d'hommes, nous n'avons pas d'idées générales sur les difficultés psychologiques "des femmes", je vais parler ici de moi, si malséant que cela soit.*

Voici marquée ici fortement l'alliance étroite entre le féminisme (en tant que prise de conscience de la situation secondaire des femmes dans la société) et la révolution psy qui a lieu dans ces années-là, et demande que l'on "parte de soi-même", ce qui peut éviter bien des malentendus, y compris avec des hommes qui se pensent bienveillants à l'égard des femmes et même égalitaires.

C'est ainsi que la couverture de ce numéro sur les femmes – deux pin-up, se bouchant les oreilles, assises sur une bonbonne qui contiendrait de l'uranium 235 (je n'y étais pas et ignore comment s'est passé son choix) – n'aurait plus pu être publiée sans commentaire aujourd'hui, après la vague puissante qui a dénoncé une vision masculine (allant jusqu'à des actes plus ou moins violents) de la femme-objet érotique.

L'intention se voulait certes humoristique, mais la situation était loin d'être claire. Car, dans ce milieu à priori favorable à l'égalité, on retrouvait le manque de réelle prise de conscience de la plupart, obsédés par leurs combats "prioritaires" et leurs théories intellectuelles. C'est ainsi que, dans le numéro double sur les maths où je les avais rejoints, j'avais l'occasion, hélas, de relever un dérapage sexiste de la part d'un mathématicien fort reconnu et respectable dans ses combats politiques. J'y réagissais par un texte "*Le sexe et la mathématique*", qui commence ainsi :

> *J'ai participé gentiment, sagement, à ce numéro sur les maths : c'est-à-dire que j'ai essayé de faire fonctionner au mieux mon intellect, et d'exposer au mieux ce que j'avais à dire sur mon sujet. Mon sexe est sans doute apparu, car Impascience me donnait l'occasion d'écrire un texte*[25] *en partant du "je", mais discrètement, subrepticement, tout juste à la manière dont mon sexe apparaît dans un séminaire, par mes habits, ma coiffure, mon maquillage. C'est le premier abord, et puis on l'oublie, pour nous concentrer ensemble dans un effort de réflexion.*

---

[25] Mon texte principal était : *Mathématiques et sciences humaines : union libre ou mariage forcé ?* pp 47-50

On fait circuler les textes. Et alors, premier texte, première page, deuxième paragraphe, c'est le choc : je lis : "Ils étaient libres de consacrer leur temps à séduire les étudiantes ou à démontrer des théorèmes, chacun selon ses aptitudes propres" . (Fini de folâtrer).

Voilà donc qu'on me rejette à la tête, dans cette entreprise contestataire qu'est Impascience, mon sexe. Et pour m'exclure.

Dans le numéro 7, qui sera le dernier, je raconte mon itinéraire, sous le titre "*Histoire d'un garçon manqué*" (p. 27-31), juste avant "*La soupe institutionnelle*" que je pense être de Françoise et son graphe dont je suis sûre qu'il est d'elle. Je termine mon texte de la sorte :

Ainsi continuons-nous dans notre division : femmes d'un côté, scientifiques de l'autre. Tandis que nos gentils camarades s'étonnent de nos réactions à vif, nous trouvent bien difficiles, et tentent de nous faire croire une fois de plus que nous sommes parano, alors qu'ils nous schizent.

Les articles de Françoise dans *Impascience*
Présentation

NB : En raison de l'anonymat des textes, et du fait qu'elle ne les a jamais inscrits dans sa liste de publications, je ne parle que des textes dont je suis certaine qu'elle est l'auteure.

Dès le numéro 1, la plainte pleine d'humour d'une chercheuse :

Ah ! la recherche ... du temps perdu ou la journée d'une chercheuse dans un labo.

Joli titre, qui reflète l'amour de Françoise pour la littérature et les jeux de mots.

Extraits :

Quand elle avoue son métier, plein de gens prennent des mines extasiées. Quelle chance tu as ! ...

Elle repense à tout cela, toute cette mythologie en arrivant au labo, fatiguée d'avance ...

On fait des manips, des calculs, des séminaires, et dans tout ça il n'est jamais question de soi.

Le séminaire ... Institution sacrée et ritualisée. Dès 3 heures, la secrétaire ou une technicienne va chercher des gâteaux chez l'épicier d'en face ... Le type parle sans conviction ... anglais avec un accent japonais et on ne comprend rien. Au cours de l'inévitable discussion, elle se démerde quand même pour poser une question qui paraît intelligente et elle écoute la réponse en opinant du bonnet. A la fin, tout le monde s'envole, elle est retenue par la manche ; le séminariste lui avoue qu'il y a longtemps qu'on ne lui a posé une question aussi embarrassante et intéressante à la fois ! Ouf ! ça va, mission accomplie ...

(Dans le numéro d'après, un lecteur, qui n'avait pas beaucoup le sens de l'humour, témoigna de son irritation pour ce qu'il considérait comme une arrogance de l'auteure)

Jamais de discussion politique. Si elle tente d'inviter les collègues à voir Histoires d'A (note jf, A pour avortement), *parler de l'oppression des femmes, du Chili, de Lip, de ce qu'on pourrait faire pour changer quelque chose au labo et dans la vie, on l'écoute vaguement amusé et la prend pour une "excitée", tout ça ne les concerne pas. Ils sont déjà dans la mort lente.*

C'est la fin de l'article, mais, bonne fille, Françoise ajoute un PS :

PS Paraît qu'il y en a qui s'amusent dans leur labo et pour qui la recherche est une activité comblante. Alors, laissez un peu vos chères manips et prenez la plume !

Je l'ai dit, Françoise est parfois virulente, mais jamais dogmatique.

Le numéro double 4-5 s'attaque à un problème très discuté alors, la place des maths dites modernes dans l'enseignement primaire.

Il avait été décidé en ces temps que les mathématiques étaient à la base de la société moderne, un espéranto indispensable partout, et que les maths dites modernes, celles qui avaient atteint un niveau supérieur d'abstraction et côtoyaient alors souvent la logique pure, devaient être enseignées dès le plus jeune âge.

La bataille pour ou contre battait son plein. Françoise avait été interroger son fils Pascal et deux de ses camarades en cinquième.

Paroles de gosses

La conversation est éclairante : elle montre la réticence des enfants, leurs difficultés à comprendre, et aussi les limites du malheureux professeur, qui ne sait que répondre "C'est comme ça", transformant alors le cours de maths en cours de mémoire, où l'on apprend des définitions.

Les enfants ne manquent pas de fantaisie, par ailleurs :

Moi, je vous dis, Archimède il s'est levé un matin, il a reçu une pierre sur la tête et puis voilà ... il a dit : "chouette, une idée"

Avec un joli méli-mélo sur les légendes de la science.

Le numéro 7 *"Vivre en science",* sera aussi le dernier. Françoise y participe largement. La page 31, où est donnée une

Fiche-cuisine Impascience : La Soupe Institutionnelle

est très certainement d'elle. Elle est juste avant les pages du milieu, qui représentent en effet une sorte de soupière, construite autour d'un graphe fléché allant de mot en mots, en partant du mot INSTITUTION.

Je faisais alors un travail sur les mots de la sexualité, à travers les définitions du Petit Larousse [26]. La méthode avait l'avantage de bien montrer les divers évitements de ce sujet alors très tabou. Françoise avait été amusée et avait fait la même chose à partir du mot "Institution" : c'est

Le gadget scientifique d'Impascience

Vous regardez un mot dans le dictionnaire Robert, par exemple le mot INSTITUTION. Il vous envoie à d'autres mots (ERECTION, etc...) qui à leur tour vous envoient à d'autres (ELEVATION) et ainsi de suite. Pour chaque renvoi, vous dessinez une flèche qui va du mot-mère au mot-fille ; parfois le mot-fille renvoie au mot-mère et la flèche correspondante va dans les 2 sens. Vous placez les mots et les flèches de manière à ce que les flèches se coupent le moins possible. L'ensemble dessine un graphe (ici une soupière). Cela s'appelle, parait-il, de la lexicographie.[27]

Dans ce numéro Françoise écrit son deuxième texte personnel sur son malaise dans la cité scientifique. Elle l'a intitulé :

Represcience, Represcience, Represcience, Represcience, Represcience,

sur toute la ligne. Dans ce texte, qu'elle reprendra ensuite en partie dans notre livre, elle utilise la première personne. Elle l'avait évitée dans le numéro 1 pour des questions de prudence, je pense - elle avait ainsi déplacé son laboratoire de Meudon à Lyon. Elle reprendra la 3ème personne dans un souci littéraire, à mon avis, dans le troisième texte.

Deux ans après le premier article de plainte et de colère, elle a fait du chemin, elle sait désormais qu'elle ne sera pas détruite et annonce qu'une autre étape s'ouvre.

Elle commence ainsi :

J'ai envie de dire que mon histoire dans la science, c'est l'histoire d'une longue répression. Des chapitres de cette histoire s'en écrivaient encore il n'y a pas si longtemps, s'écrivaient plutôt dans le corps que sur une feuille blanche. Je veux dire : je n'en dormais pas ou j'en dormais sans arrêt, je m'y cassais la figure, je m'y suis mutilée le visage – marque à jamais visible – m'y suis coupée, brûlée, tordue la cheville, en ai vomi de dégoût.

---

[26] Jacqueline Feldman : *La sexualité du Petit Larousse ou le jeu du dictionnaire,* Paris, Editions Tierce, 1980.

[27] Sauf que, dans la réalité, les lexicographes ont toujours refusé de s'intéresser à ce travail.

Elle fait allusion ici à une cicatrice qu'elle avait sur le menton. Elle poursuit :

Pourquoi tout ça ? Sans doute parce que je n'accepte pas suffisamment – autant qu'il faudrait – le code répressif de l'activité scientifique. Je m'y déclare non morte, non docile, je garde les armes et je me bats. Lutte inégale contre le monstre institutionnel, monstre aux tentacules venimeux et étouffants qu'il faut garder à vue et qui vous garde à vue.

La plainte est à la fois plus décidée et maîtrisée. C'est sans aucun doute l'effet de la psychanalyse dont elle parle sinon peu, un domaine qui reste largement privé, mais dont elle a tiré des armes intellectuelles et psychiques avec la possibilité de démêler le superflu et l'important pour elle. C'est aussi l'effet des combats qui se passent alentour, elle n'est plus seule. Elle-même l'indique, dès le paragraphe suivant, le premier titré : *Enfin Impascience vint !*

La première règle de ce code répressif, c'est de ne jamais donner voir, dire, exprimer cet étouffement là. De ce point de vue, Impascience m'importe car c'est un lieu où peut se dire et s'écrire quelque chose de cet étouffement, lieu où se rencontrent des gens venus d'ailleurs, avec d'autres histoires mais qui là où ils sont maintenant peuvent m'être très proches et porteurs de projets très voisins des miens.

Puis elle annonce ce qui va être notre nouveau travail en commun, à cinq cette fois, la RCP dont je parlerai plus loin.

... enfin se dessine un espoir : qu'un groupe de travail se consolide et arrive en rusant avec l'institution à faire qu'un projet voie le jour, vive en plein jour, projet de travail différent dans des rapports différents.

Elle enchaîne : *Comment en suis-je arrivée là ?*

Françoise donne alors une première version de l'article déjà commenté, qui sera une des deux préfaces de notre livre (cf *Interrogations sur les savoirs et les sciences, Confrontations*).

Elle affirme sa déception par rapport à la vérité scientifique :

*Ce que j'ai le plus appris (*chez son deuxième patron*) c'est que la science, ça n'est pas du tout la VERITE, c'est le lieu d'un rapport de forces, d'un marchandage, d'un marketing organisé internationalement.*

Plus tard, Bruno Latour et ses amis auront beaucoup de succès en affirmant : "la science est sociale de part en part". Françoise sera séduite, mais ne leur emboîtera jamais complètement le pas.

J'ai déjà dit que j'avais eu des expériences différentes, beaucoup plus positives. Ma conclusion est que l'enseignement, scolaire comme universitaire, n'insiste pas assez sur les difficultés à atteindre des vérités solides, et les facilités trompeuses, c'est le cas de le dire aujourd'hui, de l'hypercriticisme ou des "faits alternatifs" trumpiens.

La fin du texte :

> *Je ne veux plus crever d'ennui dans un labo où on me demande d'être là, de me taire et d'obéir. Je veux réfléchir à de vraies questions. Alors pour moi, maintenant, les vraies questions, ce sont les questions sociales.*

Les articles de Françoise dans *Impascience* Reproduction

http://science-societe.fr/impascience/

1975 *Ah ! La recherche … Du temps perdu ! Ou la journée d'une chercheuse dans un labo.* (Impascience n°1, p. 19-21)

AH ! LA RECHERCHE... DU TEMPS PERDU !

OU

LA JOURNEE D'UNE CHERCHEUSE DANS UN LABO

Il est midi. Depuis quelque temps, elle n'arrive pas à aller bosser plus tôt. La recherche... Quand elle avoue son métier, plein de gens prennent des mines extasiées. Quelle chance tu as ! Décider toi-même de ce que tu fais, selon ce qui te plait et c'est pas choisir une marque de lessive, la Science, c'est autre chose... la connaissance, le progrès, et puis t'es pas au rendement, t'as pas des petits chefs, t'es libre quoi !

Elle repense à tout ça, toute cette mythologie en arrivant au labo, fatiguée d'avance, humant avidement, avant la puanteur scientifique, le petit vent qui sent encore un peu le lilas, dans cette banlieue, qui fut très verte jusqu'à il y a 5 ou 6 ans. Dernier regard aux arbres, aux fleurs avant les grilles, le béton.

CNRS : le drapeau tricolore, le gardien qui surveille les entrées, à qui elle jette un petit coup d'œil, les marches grises, l'étouffoir. L'escalier lent, harassant. Elle s'y tord toujours la cheville.

Tu vois, grimper chez les copains, au 7e, ça se fait d'une traite, tu débouches sur les sourires, la musique, c'est chouette. Mais là, t'as presque peur des types qui te regardent d'un air réprobateur parce que tu t'en fais pas, tu viens d'ailleurs et ça se voit encore.

La Science. Ils font semblant d'aimer ça, en réalité ils font ça comme elle pour gagner leur croûte, laisser croire qu'ils ont un métier prestigieux, la position sociale... qu'ils sont occupés à un travail d'élite et qui suppose un tas de connaissances.

Tiens, justement, les voilà qui causent de la revue machin où il y a un article, qui, que, histoire de jouer au mec sérieux et de se faire bien voir. N'empêche que le boulot les emmerde aussi et qu'ils vont, comme chaque jour, faire une demi-heure de queue pour aller déjeuner à la cantine à midi tapant et qu'ils trouvent ça moins triste que de stagner au labo et déjeuner plus tard, sans faire la queue.

Ah ! il ne faut pas oublier de «jouer au carton», c'est-à-dire mettre le carton qui porte son nom du côté vert de «la présence» insolemment et toujours rouge jusqu'à midi. Bel acquis de mai 68 ! Jusque là seuls les techniciens pointaient comme à l'usine à des horloges qui furent démolies dans la ferveur printanière et remplacées par le système démocratique où tout le monde, même le patron se doit de mettre successivement au vert et au rouge son identité cartonnée. Si l'absence n'est que provisoire, le jaune suffit !

Déjà les pièces grises, sans fenêtres (on ne sait jamais s'il fait soleil), encombrées de 4 à 5 bureaux et pleines d'un fouillis d'appareils, de récipients divers qui encombrent les paillasses (1), les pompes qui font un bruit effrayant et tout ça pue pas mal ! Si on demande au patron de faire placer une hotte, d'ouvrir une fenêtre, il répond que quand on décide de faire de la science, on ne peut ignorer que ça sent mauvais !

Sur la table, les petits papiers signalent que des copains viennent de téléphoner. Toujours une occupation sympa pour l'aprés-midi !

En attendant faut quand même s'y mettre pour en sortir plus vite et il faut bien faire des manip (2) pour avoir des «résultats», des résultats pour faire un séminaire, pour écrire des articles, des articles pour faire une thèse, une thèse pour passer éventuellement chargée de recherche et en tout cas si elle ne publie pas de temps en temps, elle va se faire foutre dehors et elle ne sait rien faire d'autre que des trucs pour s'amuser et qui ne font pas vivre...
N'empêche qu'à travailler moyennement l'après-midi, elle arrive à produire autant que les autres qui passent des journées entières au labo à refaire 10 fois, 15 fois la même manip avec un soin extrême, la divine propreté indispensable aux états de sa majesté la science, la manip reproductible, à reproduire à l'infini, obsession-

1) Paillasse : c'est pas un lit pour dormir, c'est une table de travail en général carrelée.

2) manip : jargon de labo qui désigne une manipulation expérimentale.

nellement, lentement, faisant durer chaque opération le plus longtemps possible, sorte de grève du zèle...

Alors, elle prépare encore une fois, ses chères manips qu'il faudra traiter au 2e sous-sol. Cette perspective la rend encore plus fatiguée : descendre et remonter 5 à 6 fois l'après-midi dans un monte-charge tout noir qui sent le pipi de chat et où elle a envie de faire des dessins. En bas, c'est le labyrinthe, les murs en béton et plomb qui «protègent» les corps, les triples portes avec sonnerie d'alarme, et l'horloge qui compte les temps. Elle chante un peu pour oublier tout ça.

Elle sursaute soudain.
V'la le patron qui passe dans le couloir-mirador, il va pisser 5 à 6 fois par jour et contrôle si on est bien tous là devant nos paillasses à bosser. Ah non ! Cette fois, il se promène avec un visiteur étranger qu'il trimbale dans le labo. Opération publicitaire, activité sociale des plus importantes pour un patron. Alors encore une fois, on décrit à un mec qui s'en fout et pense qu'il a faim, ses petits appareils, son sujet en quelques mots et en anglais, un sourire, une poignée de main et il va aller au restau du coin invité par le patron en attendant d'aller faire un tour en ville et se promener un brin. Tiens, c'est sûr qu'on a droit à un séminaire cet après-midi. Faut bien qu'il planche (3) un peu lui aussi pour faire à son tour et dans son labo un rapport scientifique de son voyage...

Le séminaire... Institution sacrée et ritualisée. Dès 3 heures, la secrétaire ou une technicienne va chercher des gâteaux chez l'épicier d'en face, on sort la bouilloire prévue à cet effet et on fait chauffer l'eau. Tout le monde par ailleurs cesse de bosser. De toute façon l'après-midi est fichue pour les manips. Les plus «sérieux» jettent un coup d'oeil morne sur le demi-mètre de revues qui circulent chaque semaine et où gisent les résumés insipides des boulots de tas de mecs dans le monde qui s'emmerdent comme elle et font semblant de croire qu'ils travaillent à faire progresser la connaissance. En fait ils font carrière avec des petits papiers si possible publiés dans une revue américaine, quelquefois ça les amuse, le plus souvent ils font ça pour oublier comme leur vie est triste de toutes façons et c'est bien commode la science ! On fait des manips, des calculs, des séminaires, et dans tout ça il n'est jamais question de soi.

— «J'ai lu un article qui concerne absolument mon sujet, on ne me cite même pas ! Par ailleurs, il y a plein de trucs intéressant cette semaine, je dois faire plein de photocopies». Petit discours lèche-cul à usage du patron qui, avec l'accumulation de fiches, des photocopies, constitue les signes extérieurs de la preuve qu'on travaille et s'intéresse à son boulot.

3) plancher : causer science devant des scientifiques.

L'heure du séminaire arrive ! Tout le monde se jette sur les gateaux et le thé, le patron ne manque pas de montrer au visiteur la vue imprenable qu'on a sur Lyon, on s'installe enfin mollement en espérant que ça ne va pas durer trop longtemps ! Le patron présente le mec qui «fait» ça et ça et ça et dirige tel labo et est prof à tel endroit et chez qui il a déjà fait plusieurs visites... On se fait des courbettes, se fait mousser et ne manque pas en passant de prendre rendez-vous pour un prochain voyage. Alors il faut y passer... le type parle sans conviction d'un travail visiblement fait par un ou plusieurs larbins qui eux sont restés dans leur labo, tout le monde s'emmerde, d'ailleurs il parle anglais avec un accent japonais et on ne comprend rien, elle pense à un film à la cinémathèque qui était hollandais sous-titré en italien... Elle dessine la caricature du mec qui cause ; son voisin s'endort un peu. Au cours de l'inévitable discussion, elle se démerde quand même pour poser la question qui paraît intelligente et elle écoute la réponse en opinant du bonnet. A la fin, tout le monde s'envole, elle est retenue par la manche ; le séminariste lui avoue qu'il y a longtemps qu'on ne lui a posé une question aussi embarrassante et intéressante à la fois ! Ouf ! ça va, mission accomplie. On la prend pour quelqu'un d'intelligent ! Entre temps le patron avait parlé de son travail sans la citer bien sûr, il ne cesse de publier des articles avec ça et lorsqu'elle veut enfin écrire «son papier» il fait traîner l'autorisation, lui demande de vérifier 100 fois les résultats, refaire 300 fois les courbes dans différentes coordonnées et finalement lui concède une discussion scientifique dont il ne sort rien sauf qu'elle n'a pas la preuve de l'existence de Dieu ni la validité de son hypothèse. Entre temps, puisqu'elle ne publie pas et qu'elle arrive aussi tard, les scientistes sérieux tentent de récupérer son poste et de la vider...

Bien sûr, moyennant les services et allégeances classiques à un patron, certains ont quelques privilèges : une grande pièce au soleil avec un énorme philodendron et une chaise longue pour la sieste, un technicien qui trime toute la journée, de nombreux «thésards» (4) et stagiaires, qui obtiennent des résultats qu'on publiera à leur place, et souvent des voyages au bout du monde. Les autres au contraire ont à peu près tous la même activité morne, triste, répétée à

4) Thésard : chercheur qui se prépare à "soutenir sa thèse.

l'infini, dépourvue de toute perspective. La longue répétition des manips où on change d'une fois à l'autre un petit paramètre, les mêmes gestes, les mêmes calculs, les mêmes courbes ou à peu près et on recommence le lendemain.

Tous les quinze jours : réunions d'équipe où les chercheurs «planchent» devant le chef d'équipe ou le patron. On rend compte des résultats de la semaine si on avance une idée ou un vague projet de travail, le patron les trouve sans intérêt, même s'il les reprend un mois après à son compte. Ici c'est lui qui pense et les autres qui manipulent. Alors on cesse vite d'avoir des idées et on manipule mollement. Tout le monde fait en gros le même travail manuel à longueur d'année : ce qui distingue les chercheurs des techniciens c'est d'abord qu'ils gagnent plus pour faire le même boulot, qu'ils doivent parler une fois par an de l'état de leur recherche au cours d'un séminaire, se soumettre au rite d'initiation de la «soutenance de thèse», lire et parler l'anglais et se donner l'illusion d'un petit pouvoir en donnant quelques ordres aux techniciens. On fait traîner le travail tout en étant présent. Elle préfère être moins souvent là et travailler quand elle vient... De toute façon à quoi bon se dépêcher ? Il ne sort rien de tout ça sauf quelques articles et quelques voyages à l'étranger pour le patron qui expose «ses» travaux... Autour d'elle on parlote des machines à laver la vaisselle, de X qui travaille mal, de Y qui s'habille mal, de Giscard qui a une belle gueule et c'est tout. Jamais de discussion «politique». Si elle tente d'inviter les collègues à voir Histoires d'A, parler de l'oppression des femmes, du Chili, de Lip, de ce qu'on pourrait faire pour changer quelque chose au labo ou dans la vie, on l'écoute vaguement amusé et la prend pour une «excitée», tout ça ne les concerne pas. Ils sont déjà dans la mort lente...

■

PS. Paraît qu'il y en a qui s'amusent dans leur labo et pour qui la recherche est une activité comblante. Alors, laissez un peu vos chères manips et prenez la plume !

Dites, DUPONT, voulez-vous oublier un moment que je m'appelle Henri LEPRINCE-RINGARD, que je suis Professeur, titulaire de chaire, directeur de ce laboratoire, votre patron de thèse, membre du Directoire du CNRS et du Comité Consultatif, lauréat du Prix Joliau-Curry 1970... je voudrais vous parler en ami...

21

1976 *Paroles de gosses* (Impascience n°4/5, p. 5-10)

PAROLES DE GOSSES

J'ai discuté "maths modernes" avec mon fils et deux de ses copains de classe, A et L, élèves de cinquième, voici ce que ça a donné :

A
D'abord je voudrais dire que les maths ne servent à rien, sauf pour des métiers qui sont avec l'électronique, mais si on veut avoir un petit commerce de livres, ou de trucs, que a' soit le relatif de b, on s'en fout, ça sert à rien. Exemple : moi, je veux devenir un avocat, ou un acteur ou même un journaliste reporter, les maths, l'ensemble Z +, on n'en a rien à foutre, sauf que ça aide pour continuer les études.

Fr
On peut dire ça de plein de choses, pas seulement des maths, alors de la géo, des sciences naturelles...

A.L.P. (ensemble)
Ah non ! Ah non ! Ah non !

A
Ca sert la géographie. Si on veut être reporter, exemple : au Vietnam, il y a eu une guerre : où c'est le Vietnam ? Est-ce au Sud ou au Nord ? On n'en sait rien. Mais les maths, vraiment, je ne trouve pas l'utilité que ça a.

Fr
Les maths, on a l'impression pourtant, qu'on s'en sert partout : les ordinateurs...

P.A.L.
Mais non, mais non... écoutez

P
Le gars qui est paysan...

L
Il y a des types, ils travaillent pendant des années, ils font des hautes études pour savoir tout, les bijections, les applications et tout ça, et ils s'occupent des ordinateurs : une fois par heure, ils appuient sur un bouton, puis ils font une partie de cartes avec les copains. L'ordinateur, vous appuyez sur quelques boutons, comme ça, et puis après vous êtes obligé d'attendre parce que vous ne faites rien. Ma sœur en a vu des types comme ça : on a fait de longues études, on paie beaucoup, on tape sur quelques touches et on gagne presque rien.

L
En tous cas, on dit que les maths modernes c'est ennuyeux, mais les maths traditionnelles c'est aussi ennuyeux : les trains qui se croisent à telle heure... c'est aussi ennuyeux. Les maths modernes c'est plus facile à apprendre. Parce qu'on a des définitions à apprendre ; on se base sur ça, un point c'est tout. Les maths traditionnelles, à raison de tant de kilomètres par minute, combien ça fait ? Toutes les règles de 3, je trouve ça plus compliqué.

Fr
Tandis que les définitions des maths modernes, tu les comprends bien ?

L
Oui, si on me l'explique bien ; si on l'explique bien on peut comprendre.

Fr
Votre prof, il explique bien ?

P
Ca dépend des jours.

L
Il fait son possible

Devant le prof, on a les jetons

A
Il explique bien, mais... nous, devant lui, on a les jetons. On a très peur. Moi, par exemple, je ne pige rien, il m'a dit : "Vous, A., vous nagez complètement, même un gars à la maternelle, il ferait mieux que vous". Maintenant, si je ne pige rien, je ne dis rien et je continue. Si je parle encore et je dis "j'ai pas compris", il va encore me dire "un gars de trois ans, il pigerait, un aliéné aussi".

P
Une fois, A. a dit au prof : "Monsieur, j'ai pas compris" Alors le prof a dit "Bon, nous allons reprendre ça calmement". Parce que le vendredi, en demi-groupe, il est plutôt sympa avec nous. Alors il dit "Voilà, prenez par

5

exemple, a et b etc... – "Vous avez compris ?" – – "Non" – (en colère) "Bon dieu de bon dieu ! Mais il comprend rien celui-là, il comprendrait même pas un dessin animé !"

Fr
J'aimerais qu'on essaie plus de comprendre ce qui se passe avec les maths. Tu disais tout à l'heure qu'il ne donnait pas d'exemples assez concrets, pour définir, par exemple, l'inclusion.

P
Ah ! ça c'est facile, l'inclusion. Mais par exemple la division euclidienne...

A
Une petite division, on sait faire et puis c'est tout.

Fr
C'est quoi, la division euclidienne, moi, je ne sais pas ?

A
Eh ben, c'est une division, je ne sais pas ce que ça veut dire, c'est une division, voilà, voilà.

P
Il explique tellement bien que ça rentre (sifflet), ça sort.

L
Vous me demandez : définition de... de... du truc cartésien, du produit cartésien, je ne la saurai plus.

P
Ah si, je la sais, moi

L
G du graphe cartésien, enfin je ne me souviens plus. A part des définitions : un couple est égal à un couple si la première coordonnée est égale à la deuxième coordonnée, ou quelque chose comme ça. Mais les grands paragraphes, je ne me souviens plus.

Fr
Qu'est-ce que vous aimeriez alors au lycée ? Est-ce qu'il y a des trucs que vous aimeriez faire ?

A
Les maths supprimées, voilà ! Les maths supprimées.

P
Non

L
Peut-être pas.

Fr
Jamais ça ne vous amuse, les maths ? La géométrie par exemple ?

A.P.L.
Ah là là ! (sifflets) Alors là... que dalle.

L
La géométrie, je me souviens que l'année dernière en sixième, j'étais content de faire des traits. J'essayais de faire une fiche propre, parce que mes mains étaient sales et moites, alors ma fiche était dégueulasse. Mais j'essayais de faire un truc propre. J'étais content de pouvoir tirer des traits à l'encre de chine, de pas faire des saloperies et que ça soit bien.

Fr
Et cette année, qu'est-ce que vous faires en géométrie ?

L.A.P.
En géométrie, pareil que l'année dernière, des bandes de plans, des droites qui traversent des plans, des plans perpendiculaires, des droites perpendiculaires, parallèles, des secteurs angulaires, des droites perçant des plans, des droites perçant des...

A
Remarque, tout ça pourrait nous servir ; mais les nombres relatifs...

Fr
D'une certaine façon, je vous trouve vachement sérieux : vous pensez donc déjà à ce que vous allez faire. Bon, c'est peut être pas plus mal. Mais il n'y a vraiment rien de rigolo dans l'enseignement ? Jamais vous ne rigolez ?

P
Ah si !

A
L'anglais, ça c'est bien.

P
Ah si, on se marre en musique (rires) et en latin.

A
Arrête, là c'est des maths dont on parle, c'est pas de la musique, sinon on y passerait trois heures. C'est anonyme, hein, c'est bien anonyme ?

Fr
Oui. Et toi, L. ça marche bien les maths ?

L
Là, je me suis payé un 20. Je ne sais pas comment j'ai fait. Mes notes de l'année, j'ai eu d'abord un 6, ensuite 14. J'ai eu un 2, deux 16. Le 2, c'était une interrogation où je n'avais pas su.

Les définitions c'est atroce.

Fr
C'était sur quoi ?

L
Une définition

Fr
Laquelle ?

L
C'était sur le complémentaire.

Fr
Complémentaire de quoi ? Je ne comprends pas.

L
Le complémentaire d'un ensemble. Il me l'a demandé après à l'oral. Là je l'ai su. Comme ça, j'ai eu 14 de moyenne.

Fr
Pourquoi tu l'avais pas su la première fois ?

L
Parce que tac-tac (il fait le signe d'une flèche qui traverse sa tête). Complètement oublié, ça arrive. Tout le cours du début, je l'ai oublié, les bijections, tout ça.

A.P.L.
Les définitions, c'est atroce.

A
Les définitions ça ne sert strictement à rien.

Fr
Ca doit servir à comprendre la suite, et les exercices.

A.P.L.
Non, non ; pour les exercices, on n'est pas censé comprendre la définition.

P
Oui, tous les exos on sait les faire.

Fr
Comment tu les fais ?

L & P
On s'arrange, on se rappelle comment il nous l'a expliqué : toc, toc, toc.

Fr
Le prof, comment il explique, c'est pas en utilisant les définitions ?

P
Non, il explique normalement.

A
Quand je fais un exercice, je me souviens de ce qu'il a dit à propos de ça, et je ne cherche pas dans la définition. D'ailleurs moi, mes définitions... Si j'ai 2 ou 3 ou des notes comme ça, c'est parce que je n'apprends jamais mes définitions. Je cherche à comprendre pourquoi x + z + opposé de machin... et je cherche à comprendre... mais les définitions...

L
Les définitions, il faut les apprendre sur le bout des doigts, le moindre petit mot. Ca on le sait, on le sait par cœur, il faut le savoir par cœur dans la tête. Un exercice, on sait comment ça fonctionne : il faut mettre ça, et il faut associer ça, ça donne le résultat qu'il faut diviser par ça, c'est tout. Mais la définition à savoir par cœur, on ne la sait pas et on peut très bien savoir l'exercice sans savoir la définition.

P
Et en plus de ça, ce qu'il y a de malheureux, c'est qu'on a encore plus peur, quand on apprend une définition, c'est pour ça qu'on perd notre temps. Nous on a peur parce qu'on sait que s'il y a un mot qui est mal placé dans la définition ou qu'on a oublié, même si c'est un x ou un a ou un N, on a 30 fois à la copier.

Fr
Mais c'est que c'est important, vous n'avez pas l'air de le comprendre.

P
Mais non, écoutez : "Pour tout entier naturel N supérieur ou égal à 2" par exemple, si jamais le gars, il met "pour tout entier naturel supérieur ou égal à 2", ça va. Mais s'il met "pour tout entier naturel supérieur à 2", eh bien, là, il a 30 fois, il a 30 fois à copier ça.

Fr
Mais ça peut se comprendre : "supérieur ou égal", ça a un sens différent de "supérieur".

A.P.L.
Oui, oui, d'accord...

Fr
Mais ce que je comprends mal, c'est comment à partir de cette définition qui veut dire quelque chose, même si c'est compliqué à apprendre, vous n'avez pas besoin d'elle par la suite.

L
Non, non parce que c'est pour avoir une mémoire auditive et visuelle.

P
Le prof dit "vous n'avez pas de mémoire, alors il faut vous l'entraîner" parce que c'est obligatoire au lycée d'entraîner la mémoire.

Fr
Mais la définition, vous ne vous en servez pas dans l'exercice qui suit ?

A
Ah non

P
Ah si ! Par exemple, j'avais pas compris, il m'a dit : "P, vous vous êtes reporté à la définition ? " Je réponds "Non". Il dit souvent : "Ca ne se comprend pas, on l'apprend".

Fr
Et ce qu'on vous apprend, d'un chapitre à l'autre, c'est pas relié ? On peut facilement oublier le chapitre d'avant pour étudier celui d'après ?

P.A.L.
Oui, ah oui, évidemment.

P
Il y a un tout petit lien, c'est tout. Par exemple, demi-plan, demi-droite, une droite est dans un plan. C'est tout le rapport qu'il y a. La division euclidienne et les nombres relatifs : aucun rapport.

A
Autant qu'avec la choucroute et le couscous.

7

La division euclidienne

Fr
Je ne sais toujours pas ce que c'est, votre division euclidienne.

A
Ben, moi non plus.

Fr
Tu le sais toi ?

P & L
On s'en rappelle plus. Il y a trois mois, division euclidienne, sur le bout des doigts, oui, facile.

L
Je vais aller chercher le livre de maths

A
Maintenant, le prof me dit "la division euclidienne, vous savez ce que c'est ? ". Division euclidienne ? Jamais entendu parler de ça. Moi je sais faire une petite division : 294 divisé par 34, ça je sais faire, mais le quotient euclidien...

L
Voici le livre. J'ouvre au pif... voilà, je vous lis la définition de la division euclidienne : "effectuer la division euclidienne, d'un entier naturel a par un entier naturel b non nul, c'est déterminer le plus grand entier naturel q dont le produit par b est inférieur ou égal à a.

A
Bon, on n'y pige rien du tout

L
Une autre ! "Addition dans l'ensemble D"...

Fr
Attends, sur la division euclidienne, vous ne pigez pas ce que ça veut dire ?

L & A
Ben non !

A
Regardez ça : (il épèle) : q, u, e, d, plein de trucs. Qu'est-ce qui correspond à q, qu'est-ce qui correspond à d ?

L
Une autre (il lit, et j'entends ceci) : "on appelle somme du nombre relatif a, un représentant (a, a') du nombre relatif b, donc, un représentant (b, b'), le nombre s dont un représentant est le couple (a + b, a' + b').

A
Ca, c'est pigé

Fr
Alors là, j'ai rien compris.

A.P.L. (brouhaha)

Voilà, voilà, c'est exactement comme ça ! ça c'est les mathématiques.

Fr
J'ai compris la division mais là, je ne sais pas ce que ça veut dire.

L
Vous voulez que je la relise ?

Fr
Si tu veux.

L (il relit plus lentement en y mettant le ton)
"On appelle somme du nombre relatif A dont un représentant est (a, a') et du nombre relatif B, dont un représentant est (b, b') le nombre relatif S dont un représentant est le couple (a + b, a' + b').

Fr
Qu'est-ce que c'est un représentant ?

L
Ben, un couple, quoi. Un couple qui représente le nombre relatif. Parce que sinon il faut qu'on vous explique autre chose : les couples déterminent les nombres relatifs. Il faut que je vous fasse un dessin...

P (intervenant)
Un gâteau, ça représente un gâteau pour toi ?

Fr
Oui.

P
Un couple, ça représente un nombre relatif...

Fr (Elle rit)

L (ayant dessiné)
Voilà un couple (4, 8). Voyez, si ce nombre relatif (dit-il en me montrant le 8) est plus grand, le nombre sera négatif, ça sera moins.

Fr
Qu'est-ce que ça veut dire ? Qu'est-ce qui est moins ? Dans 4, 8, il y a deux nombres. Pourquoi est-ce que ça définit un nombre ? Est-ce qu'avec ces deux nombres, il faut faire une opération ?

L
Vous faites le moins

Fr
Ah ! Il faut faire une soustraction ?

L
Une soustraction, oui. Alors étant donné que ça, le premier est plus petit que le second, ce sera donc négatif. S'il y avait (8, 4) ce serait positif. Alors (4,8) ça fait 4. Voilà, c'est un représentant, et là c'était (a, a').

Archimède a dû se ramasser une pierre sur la tête

Fr
Alors, attends, j'ai encore une question. Pourquoi on

définit un nombre relatif par deux autres nombres ?

L
Justement, c'est ce que j'aimerais bien savoir...

A
Ben moi aussi.

P
Quoi ? Répète ta question.

Fr
Pourquoi définit-on un nombre relatif par un couple de deux nombres ? D'où ça sort, ça ?

P
Eh bien, c'est les mathématiques... Ca doit être Archimède qui a dit comme ça... Il devait être content pour ça ce jour-là et puis il a dû se ramasser une pierre sur la tête.

Fr
Sérieusement.

P
Eh bien, imagine que tu as le nombre relatif + 2. Des représentants de + 2, je peux t'en donner (8,6), (2,0), etc...

Fr
Mais pourquoi a-t-on besoin de représentant pour + 2 ?

L
Moi, je ne sais pas pourquoi... Il nous l'a appris comme ça un *point* c'est tout. On n'a pas à comprendre... "Vous n'avez rien à comprendre, vous apprenez, c'est tout".

Fr
Vous auriez pu aussi imaginer que vous auriez pu faire des représentants avec **trois** nombres.

P
Ben non... parce que c'est pas possible...

A
Parce que c'est un couple – ça fait un couple.

Fr
Pourquoi un couple ?

P
Parce que pour un nombre, il faut deux nombres

Fr
Mais pourquoi ça ? Sérieusement... ma question est peut-être naïve, mais moi, je n'ai jamais appris comme ça. Je ne vois pas pourquoi il **faut**. D'où ça sort, ça ?

A
Eh ben, le père de T non plus, il n'a jamais appris ça comme ça, et il gagne des millions maintenant. Tu connais le père de T. ? Il est à l'aise, c'est un richard, et bien, pas de maths, ni rien, quoi, sauf la vitesse des bagnoles... Il a une place d'or... ni études, ni rien. Il a un appart de 5 pièces...

A (lit le livre de maths)
"Un nombre relatif est constitué (eh bien je ne sais pas ce que ça veut dire constitué, déjà un mot) par un entier naturel appelé valeur absolue (deux mots que je ne pige pas) auquel est associé (associé ?) le signe de l'entier naturel"... Voilà, trois mots... Ah voilà : "le *représentant* d'un *nombre relatif* : *Si un nombre relatif* A est l'image par F du couple (a, a') de C, nous disons que le couple (a, a') est un représentant du nombre relatif A, virgule, ou encore que le couple (a, a') représente le nombre relatif A, point à la ligne".

Fr
Alors, il faut encore remonter plus haut parce que maintenant il y a une autre idée que je ne comprends pas. C'est : un nombre relatif est **l'image** du couple alors ?

A
Alors, il faut que vous repartiez à... au produit cartésien, je crois.

L
Prend un stylo et un papier et me dessine des ensembles et me montre qu'un élément de l'un, une image dans l'autre en les joignant par un trait.

Fr
Alors comment est-ce qu'un élément peut être l'image d'un couple ?

L
Ben, parce que... je ne sais pas.

P
Quand je te dis "j'ai acheté un poisson", dans ta tête tu vois un poisson en premier ; après tu vois un poisson exotique, parce que tu te rappelles que j'ai des poissons exotiques. C'est ça l'image, l'image qui te vient tout de suite au cerveau.

A
Non, c'est pas ça.

Fr
Quand tu penses 2, qu'est-ce qui te vient tout de suite au cerveau, en terme d'image ?

P
2, c'est un nombre pair

A
C'est deux baguettes.

Fr
Ce que tu dis, ça ne me renvoie pas à la définition qu'un nombre soit l'image d'un couple.

Personne ne pourra vous l'expliquer

A
L'image mathématique c'est par exemple : si je vous dis "j'ai acheté un poisson au marché", vous voyez d'un côté un ensemble qui est le marché, et un autre ensemble qui indique, biscuiterie, poisonnerie, boulan-

9

gerie et tout, et vous vous dites que poissonnerie est l'image du marché, un truc comme ça... oh, j'y pige rien.

Fr
Là, je vois un truc (elle lit) : "nombre relatif et couple de nombres décimaux : soient deux éléments a et a' de l'ensemble D des nombres décimaux. Désignons par C le produit cartésien D x D, c'est-à-dire l'ensemble des couples (a, a') de nombres décimaux. Considérons un élément de C, par exemple le couple (7,3). Nous avons 7 plus grand que 3 et 7 – 3 = 4. Décidons d'associer au couple (7,3) le nombre relatif + 4".

L
Ah c'est ça, c'est ça...

Fr
Oui, c'est ça en effet ; mais je me **demande** effectivement d'où vient cette idée folle de définir un nombre relatif à partir d'un couple et pourquoi pour ça ils ont besoin d'utiliser le produit cartésien D x D

L
Ca, on peut pas vous l'expliquer... Personne ne pourra vous l'expliquer.

P
Si on le dit au prof de maths, il dira "mais c'est comme ça".

L
"Voilà, c'est comme ça, il n'y a rien à comprendre".

P
Non, il ne répondra peut être pas ça.

A
Les maths, c'est ça, et seulement ça. On vous dit :
"ça c'est l'image de ça, et pas autre chose" et il n'y a rien à comprendre.

L
"C'est comme ça, un point c'est tout". Voilà ce qu'il répondrait.

A & P
Oui, il dira "c'est comme ça, moi j'y peux rien, c'est la vie..."
Moi, je vous dis, Archimède il s'est levé un matin, il a reçu une pierre sur la tête et puis voilà... Il a dit : "chouette, une idée".

P à Fr
Quand on te dit "une pendule", c'est quelque chose qui montre l'heure et qui dit "tic-tac". Si on te dit "j'ai vu une pendule", ça peut être une pendule de maison, une pendule d'église, une pendule au bras... ça peut être n'importe quoi une pendule. Quand on te dit "j'ai vu un nombre relatif", par exemple, là, on est des mathématiciens, imagine, comme des gens normaux qui parlent de pendules, mais nous on est des mathématiciens ; "j'ai vu un nombre relatif accroché au mur" eh bien, pour ces gens-là, ça faisait, c'était le représentant d'un couple... Aussi simple que ça.

L
Voilà, c'est comme ça, il n'y a **rien** à comprendre.

Fr
Moi, j'ai envie de le relire mieux, ce livre de maths, parce que je voudrais bien comprendre d'où ça vient, ce truc.

L
Vous pouvez chercher toute votre vie, vous ne le trouverez pas.

A
Dites moi pourquoi une montre fait tic-tac !

Fr
Parce qu'il y a une mécanique à l'intérieur, il y a des engrenages qui font du bruit.

A
Oui, eh bien, les maths c'est exactement pareil.

Fr
Non, ce n'est pas pareil. Parce que si je t'ouvre la montre, je vais pouvoir te montrer les engrenages.

A
Un autre exemple "pourquoi les cheveux poussent" ?

Fr
Au contraire de ce que je pensais, vous avez l'impression que cet enseignement est plutôt fait pour ne pas se poser de questions.

L
Oui, c'est vrai.

A & P
Oui, oui

A
Tiens, eh bien on demandera au prof, on verra ce qu'il va répondre.

Fr
Est-ce que ça vous paraît possible de lui poser la question : "Pourquoi pour définir un nombre relatif, on en passe par "c'est l'image d'un couple ? ".

L
On ne peut pas lui demander.

P
Il dira : vous n'auriez pas pu poser la question avant ?

L
Il nous dira : Ben, je ne sais pas.

La question a été posée au prof de maths, qui a répondu que c'était l'orthographe mathématique, que c'était comme ça, et qu'on n'avait rien à y changer.

10

1977 *Le gadget scientifique d'Impascience : graphe lexicographique à partir du mot Institution* (Impascience n°7, p. 32-33)

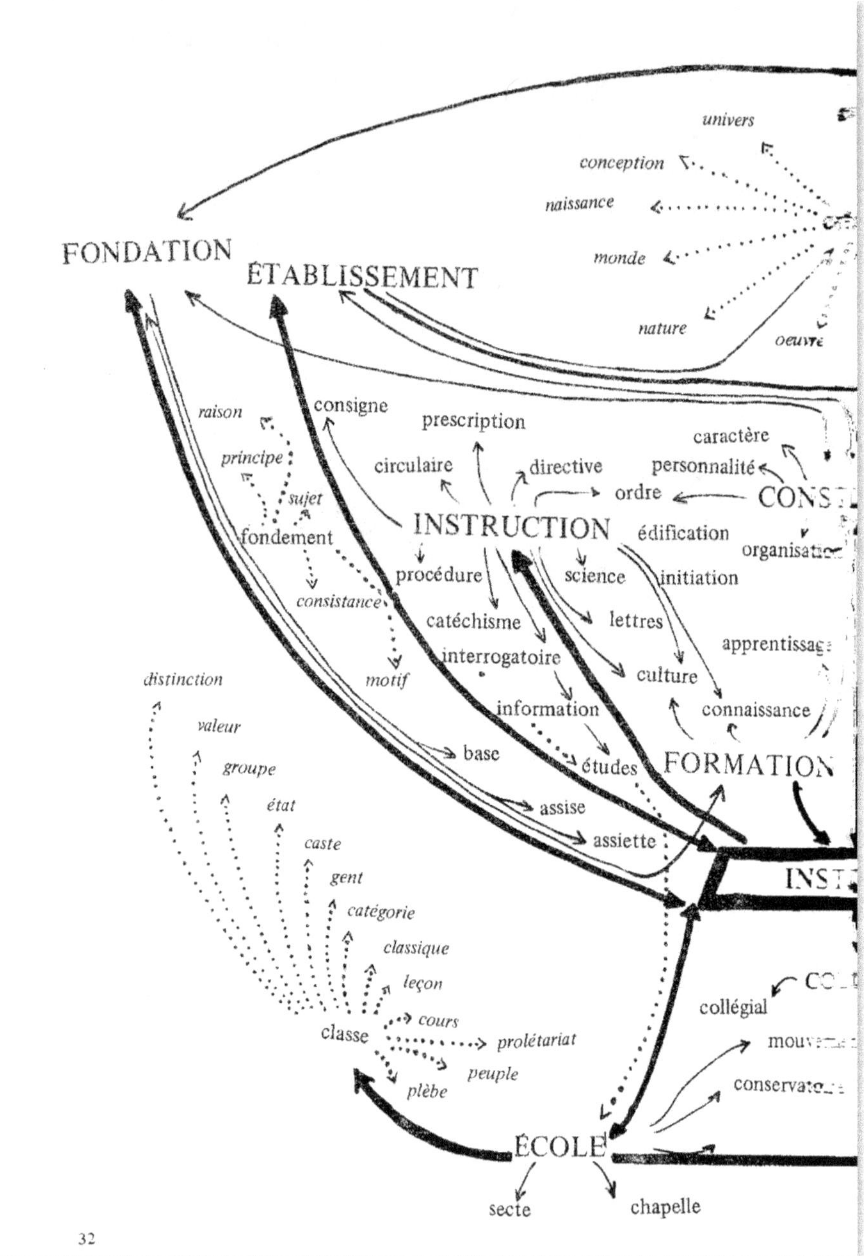

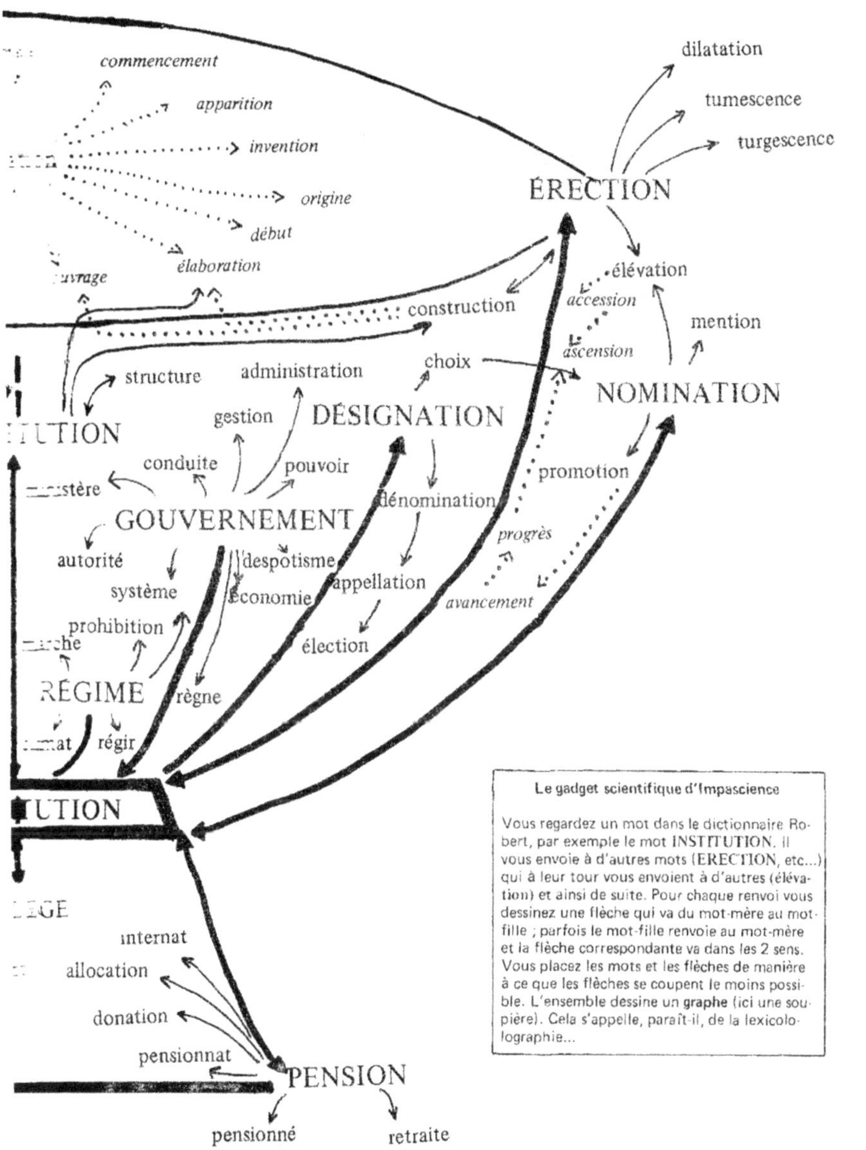

Le gadget scientifique d'Impascience

Vous regardez un mot dans le dictionnaire Robert, par exemple le mot INSTITUTION. Il vous envoie à d'autres mots (ERECTION, etc...) qui à leur tour vous envoient à d'autres (élévation) et ainsi de suite. Pour chaque renvoi vous dessinez une flèche qui va du mot-mère au mot-fille ; parfois le mot-fille renvoie au mot-mère et la flèche correspondante va dans les 2 sens. Vous placez les mots et les flèches de manière à ce que les flèches se coupent le moins possible. L'ensemble dessine un **graphe** (ici une soupière). Cela s'appelle, paraît-il, de la lexicolographie...

33

1977 *Fiche-cuisine d'Impascience : La Soupe Institutionnelle* (Impascience n°7, p. 31)

FICHE-CUISINE IMPASCIENCE :

La Soupe Institutionnelle

Achetez quelques morceaux de choix dans une ou plusieurs grandes écoles. Laissez mariner le gibier quatre ans ou davantage. Pilez, pressez, passez au chinois pour retirer les pépins, et ne gardez que les jeunes loups brillants. Versez dans un bon litre de désir de connaître et d'être reconnu, avec deux doigts de plaire à papa-maman. Faites bouillir. Dès que l'ébullition commence, ajoutez quelques morceaux d'ambition, un bon fond de techniciens, secrétaires, femmes de ménage pour épaissir. Faire mousser avec un kilo de patrons carriéristes. Laissez mijoter en veillant à ce que le fond n'attache pas. On peut ajouter quelques larmes de bruits de couloir. Laissez frémir. N'oubliez pas une pincée de culpabilité et d'angoisse. Améliorez d'un peu d'agressivité. Ajoutez (c'est indispensable) un peu d'oseille, quelques morceaux de carottes braisées et de temps en temps quelques problèmes à décortiquer. Mouillez avec des séminaires, congrès, écoles d'été ou d'hiver selon la saison. Chaque printemps et automne, moulinez, éclaircissez, écrasez de toute votre puissance, à travers la commission, en n'oubliant pas de laisser se communiquer une certaine violence au bouillon. Fermez le couvercle soigneusement afin d'éviter que ne s'introduise la foule des hors-statuts.

Pendant ce temps, tapissez un moule de pâte (d'espoirs) brisés. Avant que le couvercle ne saute, versez la soupe dans le moule, mettez à four chaud, gratinez de quelques médailles.

A ce moment, votre soupe est prête, servez avec quelques chercheurs râpés (ratés) et quelques croûtons rassis et dorés.

Si vous ne la consommez pas aussitôt, n'oubliez pas de la mettre au réfrigérateur pour éviter que les émotions ne fassent aigrir ou que le corps ne ressurgisse et ne se reconaisse.

Ne laissez pas se dessécher les restes; ils peuvent s'accommoder et s'allonger. D'autres soupes se mitonnent ailleurs.

31

REPRESCIENCE REPRESCIENCE REPRESCIENCE REPRESCI

J'ai envie de dire que mon histoire dans la science, c'est l'histoire d'une longue répression. Des chapitres de cette histoire s'en écrivaient encore il n'y a pas si longtemps, s'écrivaient plutôt dans le corps que sur une feuille blanche. Je veux dire : je n'en dormais pas ou j'en dormais sans arrêt, je m'y cassais la figure, je m'y suis mutilée le visage – marque à jamais visible – m'y suis coupée, brûlée, tordue la cheville, en ai vomi de dégoût.

Pourquoi tout ça ? Sans doute parce que je n'accepte pas suffisamment – autant qu'il faudrait – le code répressif de l'activité scientifique. Je m'y déclare non morte, non docile, je garde les armes et je me bats. Lutte inégale contre le monstre institutionnel, monstre aux tentacules venimeux et étouffants, qu'il faut toujours garder à vue et qui vous garde à vue.

Enfin, Impascience vint !

La première règle de ce code répressif, c'est de ne jamais donner à voir, dire, exprimer cet étouffement là. De ce point de vue, *Impascience* m'importe car c'est un lieu où peut se dire et s'écrire quelque chose de cet étouffement, lieu où se rencontrent des gens venant d'ailleurs, avec d'autres histoires, mais qui là où ils sont maintenant peuvent m'être très proches et porteurs de projets très voisins des miens. Et je sais bien que la perspective d'un changement n'a pu se concrétiser, prendre corps que collectivement, avec d'autres gens peu ou prou arrivés à ce point où je peux les rencontrer. Cette parenthèse assez longue pour dire qu'enfin se dessine un espoir : qu'un groupe de travail se consolide et arrive en rusant avec l'institution à faire qu'un projet voie le jour, vive en plein jour, projet de travail différent dans des rapports différents.

Bon, alors comment en suis-je arrivée là ?

Ma mère était fille de paysans limousins, devenue prof de maths dans la tradition, qui se croyait libérale et progressiste, qui se proposait de semer le plus largement possible du savoir à des gens qui s'en sentaient exclus.

Les maths pour elle, c'était la règle, la certitude, le solide où il n'y a pas à discuter, mais aussi l'échafaudage grâce auquel on grimpe sur le tremplin de la connaissance, au bout duquel on s'envole (?) vers des carrières d'avenir (??) : la science, la technique et probablement vers le socialisme – le progrès quoi. Dans le présent, disait-elle, on n'est pas là pour rigoler mais pour travailler, avaler, avaler toujours plus de connaissances, thésauriser les diplômes (à défaut des dots) : voilà ce qu'il fallait faire quand on était fille de parents clairvoyants politiquement et autoritaires par dessus le marché ! Alors moi, que ma mère n'avait pas voulu du tout, en tous cas pas voulu fille, j'essayais de lui plaire en étant dans son désir : la meilleure en maths puisqu'elle était prof de maths et que les maths c'était l'avenir. De fil en aiguille, je me retrouvais en math sup, admise en math spé (grâce à mes notes en maths) et là je reculais à l'idée de passer le concours de Sèvres : non, je ne serai pas prof de maths comme ma mère, là c'en était trop. Première (?) connerie de ma vie : je ne savais même pas qu'après Sèvres, il y avait d'autres choses à faire qu'enseigner les maths – quoi, au fait ? La recherche ? Bon alors...

Donc je change d'orientation et vais préparer les concours des écoles d'ingénieurs, chauffée à blanc pour réussir à PC (justement !). Je frôle l'admissibilité et réussis à plein d'autres écoles de province. Je me dis : refaire une année de préparation à PC, y subir quatre ans d'études en risquant de m'en faire vider, bof !, aussi bien aller tout de suite à Toulouse, au soleil, en occitanie...

Voilà comment je me retrouve ingénieur à 22 ans, petite fille encore... heureuse d'avoir échappé tout ce temps à l'oppression familiale et d'avoir – un brin – connu la vie qui me semblait plus gaie, plus libre des étudiants. Là je décide de continuer à vivre un moment ce temps de liberté studieuse et je pense que faire une thèse ça doit correspondre un peu à ça ; qu'en plus, à faire de la recherche, on est du côté de ceux qui trouvent tout ce qui sera plus tard écrit dans les livres et enseigné dans les facs. Alors pourquoi pas ? En 1960, on entrait au CNRS assez aisément. J'avais envie de voir de plus près ce qu'étaient les macromolécules, les poly-mères. Je ne sais toujours pas pourquoi c'est ce que j'ai choisi d'étudier en chimie. Toujours est-il que je me retrouve dans le bureau d'un mandarin des polymères, mandarin très paternaliste qui m'envoie dans un laboratoire qu'il me dit être situé dans une jolie banlieue et dont le patron – son ex-assistant – m'accueillera, dit-il, avec plaisir.

Comment on ne choisit pas son laboratoire

La labo où j'atteris à cette époque a depuis été quasi-démantelé par le C.N.R.S. Il est vrai qu'on n'y faisait guère de «Science». Le patron m'a donné un sujet de thèse comme on fait un canular, en ayant lu la veille une vague lettre à l'éditeur dans un revue où 4 américains disaient avoir trouvé une nouvelle réaction de polymérisation. Allez-y, me dit-il, voyez de quoi il s'agit - ça m'étonnerait que ça soit vrai !

C'était vrai ! Je me suis attelée seule à ce sujet ; deux ans plus tard, chacun des 4 américains commençait à signer avec une dizaines de personnes des tas d'articles sur le même sujet ; moi j'étais seule, non encadrée du tout et le directeur du labo rigolait en me montrant dans son bureau, la courbe du «moral du chercheur pendant sa thèse», je n'en étais pas encore à $-\infty$, alors, il fallait que je continue au lieu de vouloir changer de sujet ! La recherche, disait-il, «c'est merder durement sur un sujet»...

A ma soutenance de thèse, il rigolait moins, mon patron. Moi je n'avais jamais beaucoup rigolé, jamais senti le grand vent des enthousiasmes me siffler autour, à chercher quelle question je pourrais me poser concernant ces fichus polymères déjà si amplement connus. J'avais finalement bricolé quelques trucs, beaucoup moins géniaux que ceux des américains ; le jury de thèse engueulait mon patron et la commission du C.N.R.S. demandait que je quitte ce «mauvais labo» pour que je passe chargée de recherches.

1968. Je suis attachée à 8 ans ! Des postes se créent dans la panique de l'après-révolution. J'en récupère un et je me retrouve dans un autre labo dont le patron est connu mondialement : il a écrit un livre édité dans une série américaine, il publie beaucoup d'articles, a pris un brevet qui s'exploite aux USA, va dans plein de congrès ; des tas de scientifiques venus des pays de l'Est ou de l'Ouest planchent dans des séminaires chez lui. Vais-je enfin être admise dans le temple de la bonne science, la vraie science ?

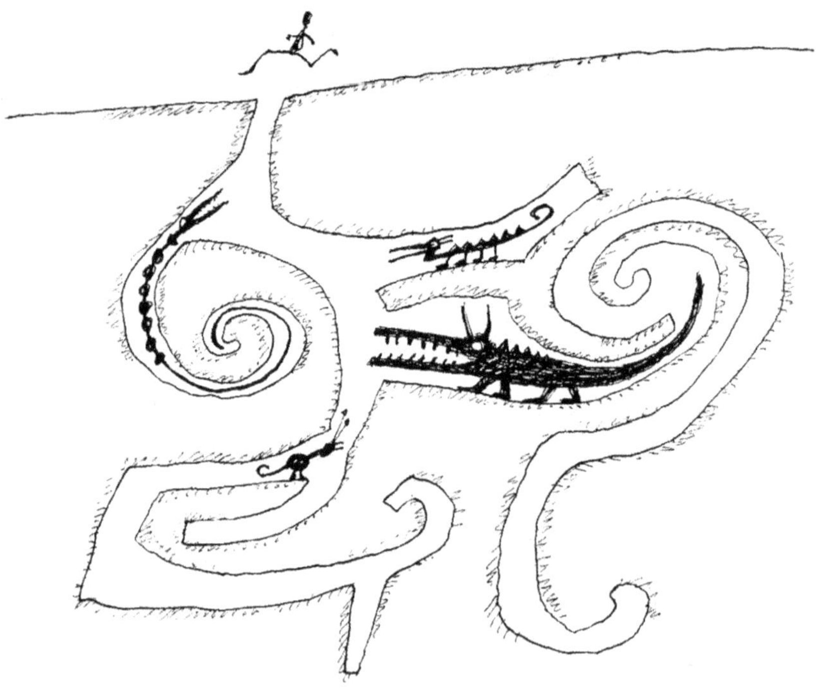

Dessin de Steinberg

Huit ans plus tard, je peux dire que non – vraiment non – ce que j'ai le plus appris chez lui c'est que la science, ça n'est pas du tout la VÉRITÉ, c'est le lieu d'un rapport de forces, d'un marchandage, d'un marketting organisé internationalement.

De Charybde en Scylla !

J'ai travaillé là-bas deux ans dans un sous-sol, le reste du temps dans une pièce sordide, pleine de bruits, dont les fenêtres ne s'ouvraient pas sur l'extérieur, dont les verres-cathédrales (!) ne laissaient pas deviner s'il pleuvait ou faisait soleil. Des vapeurs de solvants ou de monomères – parfois toxiques – traînaient autour des 5 personnes qui travaillaient dans la même pièce. Aucun endroit pour réfléchir ou s'isoler un peu. Mon travail consistait à polymériser un des rares monomères non encore étudiés auparavant – probablement à cause des difficultés expérimentales – J'ai trouvé quelques «effets» soit disant intéressants. Mon patron les a abondamment publiés sans me citer – ce dont je me serais moquée – si dans le même temps il n'avait affirmé que je ne faisais rien et qu'il fallait me vider. Il s'est fait mousser avec ce travail dans bon nombre de congrès ou conférences, toujours sans me citer, mais non sans omettre de faire sur moi et mon travail des rapports – que je n'ai d'ailleurs jamais lus – laissant entendre que ça n'allait pas du tout, que je n'étais pas assez présente au laboratoire et que je ne travaillais pas suffisemment. Jusqu'au jour où les autorités compétentes de la commission du C.N.R.S. m'ont écrit des lettres me sommant de «produire» plus, ce qui, chez les scientifiques, veut dire produire plus de papiers publiés.

S'ensuivent des discussions à l'infini avec mon patron qui prétend que ce n'est pas publiable, se fout de ma gueule, me redemande n fois de refaire n manips, de tracer les courbes différemment, de vérifier un point secondaire, etc... J'ai fait tout ça plus ou moins patiemment, interrompant ce que je faisais par ailleurs, pour essayer qu'un article se publie enfin ! avec mon nom et le sien (tous les articles du labo «sortent» avec le nom du patron). A noter que publier sans son label est quasi impossible comme va le confirmer la suite de mon histoire. Mon patron faisait partie du comité de rédaction d'une revue européenne, ses copains de deux ou trois autres revues allemandes et quand enfin l'article que je me décide à écrire seule est accepté par la revue la plus estimée du milieu – revue américaine comme il se doit – il peut se permettre de prendre sa plume et d'écrire au rédacteur en chef de la revue pour que l'article pourtant déjà accepté par le referee ne soit pas publié. Il demande que le manuscrit lui soit renvoyé afin de le corriger.

Après quelques bagarres collectives, où ce scandale a été rendu public, l'article doit être publié sous peu dans la revue américaine *. C'est ça la science – aussi ! – Le lieu d'un rapport de force maquillé de l'argument de la vérité. Mon patron peut écrire : il ne faut pas que cette fille publie parce que c'est **faux**, dans le temps même où il publie les mêmes résultats ailleurs.

A ajouter au tableau le fait que le patron a aussi comme rôle celui de «flic» qui surveille les heures d'arrivée et de sortie des gens. Le travail compte finalement moins que la présence, et comme je tenais le contraire, à savoir qu'au labo je bossais (rien d'autre ne pouvait s'y faire) mais que je n'arrivais guère avant onze heures du matin, alors, je devenais scandaleuse, d'autant plus que j'osais m'intéresser à autre chose pendant mes absences et que de ce fait même je rompais l'ordre naturel de la division du travail scientifique.

Que dire de plus ? Si ce n'est que je n'ai **encore** jamais fait de recherche (au sens où je continue de croire que des gens en font). Je sais maintenant que je n'arrive plus à m'interesser aux mouvements des électrons et à la structure des polymères. Ce qui m'intéresse c'est autre chose – ça a sans doute toujours été autre chose – Ca fait un moment que je le sais vraiment, le dis vraiment. Mais c'est seulement très récemment que j'ai tenté – à la fois collectivement et en payant le prix institutionnel, c'est-à-dire en donnant des gages de ma «compétence» – que j'ai tenté donc, sérieusement de passer à l'acte. Je ne veux plus crever d'ennui dans un labo où on me demande d'être là, de me taire et d'obéir. Je veux réfléchir à de vraies questions. Alors pour moi, maintenant, les vraies questions, ce sont les questions sociales.

* Il m'a été dit – récemment – que le patron a envoyé à la revue européenne à laquelle il collabore, le manuscrit en anglais d'un article qui va ressembler au mien comme un goutte d'eau. Les textes anglais étant les mêmes, la preuve sera faite ! que j'aurai recopié son propre texte pour le publier... à suivre...

LA NOIX D'HONNEUR D'IMPASCIENCE

«On ne saurait davantage, sans verser dans la démagogie, s'étonner de ce que la proportion des enfants orientés vers les classes de transition soit plus grande dans les milieux sociaux culturellement défavorisés. En effet, même s'il est déplaisant de l'admettre, le potentiel génétique de succès est plus grand, statistiquement, dans la descendance des individus qui ont su, mieux que les autres, s'assurer une réussite».

Recteur Jean Capelle, ancien directeur général de l'organisation et des programmes scolaires, «Les C.E.S. ont-ils échoué» Le Monde, 2 février 1977.

12

6. Le passage à la sociologie

J'imagine, sans autre preuve qu'une intuition venue d'une assez bonne connaissance de chacun d'entre eux et de leur longue et forte amitié, que ce serait le chambardement de mai 68 qui a permis à Françoise de rencontrer Jacques Maho : sociologue ruraliste, il travaille en Creuse, et l'emmène sur son "terrain". Un travail qui lui plaît beaucoup, car il la met en contact avec des personnes et des "vrais problèmes". Elle décide, à ce premier contact avec les sciences humaines, que les "sciences dures sont décidément plutôt inhumaines". Elle a toujours aimé la terre, – où son fils Pascal va s'installer paysan plus tard.

Ceci me ramène au souvenir de l'ami Maho, apprécié par beaucoup, et qui est mort dans les années quatre-vingt. Il y a peu de choses sur lui sur Internet, je me dois donc de lui consacrer une vignette dans ce travail. (cf V Maho).

Tout en continuant à travailler dans son labo, Françoise, en élève sage, passe une licence de sociologie en 1971, puis une maîtrise, dans le laboratoire de sociologie rurale de Marcel Jollivet [28], en 1976. Elle passe alors, au CNRS, dans la section de sociologie, grâce au soutien de Jacques Maître, sociologue éclairé dont j'ai également pu apprécier la générosité et l'ouverture (cf V Maître).

Pour son premier travail officiel de sociologie, elle choisit de continuer la réflexion commencée dans *Impascience* sur la profession de chercheur scientifique. Son expérience personnelle lui a appris qu'il existait deux catégories de labos, des "bons" et des "mauvais", elle va donc enquêter dans deux labos aux réputations différentes. Elle choisit des labos de biologie moléculaire, pour leur assez grande proximité avec la chimie macromoléculaire d'où elle vient.

Dans ses *Titres et Travaux* de 1992 (p.5), elle note : "*Je peux dire aujourd'hui qu'en m'ouvrant un domaine d'une aussi grande richesse, ce choix a été décisif pour l'ensemble de mes travaux en sociologie.*"

Je propose dans la section suivante une présentation de ce travail, charnière entre ses deux mondes.

---

[28] Marcel Jollivet, que j'ai réussi à joindre par téléphone, m'a chaleureusement encouragée dans ce projet.

Jacques Maho (1934 - 198?)

Jacques Maho était un homme d'une grande sensibilité, avec un humour très fin. Je vais donner quelques éléments de sa carrière de chercheur que j'ai pu glaner sur Internet, mais il était loin de n'être que chercheur.

Il écrivait des petites nouvelles charmantes. Je me souviens principalement de celle où une plante verte – il était un amoureux de ce type de plantes – s'était soudain mise à grandir dans sa chambre jusqu'à tout étouffer. Elle avait été éditée, avec d'autres, par Pierre Jean Oswald en 1977, dans "Le champ du possible", sous le titre : *Le haricot et autres contes.*

Il aurait aimé, mais n'a pas réussi, à faire publier un témoignage de son père, prisonnier en Allemagne pendant la dernière guerre.

Je pense qu'il fait partie de ces nombreux intellectuels exclus alors, de part leur modestie, du premier cercle, celui qui possédait les moyens de la reconnaissance publique. L'arrivée d'Internet a quelque peu bouleversé cet ordre, en fournissant l'occasion de sortir de cette exclusion. Mais Jacques est mort avant cette révolution.

Je crois que le numéro 6 (et dernier numéro) de *Labo-contestation*, été 1972, qui concernait la sociologie, lui doit beaucoup : Le titre, *La vocation actuelle de la sociologie,* reprend celui d'un ouvrage alors classique du "mandarin" Gurvitch, mais décrit les âpres combats que se livrent les divers courants.

J'ai trouvé, en googlisant, cette citation de lui : http://dicocitations.lemonde.fr/auteur/2859/Jacques_Maho.php#

L'évolution, ça nous surprend ... A Paris, pour pisser, il faut payer vingt-cinq centimes, le prix d'un kilo de blé.

Elle illustre bien son humour, mais aussi la réflexion intéressante qu'il menait sur les évolutions du monde, à travers le cas des paysans, soumis alors à des changements drastiques de leur position dans la société.

<u>Bibliographie sociologique</u> (éléments)

1964 "*Rapport d'enquête sur la diffusion de l'information à Plozévet (Finistère)*", 1ère Partie, Délégation à la Recherche Scientifique et Technique, Paris, 1964, 193 p., ronétypé.

Ce village breton a atteint la célébrité parmi les sociologues pour avoir été envahi par une cohorte de "travailleurs scientifiques", payés pour observer les changements qui s'y produisent, alors que les enquêtes sociologiques commencent à se répandre. Son étude est ainsi devenu un classique de la sociologie, surtout lié aujourd'hui au nom d'Edgar Morin.

1974 *L'image des autres chez les paysans. Méthodologie et analyse de sept villages français.* Naville, Pierre (1904-1993), préfacier, Le Champ du possible.

Texte remanié de sa Thèse de 3ème cycle, Sociologie, Paris X, 1970 : *La représentation sociale d'autrui : méthodologie et comparaisons dans sept villages français.*

1985 : *Vivre dans la Creuse ; Précédé d'une contribution à une histoire du changement social ; Éditions* du CNRS.

Jacques Maître (1925-2013)*

Après des études de philosophie à la Sorbonne, il devient chercheur en sociologie au CNRS en 1952. Membre fondateur, puis directeur, du Groupe de sociologie des religions, il contribue à la création de la revue *Les Archives des sciences sociales de la religion.* Il appartient ensuite à l'Unité 158 de l'INSERM intitulée " Savoirs et pratiques dans le champ médical ".

Je l'ai rencontré une première fois quand, ami de Georges Guilbaud qui dirigeait le Centre de Mathématique Sociale – lequel m'avait accueillie quand j'étais arrivée en sociologie - il était un des rares sociologues que les méthodes mathématiques de la sociologie qui se développaient n'effrayaient pas. En 1957, il avait travaillé sur le dénombrement des catholiques pratiquants en France. Puis, publié, en 1972 : *Sociologie religieuse et méthodes mathématiques* (Paris, PUF), dont j'avais fait un compte-rendu pour la revue *Mathématiques et Sciences Humaines.*

Je l'ai surtout connu comme le représentant syndical du SNCS à la commission de sociologie, où il a montré beaucoup de justesse et d'ouverture. En particulier, il a soutenu le passage en sociologie de Françoise, et aussi mon passage au rang A, qui me libérait de la tutelle d'un directeur de recherches.

Catholique engagé à gauche, il soutient le mouvement des prêtres ouvriers - condamné par le pape en 1954 car trop proche des communistes, on est en pleine guerre froide. Il se considère comme un intellectuel qui, avec ses méthodes propres, veut "analyser ce que l'on est en train de vivre" (extrait d'un entretien de 2007, https://www.youtube.com/watch?v=sZgxzsSZuAs).

Il participe au Collège coopératif fondé en 1959 à Paris par Henri Desroche, philosophe, historien et professeur à l'EHESS. Il y enseigne en particulier les mathématiques.

Ses derniers livres s'intéressent à des trajets de vies très singuliers : femmes mystiques, ou encore un abbé "paranoïaque". Il entend aborder ces personnalités au double plan de la socio-histoire et de la psychanalyse.

* J'utilise Wikipedia, où l'on trouvera la liste de ses livres (une dizaine), mes souvenirs personnels, et Internet.

Les titres sont éloquents :

• *Les stigmates de l'hystérique et la peau de son évêque: Laurentine Billoquet (1862-1936)*, Paris, Anthropos, 1993.

• *Une inconnue célèbre : Madeleine Lebouc (Pauline Lair Lamotte) (1863-1918)*, Paris, Anthropos, 1993.

• *L'autobiographie d'un paranoïaque : l'abbé Berry (1878-1947)*, avant-propos dialogué avec Pierre Bourdieu, et le roman *Introïbo* de Billy, Paris, Anthropos, 1994.

• *« L'orpheline de la Bérésina » : Thérèse de Lisieux, (1873-1897). Essai de psychanalyse socio-historique*, préf. dialoguée de Michèle Bertrand et Ginette Raimbault, Paris, Éditions du Cerf, 1995.

• *Mystique et féminité. Essai de psychanalyse sociohistorique*, Paris, Éditions du Cerf, 1997.

• *Anorexies religieuses, anorexie mentale. Essai de psychanalyse sociohistorique : de Marie de l'Incarnation à Simone Weil*, Paris, Éditions du Cerf, 2000.

Françoise Laborie
Jeux et enjeux de la recherche en biologie moléculaire

Enquête dans 2 laboratoires
Analyse sociologique de la recherche scientifique et technique.
Information sur les Sciences sociales, 22, 2 (1983) 251-281.
Présenté au colloque de la Société Française de Sociologie, 1981

Présentation par Jacqueline Feldman

Avant-propos : c'est un texte long, difficile à lire, très (peut-être trop) riche. Françoise avait beaucoup de choses à dire sur la vie scientifique, et des choses souvent personnelles. C'est un texte important pour qui s'intéresse à l'œuvre de Françoise : texte charnière entre sa vie de "scientifique dure", qu'elle a quittée, et sa vie nouvelle de sociologue, encore à la recherche de son "bon objet", qui apparaîtra quelques années plus tard, avec les NTR (Nouvelles techniques de reproduction).

Ce texte voudrait préparer à sa lecture. Mais il est évident que je l'aborde moi-même avec un point de vue parfois plus personnel qu'objectif. Par ailleurs, le style de Françoise lui est propre, à la fois rationnel, scientifique, descriptif et littéraire. Les commentaires que j'en donne ne peuvent lui rendre justice.

Dans les années 1977-1978, Françoise est désormais dans la section de sociologie, et s'attaque à sa première recherche, après son mémoire de maîtrise en sociologie rurale. Elle porte sur ce qu'elle connaît le mieux, la cité scientifique, avec un décalage pour la discipline : elle choisit, déjà, la biologie, mais une biologie proche de la chimie. Elle a appris lors de son apprentissage de chercheur qu'il existe de bons et de mauvais labos, elle choisit donc deux laboratoires qui n'ont pas la même réputation : le directeur de l'un est "connu internationalement", avec la "conjonction chez une même personne de l'autorité scientifique et de la légitimité". Elle cite ce qu'on lui a dit plusieurs fois : "*Entrer dans ce laboratoire nécessite un passeport*". L'autre laboratoire, où le nouveau patron n'est pas assuré de cette reconnaissance, connaît plus d'"hétérogénéité".

Je partageais alors mon bureau avec Bernard Lécuyer, lui-même authentique sociologue des sciences. Il se montra impressionné par le travail de Françoise : "*Elle a posé des questions auxquelles nous n'aurions jamais pensé*",

me dit-il. Ce qui tenait évidemment à son expérience, mais aussi à l'acuité et la richesse de son regard.

Elle remarque par exemple que l'architecture des bâtiments correspond à la structure des différences entre les deux labos :

> *L'architecture ... détermine une « géographie » scientifique. Au sous-sol, animalerie et laverie de vaisselle ; au dernier étage : bibliothèque et salle de conférences. Réification spectaculaire de la hiérarchie implicite qui sépare les basses tâches manuelles et animales du pur jeu aérien de l'esprit. Intéressante, donc, l'architecture, car elle visualise ainsi une idéologie élitiste.* (p. 259).

Elle ne fait pas travail d'intervieweuse, elle ne pose pas de questions, ou très peu, elle n'"observe pas", elle "écoute", explique-t-elle dès le premier paragraphe, à l'instar de la technique psychanalytique, sans doute, et pour mieux laisser affleurer, autant qu'il est possible, la subjectivité des travailleurs scientifiques, hors des discours professionnels.

Elle précise :

> ... *une écoute non seulement du sens manifeste mais repérer les manières de parler, le ton du discours, sa fluidité ou ses hésitations, les dénégations, évitements ou ruses des réponses, ainsi que les lieux et heures choisis pour l'entretien, les variations d'attitude qui marquent dans la conversation les nuances de la satisfaction, l'agacement, l'inquiétude, la colère ou l'émotion.*

Elle évoque ce qui se joue dans cette relation :

> *Dans ce discours qui m'est tenu, donné ou refusé, se joue l'ensemble de la position de celui qui parle. A cela s'ajoutent les questions que chacun se pose sur l'objet de cette enquête faite par une femme chercheur vis-à-vis de laquelle on sera placé en position d'autorité ou d'humilité, de condescendance ou de gêne, de complicité ou de mépris.*

Elle cite les travaux de sociologie des sciences qui comptent à ce moment-là, Bourdieu, Lemaine, Lécuyer, Latour, Feyerabend. L'époque est à la démythification de la science et l'attaque du scientisme, en mettant en avant les aspects sociaux par compétition entre chercheurs. Ayant elle-même vécu avec difficulté des conflits avec ses patrons qui l'ont blessée et qu'elle raconte dans son texte *Après coups*, où elle note : "de vérité, il n'est pas question", elle est attentive à ces sociologies, sans pourtant s'y fondre : Si elle mentionne la notion importante de capital symbolique de Bourdieu, qu'elle cite dès le début de son texte autobiographique, elle entend dépasser la réduction de la cité scientifique aux seules stratégies de réussite.

Ces réponses à la question qui l'intéresse : *Qu'est-ce qui fait courir les scientifiques ? A quels jeux jouent-ils ?* lui semblent en effet partielles ; elle tient à y ajouter la part la plus subjective, la plus intériorisée des acteurs, ce qu'elle nomme leurs "investissements inconscients", qui va participer de leur position dans le jeu.

> *A partir de cela, j'ai formulé l'hypothèse selon laquelle dans la recherche ... se mettent en jeu des investissements d'une autre nature (que les stratégies de la réussite) ou qui relèvent d'une autre logique et que je postule être la logique de l'inconscient.* (p. 257-8)

Aussi, une fois admise la description de la cité scientifique comme champ de rivalité et de pouvoir, elle s'intéresse à ceux qui ne jouent pas les règles du jeu, y mettent "du jeu ... au sens propre de la mécanique". Elle en donne trois exemples.

1. Ceux qui vont "déjouer le jeu réglé de l'institution", par des "résistances, ruses ou détournements", avec des pratiques "alternatives", ou "parallèles", dans des "investissements éthiques, politiques ou militants".(p 254)

> *On s'intéresse à des thèmes de recherche jugés socialement utiles (maladies professionnelles, effets des antibiotiques ou des vibrations sur le corps), on organise le travail d'une façon non hiérarchisée, ou encore on définit collectivement de nouvelles orientations de recherche.*

Nous sommes à la fin des années soixante-dix : l'après-mai continue d'habiter la société, de la faire bouger, de tenter de la faire changer, mais le conformisme l'a manifestement emporté. L'amplitude du "jeu possible" semble se réduire comme peau de chagrin.

La norme semble être d'éviter à présent les questions politiques : dénégation, silence, note Françoise. "*Le refoulement de tout ce qui relève des déterminations sociales et politiques de la recherche est d'autant plus marqué qu'on a réussi le plus manifestement*" remarque-t-elle.

Elle évoque ainsi le *tabou des manipulations génétiques.* (p. 266)

> *"Il y a eu des discussions en 1974 et 75, les patrons étaient pour, et finalement tout le monde a suivi. C'est à qui se bousculera pour les faire ... on s'aperçoit que toutes les personnes qui étaient contre à cette époque-là, sont toutes à faire des manipulations et on n'en parle plus."* (p. 269).

Un groupe Groupe d'information biologique (GIB) s'était réuni en 1974 et 1975 et je remarque qu'il a disparu du radar Wikipedia aujourd'hui.

2. Il y a aussi ce qu'elle nomme la "stratégie de gagne-petit". On est là, on travaille, on est modeste, on y reste. "*Même si on s'y ennuie, si on se plaint, on ne peut s'en décoller.*"

Elle semble ressentir un certain malaise par rapport à cette position passive, en définitive, et dans quelle mesure vraiment choisie ? Elle risque le mot "échec" à ce sujet.

> *A être pris dans la force de la répétition, la passion de l'échec, on est dans un autre registre.*

3. Dans le troisième cas de "non-respect de la règle", il s'agit (enfin, ai-je envie de dire ...) de ceux qui aiment la science et ont *"la passion de chercher d'une façon qui n'est pas seulement stratégique et consciemment calculable en termes de profits."*

> *Plus ou moins solitaires, ils font des paris, se lancent sur des pistes hasardeuses, risquent des coups difficiles, peu sûrs et d'autant plus dangereux qu'ils ne sont pas "couverts" par la légitimité du patron quand celui-ci s'oppose à ce type de travail ... On reconnaît là le jeu habituel à la recherche tout au moins tel qu'on le vulgarise.* (p. 255)

Elle n'oublie évidemment pas "*Le petit personnel" :*

> *L'immense majorité du personnel technique est féminin, à l'exception des travailleurs de l'animalerie qui sont le plus souvent des travailleurs immigrés du sexe masculin* (p. 260).

> *On les considère comme quantité négligeable, le "comment ça va ? " ne concerne jamais que les tâches qu'elles exécutent.* (p. 262)

Elles ne sont pas habituées à s'exprimer : "*il faudrait que vous me dites un peu ce qu'il faut que je réponde",* demande l'une d'elles. (p 261)

Françoise fait quelques incursions, "*quelques repères un peu impressionnistes*", étant donné son intérêt pour la psychanalyse, du côté de ce que je nomme personnellement la psychologie des profondeurs. Après tout, avec la biologie, il s'agit de corps, de vie, de mort, mais aussi de tuer (des souris), voire, de fabriquer des monstres.

> *Il est alors possible de supposer que le refoulé de ces questions sur le corps fait retour dans la fantasmatique et la pratique de la recherche. Quelques repères un peu impressionnistes permettront de préciser ce*

qu'il en est de la fantasmatique des biologistes en biologie moléculaire, de ceux qui ont encore affaire au corps. (p. 273)

"Ceux qui ont encore affaire au corps": Ainsi différencie-t-elle entre ceux qui acceptent de se promener dans les sphères mal balisées et aventureuses de l'inconscient, et ceux qui se sont immunisés contre lui, grâce à la rationalité bien décidée de leurs activités.

Plus loin, elle écrira : "*Certains n'en veulent rien savoir ....*"

Oscillations du corps à la molécule, du corps de l'animal au corps humain. Attraction, répulsion, présence, absence du corps. Mystères des profondeurs du corps, de la sexualité, de l'accouplement, de la fécondation, du développement de l'embryon, de la naissance, de la maladie, la mort : toutes ces questions sont aussi celles des biologistes, même s'ils les formulent en un langage scientifique. Certains n'en veulent rien savoir ... (p. 271)

D'autres sauront lui parler de leurs fantasmes, relancés par leurs travaux. Elle-même fait appel à la notion de sublimation, qu'elle abordera plus à fond peu après (cf Françoise et la psychanalyse) dans le séminaire "Champ social et inconscient".

Exercice de la sublimation qui permet à chacun d'alimenter sa soif de savoir, d'élaborer scientifiquement des démarches qui tournent autour, ou qui s'éloignent plus ou moins de ses propres questions. Les objets d'étude ou d'expérimentation sont alors comme des leurres, des appeaux qui permettent au sujet d'ignorer et reconnaître tout à la fois que ces objets "ne sont pas les bons". La sublimation permet aussi de se défendre et rejouer autrement l'angoisse qu'inspirent le mystère des origines, la sexualité, la reproduction, la mort. (p. 272)

Et voici la théorie psychanalytique :

Dans ce désir de savoir sur le corps, doivent s'engager les désirs les plus archaïques de voir et de savoir sur le corps de l'autre (la mère, les parents), la vieille curiosité infantile qui peut se jouer là, d'une façon détournée, sublimée ou refoulée. (p. 272)

Elle parle aussi du "*discours prométhéen de la biologie moléculaire sur la manipulation génétique*", d'"*une certaine jouissance à se sentir dans la toute-puissance*". Elle remarque qu'en science, on dit : "*Tel phénomène obéit aux lois de M Untel ", autrement dit, celui-ci peut penser : "je suis celui qui dicte à la nature ce qu'elle doit faire*". (p. 256)

Pour finir, parce que je pense que la balance a trop souvent penché alors du côté négatif de la science, ce qui était certes nécessaire pour nous libérer de notre imprégnation par le scientisme, je cite ces deux extraits d'entretiens où le ou la chercheure – ce n'est pas précisé - exprime le bonheur en science :

"Ce que j'aime en biologie, c'est qu'il n'y a pas le côté concurrentiel de la biochimie, on peut rêver doucement, en plus, personne ne fait deux fois la même chose" (p. 271)

"Les idées me viennent beaucoup plus aisément en biologie ... Ce que j'aime le plus, c'est comment viennent les idées. On arrive à un résultat intéressant et on commence à délirer un petit peu. ... ça monte, une tension monte et les idées viennent. Vivre ce processus est pour moi un moment de grand bonheur qui ne m'arrivait jamais en biochimie." (p. 273)

Enfin, parmi les dix-huit extraits d'entretiens, j'ai choisi de conclure ce texte par celui de cette chercheuse qui illustre le thème "femme et science" qui court en filigrane tout au long de ce travail que je fais sur Françoise :

"Dans le labo de M.X., si on ne fait pas exactement ce qui l'intéresse, il faut vraiment avoir une volonté de fer, une très grande confiance en soi ... A un moment où ce n'était pas à la mode dans l'esprit de M.X., je n'ai pas su le persuader qu'étudier des glycoprotéines de surface pouvait aider à comprendre le mécanisme de la différenciation. J'ai travaillé dans mon coin, avec un post-doc étranger. On travaillait absolument seuls, sans être soutenus par qui que ce soit dans le labo. M.X. ne trouvait pas ça important, il a pu me dire non ! Or trois ans après, le problème des glycoprotéines..., il le trouve important. Il a mis des gens dessus sans jamais m'en reparler. Moi je n'ai pas réussi à le persuader ... je crois ... Je crois qu'il ne considère pas que les femmes aient des idées. Il m'est arrivé – à d'autres femmes du labo aussi – d'émettre des théories ; qui ne portent pas à grande échelle mais qui enfin, au jour le jour, sont très intéressantes, il ne les écoute même pas. Si c'est repris par quelqu'un qui est un homme et qui a le ton, il se laisse plus facilement persuader". (p. 264)

Françoise commente :

L'émotion et le bord des larmes de cette femme en disent long sur la violence qu'elle a subie à ne pouvoir ou savoir être crédible à son heure !

7. Françoise et la Psychanalyse

Dans son texte autobiographique "Après coups", Françoise raconte comment la rencontre avec la psychanalyse contribua, avec les mouvements de mai, de critique de la science et des femmes, à la sortir du malaise d'impuissance où elle s'était trouvée piégée dans l'institution scientifique :

> *... ce déplacement de sa position vis-à-vis de la science et des savoirs fut alimenté, par ailleurs, par la traversée qu'elle fit d'une psychanalyse qui l'amena à questionner son aptitude/inaptitude à se situer du côté de la maîtrise ou de la toute puissance (même provisoire).* (p. 43)

J'ai utilisé le mot "rencontre" là où elle a écrit, de façon plus appropriée, "traversée". On "rencontre" un mouvement social, on y participe plus ou moins, l'expérience d'une psychanalyse est une aventure personnelle, intérieure, tout autre.

Je n'en ai jamais discuté avec elle de façon plus rapprochée, de ce que fut cette aventure-là, combien de temps elle avait duré, qui a été son analyste.

Quand je l'ai rencontrée, c'était un acquis pour elle : la psychanalyse était importante et elle faisait une séparation nette entre ceux qui étaient "passés par le divan" et les autres ; ces derniers ignoraient qu'ils avaient un inconscient et on ne pouvait pas leur parler de la même façon, on ne pouvait s'attendre à ce qu'ils comprennent les situations relationnelles en profondeur. Il y avait là une expérience fondamentale, qui donnait à la perception de la vie, des humains, des relations, une dimension supplémentaire qui échappait à ceux qui ne l'avaient pas faite.

Sans jamais aucun dogmatisme, par ailleurs. Elle pouvait, avec tendresse, attribuer les incompréhensions de tel.le ou tel.le de ses ami.es à ce manque d'expérience spécifique. Et dans la querelle entre partisans de la psychanalyse et des approches résolument scientistes, elle n'a jamais pris partie, à ma connaissance. Dans les dernières années, alors que les journaux évoquaient le problème des enfants hyperactifs - le TDAH : Trouble Déficit de l'Attention avec ou sans Hyperactivité - elle avait semblé reconnaître, avec une certaine douleur, que son fils en faisait partie - et qu'elle n'avait donc pas su s'en apercevoir.

L'invention de la psychanalyse par Freud date de la fin du 19ème siècle, elle est contemporaine, donc, de la naissance des sciences humaines, mais avec son propre style, qui la met à part. C'est la "révolution psy" des années post-mai 68 qui l'implante véritablement dans le paysage intellectuel français.

Dans ce moment où tout ce qui est officiel, autoritaire, est remis en question, elle a pour elle d'être un savoir marginal, non reconnu par les institutions officielles de savoir, et qui a donc développé les siennes propres. Parmi lesquelles, le courant lacanien apparaît lui-même en rupture, ce qui lui assure sa prédominance, alors. Certains considèrent en effet que le courant psychanalytique le plus ancien, le mieux implanté, vise à l'adaptation à une société jugée profondément malsaine.

La psychanalyse permet la prise de conscience des normes ambiantes – catégorie du "surmoi", qui est en nous – qui nous ont construit, et la découverte / construction de sa propre identité. Elle nous libère donc du monde moral rigide et austère dont les valeurs nous imprégnaient. La révolution de mai nous engageait à la spontanéité, à nous faire confiance, et l'analyse sur le divan nous aidait à percevoir et dépasser les freins qui brimaient notre identité profonde.

D'autres voies de remise en question de soi-même et de re-construction de son identité apparaîtront alors également, venues la plupart du temps des USA, (cf Edgar Morin, qui en fut bouleversé alors qu'il séjournait en Californie).

Françoise s'en tiendra cependant à ce que lui a apporté la psychanalyse. Elle répétera assez souvent alors, cette antienne : "ne pas céder sur son désir", sorte de sésame pour une nouvelle phase de vie, où elle entend choisir elle-même ses valeurs, son destin. Et dont je jugeai une fois l'application trop obstinée, voire égoïste, ce qui conduisit à un heurt entre nous, le seul.

Ce qu'elle aime dans la psychanalyse, c'est le monde fabuleux d'idées, de pensées, de théories, de discussions, d'humour aussi – les jeux de mots, par exemple – qu'elle développe. Elle a plaisir à s'y promener, en penseuse et en littéraire.

Les jeux de mots : elle remarque que le sujet de ses recherches en chimie portait sur les "polymères", et qu'elle a eu deux mères, la "vraie" travaillant, la confiant à une autre femme. On pourrait gloser sur le fait que ses travaux sur la maternité auraient également eu cet inconscient sous-jacent, mais elle ne va pas jusqu'à là. C'est en passant, comme pour jouer à Lacan, qu'elle nous avait raconté cela. Et je ne m'aventurerai pas plus loin moi non plus.

La psychanalyse lacanienne a pour elle d'être la plus neuve et la plus critique, allant jusqu'à remettre en cause une certaine rationalité des discours. Elle passe pour être sympathique au mouvement de mai, même si Lacan, enthousiaste au début, y a ensuite été critique, se définissant en "père sévère". Ce sont ces subtilités intelligentes et souvent difficiles à comprendre - mais cette difficulté-là attise l'intérêt - qui attirent le public intellectuel de l'époque. Personnellement, j'y voyais un certain masochisme : on se bousculait aux conférences de Lacan pour se faire bousculer par lui. Mais peut-être ne plonge-t-on pas dans la démarche psychanalytique sans une certaine dose de masochisme.

Françoise y trouve des clés qui l'aident à mieux comprendre ses difficultés à s'intégrer dans la cité scientifique. Ainsi énonce-t-elle, dans le passage cité, *son aptitude/inaptitude à se situer du côté de la maîtrise ou de la toute puissance (même provisoire).* Elle a pleinement adopté l'opposition entre "maîtrise" et "hystérie".

Le *maître et l'hystérique*

Ce couple était familier dans la doxa psychanalytique de l'époque. Le maître, n'est-ce pas justement contre lui que se soulèvent les étudiants ? N'est-ce pas contre son autorité, contre toute autorité, que la révolution a lieu ?

L'étude sur l'Hystérie de Freud et Breuer, en 1895, est considérée comme fondatrice de la psychanalyse. L'hystérique est une femme, prise dans ses problèmes d'existence intime ("hystérie" vient d'"utérus"). Si je ne me trompe pas, c'est Lacan qui rajoute le 2ème terme, le "maître", modernisant considérablement le discours de la relation homme-femme. Le maître, c'est évidemment un homme, celui qui réussit, le directeur des labos, des thèses, le scientifique mâle combatif, compétitif.

Je cite ici un texte trouvé sur Internet et qui me semble approprié à ce qui se disait à l'époque.

Les 4 discours de Lacan : Le discours de l'Hystérique, le discours du Maître, de l'Université, de l'analyste[29]*.*

Le discours de l'hystérique est conditionné par celui du maître. Il le renverse en quelque sorte. À celui qui prétend dire le Tout et le Vrai est posée une question qui se décline sous diverses formes : quel est ton désir de tenir ce discours ? Pour quel objet me tiens-tu en me l'adressant ? Que dois-je te répondre ? Quelle est la part de vérité dans ce que tu dis ?

[29] http://freud.lacan.pagesperso-orange.fr/textessite/4discours

On imagine aisément que ces questions, le maître n'a nul désir de les entendre et qu'il est plutôt porté à les ignorer – en les disqualifiant – ou à les réduire par la force de l'ordre qu'il entend établir. Au tournant du XXe siècle naissant, c'est à la science médicale naissante – qui a supplanté l'autorité des clercs tout en gardant la même position de pouvoir – et à la condition faite aux femmes que ces questions sont posées. Et ce sont les femmes elles-mêmes qui la posent en se dérobant aux savoirs comme à l'autorité. C'est à ce moment que les médecins et l'opinion dominante créent l'hystérie comme mode de déconsidération de ces paroles de "femmes malades".

La première partie de ce texte montre ce qui assurait le succès de la psychanalyse : le détournement des règles habituelles du jeu qu'elle opère, "renversant" la situation de pouvoir ; là où le maître montrait sa supériorité à l'intérieur d'un cadre respecté - par exemple, la science - la psychanalyse le déstabilise en introduisant de tout autres questions, qui renvoient à la subjectivité humaine et donc à cet inconscient dont une des définitions serait justement qu'il échappe à la maîtrise : pourquoi es-tu tellement intéressé ? Quelles sont tes motivations profondes ? Le "renversement" est une sorte de revanche de l'hystérique, refusant/incapable d'accepter les règles du jeu social, qui reprend ainsi une partie du pouvoir.

Françoise était grande, avec un charme plutôt masculin, elle parlait fort, théâtralisant les situations, manifestant sa richesse émotionnelle, avec une composante tragique et une anxiété toujours présentes, qu'elle neutralisait dans l'humour ; mais aussi dans le décapage impitoyable des discours savants, révélant les erreurs de logique, les "glissements", selon son propre terme. C'est ce qu'elle fera assez systématiquement avec Marcus (cf Vignette Marcus), dénonçant avec beaucoup de soin technique les erreurs dans les statistiques données par les médecins des NTR. Elle s'était donc reconnue hystérique, avec ce besoin de toujours contrer les autorités reconnues, de s'en méfier, un refus viscéral de la soumission, toujours rebelle, refusant l'ordre établi.

Le discours lacanien lui convient encore quand il est question de distinguer diverses sortes d'esprits : L'hystérique est opposé à l'obsessionnel, qui a justement le désir de maîtrise, et qui poursuit, en science, avec obstination et répétition, la vérité.[30]

---

[30] Plus tard, dans le travail sur la notion de *sublimation,* qu'elle va présenter au séminaire *Inconscient et champ social,* elle examine le schéma : science-maîtrise-obsessionnel / hystérie.

"*Je ne suis pas obsessionnelle*" disait-elle pour expliquer son refus du travail minutieux, répétitif, en science exacte. Elle décrivait amèrement, dans son article du premier numéro d'*Impascience*, la journée d'une chercheuse, les longues heures à passer à faire des "manips". Dans son texte sur "les savoirs après coups", elle exprimait son désarroi et sa colère quand son patron lui dit que son article n'est pas publiable parce que les preuves ne sont pas suffisantes.

Nous jouions ensemble, d'une certaine manière, le fameux couple. Je suis en effet plutôt obsessionnelle, plutôt perfectionniste. Ainsi, je résistais au discours psychanalytique, dont ni l'argumentation ni les preuves ne me semblaient suffisantes pour me convaincre. On parlait de la "séduction de l'hystérique", et en effet, j'étais séduite par son intelligence vive, brillante. Nous avions ainsi une certaine admiration l'une pour l'autre, pour les qualités dont nous manquions chacune.

J'avais su mieux qu'elle m'aménager une position de marginalité dans la cité scientifique pas trop inconfortable, j'avais mieux su détecter les règles de jeu, mieux les jouer. Il est vrai aussi que ma spécialité de départ, les maths, y était plus payante que sa spécialité de chimiste ou de psychanalyste, qui sentait le soufre (chacune à sa manière !). Une fois là, je restai discrète, satisfaite de pouvoir faire simplement ce que je voulais. Nous avions été soutenues, chacune à notre tour, par le même sociologue particulièrement ouvert et généreux, Jacques Maître (1925-2003) [31]. (un maître, qui ne l'était pas à la manière lacanienne).

Notre collaboration s'avéra, je pense, fructueuse parce que nous nous complétions bien intellectuellement, que nous avions du respect l'une pour l'autre et partagions une même valeur : la loyauté – une autre caractéristique forte de Françoise .

Elle m'avait dit une fois :
- "Chez toi, on voit tout de suite qu'il y a une faille."

Elle cite aussi un passage de Freud et évoque Lacan pour l'adjonction d'un 3ème terme, qui concerne la religion :
"Si Freud dans Totem et Tabou écrit : "*on pourrait presque dire qu'une hystérie est une œuvre d'art déformée, qu'une névrose obsessionnelle est une religion déformée, et une manie paranoïaque un système philosophique déformé*", Lacan précise qu'à un autre endroit (?) il rapproche Science et paranoïa." (p. 108 note 6).

[31] Jacques Maitre (1925-2003) a travaillé sur les religions, les méthodes mathématiques, la psychanalyse, les biographies de diverses femmes. Cf Vignette Maître

Cela m'avait douloureusement touchée : ainsi, ce malaise intérieur dans lequel je me débattais tant bien que mal, il était tellement évident pour les autres ?

Pas nécessairement *tous* les autres. Mon psychanalyste (feu X) à qui j'avais raconté ça, et qui avait peut-être voulu seulement me rassurer, m'avait dit : "non, cela ne se voit pas".

Mais Françoise était une "voyante".

La "séduction de l'hystérique", elle s'exerçait sur moi, mais elle s'exerça, au moins une fois, sur Lacan en personne : Françoise me raconta, amusée et flattée, que lors d'une réunion avec petits fours, elle avait "tapé dans l'œil" de celui qui représentait vraiment le "Maître".

Par contre, elle ressentit douloureusement son échec auprès du directeur d'un labo où on alliait psychanalyse et sociologie et dans lequel elle rêvait de pouvoir travailler. "Cela s'est mal passé", me raconta-t-elle avec sa gravité d'angoissée profonde habituée au pire : "il m'a dit que je lui rappelais sa première femme". J'imaginais alors que, peut-être, elle avait parlé avec une véhémence inattentive, avec ce besoin de se dire, de s'exposer, surtout quand elle était inquiète et que c'était important : la recette de l'échec.

Lacan décrivait peut-être une part importante de sa personnalité quand il disait (parait-il) *: Le désir fondamental de l'hystérique est un désir d'insatisfaction.*

Françoise Laborie
Champ social et inconscient

Titres et Travaux 1992 : pp 12-15.

[12] Cette réflexion épistémologique a été menée à l'intérieur d'un groupe composé essentiellement de sociologues de la médecine, de la santé et de la maladie, et de psychanalystes ; nommé "Collectif Psychanalyse et champ social" et placé sous la responsabilité de J. Maître. Le point de départ de la réflexion fut d'analyser les effets de l'expérience freudienne sur les pratiques de la recherche scientifique. Puis nous nous sommes proposés de penser les articulations de la réalité psychique à la réalité sociale, en nous interrogeant sur les modalités de prise en compte du corpus de la théorie analytique dans un travail de recherche scientifique.

Ceci nous a conduits à *formuler et étayer l'hypothèse selon laquelle l'inconscient – au sens freudien – a des effets dans le champ social.*

Le concept d'inconscient, tel que S. Freud puis J. Lacan l'ont élaboré, renvoie, chez un sujet, à quelque chose qui échappe radicalement à une maîtrise calculée de sa part ou à une stricte compréhension rationnelle. Cette instance produit des effets repérables chez les sujets, notamment sous formes de symptômes.

Nous avons postulé que certains de ces effets ont une incidence sociale.

Examiner la proposition inverse, selon laquelle les conditions sociales ont une incidence sur la structuration de l'inconscient, ne relevait pas de notre objet mais davantage d'une exploration que des psychanalystes pouvaient se proposer de conduire.

Notre hypothèse peut donc s'expliciter ainsi. Dans les pratiques politiques ou professionnelles, dans les croyances ou dans les investissements idéologiques, peuvent se repérer et agir des processus tels que : identification, répétition, déni, ou méconnaissance. Par ailleurs, différentes activités sociales constituent des formes de sublimation, entendue comme travail des pulsions dans la culture.

Une telle perspective nous a paru féconde pour les sciences sociales. Elle permet en effet de repérer et d'éclairer la logique de certains acteurs qu'on aurait pu se contenter de qualifier d'excessive, aberrante ou irrationnelle – la mise en évidence des différences de choix d'objet qu'effectuent les bio-chimistes et les biologistes en est un exemple. Cette perspective permet également de postuler que des malades, ou des problèmes tels que la stérilité par exemple, peuvent être des symptômes non pas cliniques mais symptômes d'effets de l'inconscient sur un sujet.

Nous avons été ainsi amenés à *rechercher le dialogue avec des chercheurs d'autres disciplines,* qui, de leur côté, soutenaient ce type de réflexion. Après avoir organisé un colloque, notre première surprise – symptôme de l'assez grande méconnaissance du milieu scientifique de la part des chercheurs – fut de recevoir plus de cinquante [13] acceptations de participation*. Autre surprise agréable : la variété des approches, la richesse du contenu des communications scientifiques témoignaient de la fécondité du type de questionnement proposé, qui, à cette époque, était peu ou pas reconnu par l'institution scientifique. Ce fut en 1983 la *première rencontre scientifique sur ce thème* qui a rassemblé des chercheurs du CNRS, de l'INSERM et des universités, en un colloque du CNRS intitulé "Champ social et inconscient".

Je crois donc pouvoir dire que *le collectif Psychanalyse et Champ social a ouvert un nouveau champ de réflexion épistémologique* qui jusque là était demeuré invisible dans la recherche scientifique, en particulier dans les sciences sociales et humaines ...

* Des chercheurs venus de la physique et des mathématiques participèrent avec nous à l'organisation de ce colloque. Cinquante communications y furent présentées par des chercheurs du CNRS et de l'INSERM, et des universitaires, issus de nombreuses disciplines des sciences de l'homme et de la société ... mais aussi des sciences exactes (physique théorique, mathématiques) et enfin par des psychiatres et des psychanalystes.

Françoise Laborie
Du désir de savoir à la re-cherche
Le nœud de la question

Actes du colloque *Champ social et inconscient,* Paris, CNRS, 1983, p. 92-98.

Désir de savoir, amour de la science, passion de la recherche, de quoi est-ce fait ? Peut-on en parler ?

Exposer le sujet ... n'est pas facile. On ne peut se risquer à y aller tout droit. Pour s'assurer d'une parole et, qui sait, la rendre plus parlante aux autres, sans doute faut-il contourner l'objet, lui tourner autour, le questionner d'une position de relative extériorité, l'approcher prudemment par ses bords, s'en éloigner un peu, y revenir ... Allons-y.

J'étais chimiste et parlerai des biologistes. Je travaillais avec de grosses molécules, celles que le discours scientifique nomme macro-molécules ou encore poly-mères et le langage courant : matières plastiques. J'en tentais la synthèse, en faisais l'analyse, questionnais leur structure. Après coup, autrement dit, après la traversée d'une psychanalyse, allant vite, je dirai : ces objets ne m'offraient pas les traits qui leur auraient permis de se prêter au maniement imaginaire ni à la production de l'écriture. La recherche en ce domaine n'entrait pas dans le champ de mes activités sublimables. Mon désir ne s'y articulait pas. Je le quittais pour glisser du côté des sciences humaines, champ de savoir concerné par la logique du langage et de ses effets. Je devins sociologue, afin que par ce changement de mon rapport fantasmatique à l'objet, je puisse, comme le fait le sociologue, m'intéresser aux êtres de parole.

A questionner les autres, les scientifiques, sur leur désamour ou amour de la science qui semblait bien exister pour certains, allait-il me revenir, sous une forme inversée, réponse à mes questions ? Mais qu'étais-je donc allée faire en chimie organique ? De là s'articulait ma re-cherche.

Relative extériorité, ai-je dit. Certains biologistes travaillent avec des objets qui ressemblaient aux miens : macromolécules, ce ne sont cependant pas tout à fait les mêmes ; qu'elles soient protéines, ADN, ARN, antigènes, anticorps, toutes ces molécules existent dans la matière vivante. Le travail dans ce champ définit les **bio**-chimistes, les **bio**-physiciens. Et ce petit préfixe **bio** suffit, je crois, à assurer, par rapport à la chimie, fût-elle organique, toute une distance à la fois symbolique et imaginaire : il est question ici du vivant. La chimie organique pourtant, s'inaugura d'avoir pour objet d'identifier, connaître et analyser les transformations subies par les substances qui traversent le vivant. Mais elle n'était pas alors tenue d'en fournir la preuve par la synthèse, comme cela était le cas avec la chimie minérale. Et ceci jusqu'à ce que soit réalisée synthétiquement en laboratoire l'urée : premier coup d'arrêt à cet impossible de la synthèse organique qu'imposait le vivant. Mais, en réalité depuis, la chimie a oublié ses origines : la matière première est ici mer noire, mer morte et ce n'est pas la sublimation qui lui rendra une âme.

Ceci m'amène à m'éloigner encore, en faisant un très rapide détour par l'histoire pour tenter de cerner ce qui me semble être une différence majeure de position vis-à-vis de l'objet de recherche : celle qui sépare les bio-chimistes (qui ne travaillent que sur des molécules) des biologistes (qui ont encore à faire au corps).

Passer de l'examen des structures visibles à la découverte des mécanismes qui règlent l'organisation du corps vivant, telle est grossièrement l'évolution des sciences de la vie. Analyser le mouvement des **corps**, reconnaître les grandes **fonctions** (digestive, respiratoire), repérer les **tissus**, puis les **cellules**, permirent à la biologie de devenir une science expérimentale. Pour expliquer l'hérédité, on s'entend pour accorder dans la cellule une importance particulière au **noyau**, puis dans le noyau aux **chromosomes**, et dans les chromosomes aux **gènes** et dans les gènes à l'**ADN** dont le code est universel pour toutes les espèces vivantes.

Cette dérive vers l'étude des parties de plus en plus fines du vivant, inscrite dans l'histoire même de la biologie, conduit aujourd'hui à ce qui est le postulat de la biologie moléculaire : travailler sur l'ADN structuré comme un code, doit permettre de "percer le secret de la vie". Renforcement d'un des mythes de ce savoir particulier qu'est la science occidentale : on écrit A.D.N. C'est la formule, magique, sur laquelle reposerait, telle une pyramide sur son sommet, l'ensemble des connaissances du vivant.

Revenons à l'histoire de la biologie où, ponctuant les découvertes, se nouèrent des controverses. Au XVIIIe siècle, les **vitalistes** affirment : le tout (corps vivant) n'est pas la somme des parties, il faut y adjoindre une force spirituelle, un principe vital. Privilégiant les études en milieu naturel, ils s'opposent aux **mécanistes** qui, de la matière au vivant, ne voient pas de différence de nature mais de complexité et vont expérimenter en laboratoire.

Et aujourd'hui encore, survivance de l'ancienne coupure en deux options, l'étude du vivant comprend à la fois des disciplines qui s'intéressent à l'organisme considéré dans son entier, sans se référer aux concepts de la physique et de la chimie, et la biologie moléculaire, qui cherche l'explication ultime des phénomènes vitaux dans l'étude des processus physico-chimiques. Avec l'évanouissement, l'effacement, la résolution du corps, à des images de plus en plus abstraites, l'étude du vivant se réduit donc à celle de la structure moléculaire des éléments qui le composent. Le corps semble avoir disparu.

Cependant, conjointement à ce mouvement du corps vers la molécule à l'intérieur même de la biologie moléculaire où le vitalisme est mort, on ne peut toujours éviter de recourir à ce principe vital qu'est la cellule, la bactérie, le corps vivant d'un animal. Pour étudier et comprendre ou réaliser certains processus, notamment faire que l'ADN se reproduise, il y faut encore de la vie. Et il est intéressant de remarquer que cette coupure historique entre les deux approches du vivant se retrouve à l'intérieur même de la biologie moléculaire où l'on peut distinguer :

- celle qui ne s'occupe que des constituants les plus fins, les plus inanimés : molécules, enzymes, séquences d'ADN. C'est la biochimie.

- celle qui s'interroge et expérimente sur les systèmes vivants : œufs, embryons, cellules, tumeurs, et qui donc ne perd pas de vue une problématique de l'ensemble du vivant : la biologie.

Cette coupure est repérable et semble-t-il opérante pour distinguer au moins une partie de ce qui se joue chez les chercheurs et spécifie certains des choix. Quelques mots sur les repères : une biochimiste ne veut s'intéresser qu'à la structure sophistiquée d'une énorme molécule de protéine dont elle découpe, recolle, rebranche des parties qu'elle analyse et dose quantitativement. Certains aimeraient qu'elle étudie la régulation de cette protéine, ce qui supposerait de l'intégrer dans le circuit du vivant. Elle refuse vigoureusement, "ça ne l'intéresse pas" et, dit-elle, "se méfie et méprise le flou, l'artistique des biologistes". Et pourtant, elle n'est pas chimiste mais bio-chimiste.

D'autres, au contraire, souvent médecins ou vétérinaires de formation, qui se sont donc intéressés au corps souffrant, sont actuellement biologistes. Cette réorientation vers la recherche, faite pour "s'abstraire de ces questions trop angoissantes", les a amenés par exemple à travailler la question de la différentiation des cellules entre elles, qui s'opère dans le fœtus, passées les premières divisions en cellules identiques, différentiation qui n'a plus lieu dans le cas de tumeurs cancéreuses. Le matériel est ici constitué de souris que l'on fait s'accoupler, de fœtus, de tumeurs. Le corps, fût-il celui de l'animal, est toujours là. La vie, la mort aussi. Nous y reviendrons.

Que ces chercheurs affirment n'avoir jamais pensé pouvoir travailler en physique ou chimie, qui leur paraissent "trop peu expérimentales ou concrètes", ni même en bio-chimie, est une indication à entendre, me semble-t-il, comme la nécessité pour eux que quelque chose du vivant, du corps, soit engagé dans leurs intérêts, ne fut-ce qu'au titre d'une mise à plat d'un espace de représentations du corps, enfin vidé de ses mystères, menaces imaginaires ou inconscientes. Car ne s'agit-il pas avec la bio-chimie, de se prouver qu'en effet, il n'y a rien au delà de ce qui se voit dans un tube à essais, au microscope, ou sur une colonne d'électrophorèse, rien au delà de ce qui se nomme molécule.

Oscillation du corps à la molécule, du corps de l'animal au corps humain. Attraction, répulsion, présence, absence du vivant. Mystère des profondeurs du corps, de la sexualité, de l'accouplement, de la fécondation ; du développement de l'embryon, de la naissance, la maladie, la mort. Toutes ces questions sont aussi celles des biologistes, même s'ils les formulent en un langage scientifique. Certains n'en veulent rien savoir et n'examinent que les molécules, d'autres ne peuvent absolument ignorer le corps, mais le maintiennent à distance, loin du regard ; d'autres, enfin, l'examinent, l'ouvrent, le contemplent, s'extasient fascinés, le manipulent, le font passer de vie à trépas, y découpent des objets, les jettent.

D'un travail sur la molécule à un travail sur le corps vivant, toutes les nuances sont possibles. Cela dépend des sujets, des moments. Ce qui se joue pour chacun dans la relation à son objet de recherche est obscur, le plus souvent indicible hors des formulations scientifiques, méconnu. Mais dans ce "désir de savoir sur le vivant", qui soutient la recherche en biologie, doivent s'engager les désirs les plus archaïques de voir et savoir sur le corps de l'autre (mère, parents), la vieille curiosité infantile : "D'où viennent les enfants ? ", qui peuvent jouer là, se mettre en jeu ou en acte, d'une façon détournée, sublimée ou refoulée.

Exercice de la sublimation qui permet à chacun d'alimenter sa soif de savoir, d'élaborer scientifiquement des approches qui tournent autour, s'éloignent plus ou moins de ses propres questions. Les objets d'étude sont alors comme des leurres, des appeaux qui permettent au sujet d'ignorer et reconnaître tout à la fois que ces "objets sont les bons". Jeux d'ombre et de lumière ; apparition, disparition ; proximité, éloignement. Comme avec le microscope.

Le déplacement, exprimé scientifiquement, de ses propres questions, se fait avec plus ou moins de méconnaissance, mais s'alimente d'un plus de savoir. Encore, encore du nouveau, du jamais dit, jamais publié, car il reste des questions ... Mais approchons un peu plus de l'objet.

L'étude de la différentiation cellulaire aux premiers temps de la division de l'œuf fécondé est un des grands points obscurs, un enjeu majeur de la recherche en biologie moléculaire : si l'ADN est ce qui règle la reproduction, il n'est pas facile de comprendre que son code, le même pour tous, soit capable d'imposer des différences d'orientation et de spécialisation aux différentes cellules. Cette question a été abordée dans un laboratoire que j'ai étudié, de ma place de chercheur en sociologie, en choisissant non pas la drosophile qui eut été éventuellement un choix judicieux, m'a-t-on dit, mais en utilisant "comme auxiliaire le tératocarcinome, étrange tumeur qui depuis longtemps intrigue médecins et biologistes". Tumeur du testicule de la souris, objet extraordinaire qui conjoint en son sein des cellules déjà différentiées (muscles, nerfs, os, par exemple) et des cellules de l'embryon précoce, à la fois capables de différencier et extrêmement malignes, c'est-à-dire capables de produire des tumeurs. Cet objet, m'a-t-on dit, fut choisi par le patron qui, dans la poursuite de l'imaginaire des siècles précédents, est fasciné par les monstres.

L'étymologie du mot grec *teratos* d'où dérive tératocarcinome, indique que c'est d'abord la merveille, puis le présage et finalement le monstre. Cet objet, porteur de présage et de monstruosité, conjoignant en son sein l'origine de la vie et la mort, va être interrogé, placé en position de fournir matériaux et questions au laboratoire. Mystérieuse cause du désir du groupe qui le prend en charge, cet objet dans son opacité fait lien et attache de chacun au groupe et au désir du patron.

Peut-être faut-il s'avancer un peu encore, arriver au vif du sujet, et décrire ce qu'est la mise en scène du bricolage, de la conception de cet objet. On procède à l'accouplement réglé, minuté des souris, on est là pour le voir, le contrôler et savoir quand exactement ça s'est fait pour extraire les embryons qui n'ont qu'un ou deux jours. On les extrait, y prélève quelques cellules qu'on réimplante dans les testicules des souris mâles. On laisse alors se diviser les cellules inoculées, puis on tue les souris mâles, on ouvre les testicules et regarde si s'est formée la tumeur, laquelle n'est toujours pas du genre tératocarcinome. Il faut aller y voir, vraiment y regarder. Quelques cellules de ce tératocarcinome (issu de souris noires par exemple) sont inoculées à leur tour dans d'autres fœtus (issus de souris blanches par exemple). Fœtus qu'on réimplante dans l'utérus d'une souris femelle d'une couleur indifférente car elle se contente de prêter son utérus à cette occasion, et qui donneront alors ce qu'au laboratoire on nomme animaux-chimériques : bébés souris vivants blancs à rayures noires dans l'exemple, ou même porteurs de poils et de plumes de poulet dans d'autres expériences.

Décomposer ainsi les temps de l'opération aide à s'y repérer un peu. Je passe vite sur le premier temps, celui de l'accouplement, qui me semble constituer une fabrication, une mise en acte de la scène primitive. Surcoder l'expérience, fixer le rendez-vous, le régler, permet sans doute de laisser place à – et en même temps se protéger de – quelque émotion, délectation, perdition ou capture à se croire le maître de la jouissance du corps de l'autre.

L'enfermement précieux des morceaux du corps d'embryons dans les testicules de souris mâles pour que s'y produise l'objet porteur de mort et de vie, évoque la reprise métamorphisée de la fécondation pensée selon l'ancienne théorie de la préformation : un animalcule va croître dans les organes sexuels mâles. Mais ce geste d'enfermement permet aussi le maniement de la mort anticipée, les tu-meurs sont là pour le dire, forme inversée du "je suis mortel". Puis vient le temps où il faut tuer les souris pour voir.

Souris de lignée pure, souris syngéniques, elles sont entre elles comme des jumeaux vrais. On peut ne les considérer que comme du matériel, corps normés, codés identiquement, objet de manipulation dont on peut se dire après coup qu'ils n'ont pas donné de résultats dans 50% des cas. Mais peut-être le désir se laisse-t-il davantage repérer, lorsqu'à tuer des souris, certains disent y avoir de la jouissance, lorsqu'ils "vont se faire 30 petits mâles à l'animalerie", pratiquant l'élongation cervicale, celle qui suppose qu'on soit le tueur à main nue. D'autres y ont du dégoût, de l'angoisse à se souvenir que les souris sont des êtres vivants, souffrants, mortels. Mais science oblige, il faut tuer. On peut ruser un peu et s'abstenir de cette mise à mort : on place la souris dans un flacon contenant de l'éther et à condition de ne pas la regarder se débattre, ne pas voir le corps s'inanimer, passer la frontière, la mise à mort devient supportable.

Mais il arrive aussi qu'à chercher cet objet enfoui au cœur du corps mort des souris sacrifiées, objet merveilleux, monstrueux, démoniaque ou divin qui fait se réaliser ces monstres que sont les animaux chimériques, il peut arriver donc qu'il y ait temps du surgissement de l'horreur, ou capture dans la fascination, butée sur le réel. Présent ou absent comme tumeur, l'objet coupe soudain les liens du sens, ouvre sur l'insensé, la chose qui bloque le regard médusé sur la béance du sublime ou de l'horreur. Surgissement du sujet où l'inconscient fait surface, c'est le signe de cette reconnaissance que l'objet du désir est perdu. Éloignons-nous un peu ...

Mais si le bel objet est là, vite on appelle, pour le présenter à l'admiration de la foule, afin de le regarder tous ensemble ou un par un au microscope. L'horreur est passée, l'objet est bien là, on peut y accrocher le discours de la science, le recouvrir de sens à transmettre dans un dire devant les autres assemblés, pris à témoin, pris dans le témoignage qui lie le groupe.

Que cet objet soit par ailleurs sujet de la demande réitérée du patron, place chacun dans la force contraignante du don qui oblige à s'exécuter pour que l'autre jouisse. Par là s'expliquerait peut-être que faute de produire le "vrai" objet, on devienne faussaire, fraudeur scientifique : certains, un jour, tentèrent de sauver leur peau en produisant un appeau, peignant les raies blanches au dos des souris, noires. Et, ce faisant, se mirent à mort – scientifiquement ...

Offrir cet objet au patron n'est-ce que le fait des fils ou frères ayant toujours à montrer qu'ils en ont ? Que les femmes s'en mêlent, que ça leur donne des idées, ne peut pas vraiment s'entendre et être reconnu.

Les chercheurs réussissent donc à y faire jouer leur désir, même s'il faut sacrifier un peu de jouissance au titre d'une soumission à l'autorité du patron supposé savoir, à l'énoncé de ses demandes. On grince des dents, le plus souvent en silence, prix à payer pour rester et jouir de cette appartenance au groupe, centré autour de l'objet trésor.

Le rituel suppose qu'il y ait des esclaves : celles qui nourrissent les souris, objets sacrificiels, cultivent les cellules, débarrassent les déchets, cadavres ou bris de verre ; il y a aussi quelques conflits. Mais le groupe reste centré autour de l'objet lieu d'accumulation de la richesse et lieu de reproduction des signifiants d'où s'origine l'énonciation des questions et l'écriture des théories scientifiques, lieu de reproduction aussi du capital symbolique de reconnaissance de chacun et du groupe qui va s'élargissant, donnant à voir de plus en plus.

C'est donc d'une position d'analysante que je parle et travaille mes questions, celles autour desquelles je tourne encore et encore. C'est à partir et sur fond de ces questions qui sont les miennes que peuvent se tisser celles de ma recherche dans un temps d'analyse où l'inconscient et ses effets ont leur part. Si re-cherche il y a, sans doute est-ce à partir d'un autre objet, cause du désir de savoir sur l'objet de la science. Et s'il faut à l'objectivité et à la neutralité de la science que le sujet et l'objet soient coupés, c'est par un effet de la langue, effet qui détermine les rapports d'un sujet au monde.

J'aimerais dire encore et pour terminer qu'il n'est pas question dans ce genre de travail de postuler qu'on ait défriché ce qui serait le lieu d'une dernière instance, décisive, explicative, capable de dire le tout sur le tout, mais plutôt d'opérer un déplacement des questions, une modification de la prise de vue, de dégager un espace qui prenne en compte le sujet conçu comme ouverture possible à la jouissance.

Françoise Laborie
A propos de la sublimation
De l'expérience freudienne à la recherche scientifique

Cahiers du séminaire "Inconscient et champ social" – 1983-1984 ; resp Françoise Jandrot-Louka et Jean-Michel Louka, ronéoté, 1985, p. 94-108.

Quelques commentaires de Jacqueline Feldman

1. Cette incursion de Françoise dans la théorie psychanalytique se fait à l'occasion d'un séminaire qui tente d'articuler ensemble les deux champs qui lui apparaissent nécessaires pour mieux comprendre notre vie, deux champs qui sont institutionnellement et épistémologiquement disjoints : la sociologie et la psychanalyse.

Je dois commencer par expliciter ma position par rapport à cette démarche, qui est assez loin de celle de Françoise ; ce qui fait que je suis peut-être une très mauvaise commentatrice de ce texte. Je ne rentrerai pas, vu mon incompétence, dans son thème fondamental, la sublimation. Je me bornerai à piquer dans celui de Françoise les éléments qui m'intéressent.

Il y a d'abord ce qu'il dit de l'"identité épistémique" de Françoise, laquelle diffère, on l'a compris, parfois passablement de la mienne, alors même que nous avons eu des parcours institutionnels assez semblables (cf Vignette *Identité épistémique*). Ce qui permet par ailleurs des confrontations fructueuses. Il y a aussi le sujet qui l'agite personnellement en premier et qui l'a conduite à ce travail, qu'on peut inclure dans le thème "La femme et le science" (cf Impascience n°2). Ce thème est bien entendu également le mien.

Mon passage par la physique théorique m'avait familiarisée avec la notion de "niveaux de réalité", ou "problème à n corps" ("manybody problem", en anglais) : j'avais ainsi appris que la réalité physique consistait en des systèmes de différents ordres de grandeur qui correspondaient à des expériences, des techniques, des descriptions mathématiques (les "lois") différentes et donc à des spécialités institutionnelles différentes : particules élémentaires, noyaux, atomes, molécules, astres, univers. Pascal avait déjà écrit de belles choses sur ces différents niveaux de la réalité. On s'apercevait que, même si l'on était d'accord pour les lois fondamentales d'un niveau inférieur, il était très difficile de les utiliser pour expliquer le niveau supérieur. [32]

Je retrouvais donc sans état d'âme l'existence de niveaux dans les sciences humaines et sociales. Une société n'était pas l'addition simple des personnes qui la composaient : il y avait des effets de nombre, des logiques à l'œuvre différentes. "Le tout est plus que la somme des parties", avait déjà dit Aristote. J'acceptais que les méthodes et les modes explicatifs diffèrent d'un niveau à l'autre. J'en vois essentiellement quatre dans la réalité humaine : la société (sociologie), le petit groupe (psycho-sociologie), l'être humain (psychologie), sa psychologie intérieure profonde (qu'essaient d'analyser la psychanalyse, et aujourd'hui les sciences cognitives).

Cette perception de différents niveaux de réalité et d'explication me semble évidente et fructueuse, mais elle semble n'être pas satisfaisante à certains. Ainsi ce séminaire qui se tint pendant deux années, au Centre d'études sociologiques du CNRS, "Inconscient et champ social", et qui intéressa Françoise.

Pour faire le passage entre les deux disciplines disjointes, celle de la psychanalyse et de la sociologie, Françoise choisit la notion de sublimation, venue de la psychanalyse et qui pourrait aboutir, entre autres choses, à la recherche scientifique.

2. Freud, quand il introduit la notion, dit "opérer la reprise d'un terme sociologique". Françoise le cite (Trois essais sur la sexualité, 1905) :

> *Les sociologues semblent d'accord pour dire que le processus détournant les forces sexuelles de leur but et les employant à des buts nouveaux, processus auquel on a donné le nom de sublimation, constitue l'un des facteurs les plus importants pour les acquisitions de la civilisation. Nous ajouterons volontiers que le même processus joue un rôle dans le développement individuel et que ses origines remontent à la période de latence sexuelle chez l'enfant".* (p. 95)

De quels sociologues s'agit-il ? De Georg Simmel essentiellement (*Philosophie de l'argent*, 1900).

Françoise reprend la définition de la sorte :

[32] L'informatique puissante qui s'est développée depuis, avec ses possibilités de traitements de données importantes, ne permet toujours pas, je crois, de dépasser cette difficulté, la compréhension ayant besoin d'un certain travail de l'intelligence humaine que ne savent pas (encore?) faire les machines.

(La sublimation) consiste à la fois pour le sujet en une prophylaxie des privations dont la nocivité est bien connue, et dans l'atteinte d'un but valorisé socialement, c'est-à-dire en un processus où la collectivité, d'autres sujets, peuvent y trouver de la jouissance. (p. 97)

Ainsi s'opère le passage entre le niveau psychanalytique et le niveau social : le détournement de forces pulsionnelles sexuelles au profit de la recherche de reconnaissance sociale.

Ceci dit, le texte délaisse le niveau social pour se concentrer sur le niveau psychanalytique, où Françoise se montre bonne élève, soucieuse de comprendre au mieux les "maîtres", en premier lieu, Freud et Lacan, mais aussi certains de leurs commentateurs.

3. Le texte – écrit après l'exposé, j'imagine – est plein d'hésitations et de questionnements, devant ces monuments ardus de la pensée psychanalytique. Elle s'y montre très modeste, elle essaie de les parcourir et de les approcher avec prudence, notant nettement ce qu'elle croit avoir compris et ce qu'elle ne comprend pas, faisant là preuve de son honnêteté intellectuelle.

Modestie :

Un simple petit travail - enfantin plutôt qu'universitaire – de lecture d'une table des concepts freudiens, telle que l'a élaborée Stratchey dans la Standard Edition, suffit à montrer que le terme de sublimation qui apparaît semble-t-il, pour la première fois dans les Trois essais sur la sexualité (1905), figure dans de très nombreux textes tout au long de son œuvre ... Freud au moins mentionne la sublimation, parfois développe davantage et cherche à théoriser. (p. 95)

Une remarque : je ne vois rien ici d'"enfantin", mais un bon début pour aborder un sujet. J'ai l'impression d'y retrouver la rigueur scientifique de Françoise. Serait-ce alors que l'environnement intellectuel psychanalytique est si intimidant qu'elle doive ainsi poser quelques points défensifs avant d'oser continuer ?

Elle introduit plus loin un commentaire épistémologique qui me semble intéressant et original :

Elle aurait pu, facilité méthodologique, examiner *"l'évolution des théories de Freud sur la question"*. Et elle donne deux raisons pour ne pas le faire, la difficulté d'une part, et d'autre part l'argument épistémologique en question :

"ce serait ... d'une extrême difficulté", écrit-elle. J'imagine qu'elle pense : ce serait bien trop long, me prendrait trop de temps, alors que ce travail n'est qu'un à-côté, pour l'instant, dans mon travail dans la section de sociologie.

Et voilà l'argument épistémologique intéressant : "(*cela*) *obligerait à un aplatissement de toutes les arêtes vives ou* (il me semble que le "et" serait plus approprié, Françoise écrit vite, elle n'est pas "obsessionnelle", on le sait) *conduirait à une illusion de compréhension sans ombre.*

C'est la phrase importante : elle préfère en quelque sorte ses tâtonnements – comme au cours d'une psychanalyse – plutôt qu'une compréhension claire (sans ombre) qui ne serait qu'une illusion.

Dans ces domaines complexes et subtils, ce qui serait trop clair serait nécessairement faux. Autrement dit, leur appréhension, leur écriture, y seraient plus de l'ordre de la littérature que de la science, qui aime les choses bien définies et claires.

A partir de là, Françoise parcourt un certain nombre de textes et cite leurs auteurs : Lacan, qui tient une place comparable à celle de Freud, Laplanche, Sophie Mellot-Picaut, Paul-Laurent Assoun.

Elle expose au cours des pages ses difficultés :

> *Difficultés* (p. 98) ; *Il reste que la relation de la sublimation à l'idéalisation n'est pas simple* (p. 100) *; J'avoue ne pas comprendre clairement la distinction ainsi amenée, qui par ailleurs ferait de la sublimation une mort de l'activité discursive* (p. 102) ; *Mais alors les difficultés se déplacent ... Comment distinguer sublimation-perversion ?* (p. 103)

J'ai suffisamment expliqué être trop mal à l'aise moi-même dans les discours de la psychanalyse pour chercher à la suivre.

4. Ce qui m'intéresse dans ce texte, ce sont surtout les questions qu'il aborde comme en diagonale, tout au début et à la fin, ce qui en fait comme un véritable récit dramatique[33] : il s'agit de la place de la femme dans l'univers intellectuel.

Tout au début, Françoise révèle ce qui la stimule dans ce travail, à savoir, un défi personnel que lui pose cette psychanalyse qui l'intéresse tant : y aurait-il incompatibilité entre les identités de femme et de chercheuse ?

> *... entreprise qu'on sait risquée, dangereuse, voire folle et où il ne faut pas manquer d'air pour s'aventurer. Que dire si l'on est une femme, et asthmatique de surcroît ! Les choses en effet, risquent d'être encore plus périlleuses que pour un homme, c'est du moins ce que postule Freud*

---

[33] Je verrais très bien un spectacle dramatique construit à partir de ce texte, le thème étant loin d'avoir perdu de son actualité. Le féminisme a fait de notables avancées dans les valeurs officielles de la société, ce qui fait qu'on se soucie des inégalités qui s'obstinent à subsister.

quand il avance que le don de la sublimation n'échoit guère aux femmes. (p. 94)

Suit alors le travail de lecture et de pensée autour de la notion puis, à la fin du texte, dans un paragraphe séparé, retour à cette question.

Et pour terminer, je voudrais signaler encore une difficulté majeure qui concerne ce que serait (on notera le conditionnel) *la différence essentielle des hommes et des femmes dans leur rapport à la sublimation.* (p. 106)

Françoise cite alors un texte de Freud de 1908 : "La morale sexuelle "civilisée" et la maladie nerveuse des temps modernes".

La maîtrise par la sublimation, par la dérivation des forces pulsionnelles sexuelles des buts sexuels sur des buts culturels plus élevés, seule une minorité y parvient et encore de façon intermittente et beaucoup plus difficilement dans la période de l'ardeur juvénile. La plupart des autres deviennent névrosés ou subissent quelque préjudice ...

Voilà certes qui ne manquait pas de pertinence alors qu'on se trouvait encore dans la période post-mai 68 : le thème de la répression sexuelle est en effet au cœur du mouvement ; rappelons qu'un des premiers signes en avait été la demande des étudiants de la cité universitaire de Nanterre de pouvoir accéder à la chambre des étudiantes, le contraire étant admis – ce qui faisait ressortir la relation genrée à la sexualité de la société, avec une répression particulière des femmes. A cette revendication, le ministre qui inaugurait la piscine avait répondu : "si vous avez des problèmes de ce côté, vous n'avez qu'à plonger dans l'eau". Le rappel de cette anecdote est nécessaire pour réaliser combien les choses ont changé.

Freud insiste sur cette répression et, très conformiste ici, la considère en quelque sorte nécessaire, allant avec le degré de civilisation d'une société. Pourtant, en mettant en avant, comme il le fait, l'importance de la sexualité dans le développement humain, en osant en faire un objet de travail et de compréhension, il a joué un rôle indiscutable dans la libéralisation sexuelle qui a eu cours dans la deuxième moitié du 20ème siècle.

Sa thèse "sociologique" – "seule une minorité y parvient" – date évidemment d'une époque où l'enseignement supérieur était réservé à une petite élite bourgeoise. Que dire aujourd'hui de cette thèse alors que cet enseignement s'est considérablement démocratisé – avec près de 80 % des jeunes qui ont leur baccalauréat - et qu'une classe moyenne importante formée d'ingénieurs, de chercheurs, de fonctionnaires, existe désormais ? On peut penser, par exemple, que notre société encourage la liberté sexuelle comme défouloir dans l'univers très compétitif qu'elle promeut par ailleurs (sans compter, bien entendu, la part économique qui se développe autour d'elle).

Par ailleurs, la corrélation que fait Freud dans sa thèse sur la sublimation n'a jamais été prouvée sérieusement, me semble-t-il. Le psychanalyste marxiste Reich s'y est opposé résolument en son temps. Si ma mémoire ne me trahit pas, il raconte dans un de ses livres que le travail intellectuel réussi le porte vers les désirs charnels, comme si ces deux buts de jouissance allaient de pair, tout au contraire de la thèse de la sublimation.

Françoise cite ensuite la façon dont Freud présente les différences entre les hommes et les femmes, qu'on jugerait bien machiste actuellement.

> *L'expérience montre que les Femmes auxquelles le don de la sublimation de la pulsion n'échoit en partage que dans un faible proportion, en tant qu'elles sont les porteuses des intérêts sexuels de l'humanité, les Femmes qui peuvent sans doute se satisfaire d'un nourrisson comme substitut d'objet sexuel, mais ne peuvent se satisfaire d'un enfant qui grandit, les Femmes, déçues par le mariage, tombent dans de sévères névroses qui assombrissent toujours leur vie.* (p. 107)

Voilà qui a le mérite de souligner le malaise des femmes "*déçues par le mariage*", bien avant que Betty Friedan ne le fasse, en 1963, dans "La femme mystifiée", livre qui allait être un des éléments de déclenchement du *women's liberation movement* américain. Françoise continue avec cette tentative d'explication que propose Freud :

> *Dans ce même article, Freud souligne que "l'éducation interdit aux femmes de s'occuper intellectuellement des problèmes sexuels. Par là on leur communique la peur de penser et le savoir perd de la valeur à leurs yeux ... Je pense que l'infériorité intellectuelle de tant de femmes qui est une réalité indiscutable, doit être attribuée à l'inhibition de la pensée, inhibition requise par la répression sexuelle.*
>
> *Autrement dit, pour les femmes, la répression sexuelle requiert l'inhibition de pensée, alors que chez les hommes, le détournement de la pulsion sexuelle quant à son but dans la sublimation est la condition de la pensée. Serait-ce alors le rapport, fut-il fantasmatique à l'objet "nourrisson", qui ferait la différence ? Vaste question théorique que celle de la différence sexuelle, dans laquelle je ne m'aventure pas ici.*

Il est évidemment bien plus facile de s'y aventurer aujourd'hui. Rappelons qu'au moment où écrit Françoise, le thème commence tout juste à émerger. Dans l'extrait cité, Freud, après avoir noté le malaise des femmes mariées, donne ici une explication de "*l'infériorité intellectuelle de tant de femmes*" ; ce terme serait évidemment à réévaluer, car il est différentes sortes d'intelligence, ce que ne pouvait pas reconnaître à l'époque ce représentant d'une élite intellectuelle d'autant plus élitiste qu'elle est réduite. Son explication n'est par ailleurs ni biologique ni essentialiste : il ne s'agit pas de toutes les femmes, mais de "*tant de femmes*", ce qui introduit la dimension sociale, éducative. De fait, toute sa recherche théorique vise à faire reconnaître l'importance des premières expériences cognitives et éducatives dans la construction de la personnalité. Il s'agit, pour les femmes, de l'interdiction "*de s'occuper intellectuellement des problèmes sexuels*". Or, les savoirs sur la sexualité, réels ou fantasmés, sont, pour Freud, à la base de cette construction. D'où l'"*inhibition intellectuelle des femmes*", induite (et même *requise*, dans la traduction, c'est-à-dire voulue par la société) par la répression sexuelle, laquelle touche particulièrement les femmes.

Les études féministes et de genre ont suffisamment prouvé désormais le statut d'infériorité profondément intériorisé par les petites filles. La nécessité où elles sont mises de plaire avant tout, d'être gentille, autrement dit de se soumettre aux autres, est tout à fait propice à inhiber la liberté de pensée, à freiner constamment l'audace.

Dans ce processus de minorisation du statut du sexe féminin, la sexualité me semble en effet jouer un rôle fondamental, et qui commence seulement maintenant à pouvoir être exploré. Contrairement au phallus célébré depuis des millénaires, le clitoris n'est sorti que récemment d'une méconnaissance programmée. L'acte sexuel est d'abord indispensable pour la reproduction animale de notre espèce. Il conduit aussi à des histoires terriblement fortes d'amour, de haine, de possession, de jalousie. Alors que tous les actes biologiques sont socialisés – nourriture ; habitat ; transmission ; famille ; rites mortuaires - l'acte sexuel seul possède tant de puissance en lui-même qu'il lui est concédé la privatisation. Et nonobstant les quelques cultures pornographiques et érotiques développées ça et là, favorisées dans la société moderne par la levée du tabou, mon impression reste que l'on a affaire à une sorte de "trou noir", à l'instance de ceux du cosmos où des forces si puissantes agissent qu'aucune lumière n'en sort. De même, la particularité de cet échange - ses possibilités, ses richesses et ses dangers, sa bascule dans un autre univers - plaide pour le besoin - sauf pour une minorité d'échangistes – de lui conserver son statut d'intime et de silence.

Ce qui n'a pas arrangé, jusque-là, la cause des femmes, vouées à être désirées, possédées, commercialisées.

Dans cette profondeur d'histoire - cf la prostitution, ce métier qu'on dit être le plus vieux du monde - il a fallu d'abord cette *libéralisation sexuelle*, qui permettait aux femmes de s'en autoriser mais aussi de s'en démarquer - "votre libération sexuelle n'est pas la nôtre" ; puis la mise en avant par les *homosexuels* de l'*amour* ; l'autonomie obtenue des corps, grâce à la liberté de l'*avortement* et de la *contraception ;* la reconnaissance officielle, dans les lois, du viol, et même, surtout, du viol conjugal ; la connaissance anatomique si tardive du *clitoris* – par rapport auquel Freud semble s'être bien fourvoyé - toutes choses arrivées dans les cinquante dernières années seulement.

Puis, aujourd'hui, les prises de conscience et les discussions enfin possibles sur le désir, le harcèlement, la violence, la séduction.

Dans ce déroulement où la sexualité s'émancipait étape par étape, est intervenu le moment fort où de "nouvelles méthodes de procréation" sont advenues. Cette révolution posait de nouveaux et redoutables problèmes à la société et aux femmes ; Françoise a trouvé là, comme elle disait, son "bon objet de recherche". Nous irons la suivre.

Pour terminer, je cite la chute du texte de Françoise sur la sublimation :

Mais au fond, ne serais-je point ainsi revenue au point de départ de ma réflexion que j'introduisais de la question de la sublimation pour un sujet féminin ? N'aurais-je donc ainsi, à travers ce travail de pensée, réussi qu'à tourner autour de quelque chose qui serait ma question (et aussi celle de l'hystérique) : suis-je un homme ou une femme ?

Sublimation....

Suis-je un homme ou une femme ? Autrement dit, quelle est mon identité ? Et ne serait-ce pas ceci-même qui serait au fond de la question intellectuelle primordiale des femmes, dans cette société faite par les hommes ?

"La femme et le science", écrivait Michèle Vergnes.

Ne serait-ce pas cela qui nous avait fait, l'une et l'autre, abandonner *le* science, parce que nous avions besoin en priorité d'aborder, directement ou par la bande, cette question fondamentale pour nous ?

8. Une RCP tranquille, 1976-1982 : "Ruser avec l'Institution"

... enfin se dessine un espoir : qu'un groupe de travail se consolide et arrive en rusant avec l'institution à faire qu'un projet voie le jour, vive en plein jour, projet de travail différent dans des rapports différents.

C'est ce qu'écrit Françoise dans son texte *Réprescience,* dans le dernier numéro d'*Impascience*, en 1975.

Ce groupe de travail, c'est une "Recherche coopérative sur programme", un groupe fonctionnant à l'intérieur du CNRS, reconnu par lui, sur un projet rentrant difficilement dans les structures habituelles, du fait de son interdisciplinarité par exemple.

La volonté d'interdisciplinarité était une affirmation constante du CNRS, mais ses disciplines fortement établies la rendaient très difficile à vivre, le conservatisme institutionnel lui laissant peu de place. Ma propre histoire, qui m'avait fait passer non seulement d'une discipline à une autre mais d'une culture à une autre [34], me le prouvait largement. Mais le CNRS avait bien évidemment été affecté par les secousses de mai 68, et notre RCP en profita.

Nous avions donc l'autorisation de nous rassembler, deux physiciens, deux sociologues et une littéraire pour travailler ensemble comme nous le voulions, en bénéficiant d'un petit pécule qui nous permettait d'acheter quelques livres, autour du thème : *Sciences humaines, sciences exactes: une confrontation des questions, des méthodes et des investissements inconscients.*

Les "rapports différents" dont parle Françoise l'étaient en effet, et nous ramenaient à une époque de convivialité, aux débuts de la science, entre personnes simplement intéressées à travailler ensemble, hors des contraintes habituelles de la profession. Nous nous réunissions dans nos appartements privés, dont les divans étaient bien plus confortables que les chaises de nos bureaux (quand nous avions des bureaux, denrée rare, particulièrement dans les sciences humaines). Nous abordions les questions qui nous importaient, dans une ambiance de confiance les uns avec les autres. Notre carrière n'était pas l'enjeu, mais le simple désir de penser, et de penser utile, dans la société telle qu'elle nous apparaissait. C'était l'époque où la notion de "convivialité" était mise à l'honneur, grâce à la pensée d'Ivan Illich[35].

[34] C. P. Snow : Les deux cultures, 1968, Pauvert.
[35] Ivan Illich : La convivialité, Seuil, 1973.

Nous étions tous différents les uns des autres, et nous considérions cela comme une chance, nous confronter les uns aux autres nous ouvrait l'esprit. Chacun a continué, de fait, dans son propre cheminement, mais avait la possibilité d'en parler et d'être soutenu, au moins affectivement, par les autres.

Nous étions supposés bâtir un projet commun, nous n'y sommes pas arrivés, nous n'avons d'ailleurs pas vraiment essayé. Nous nous en sommes tenus à la confrontation de nos trajets et idées. Ce qui sonna la fin de l'expérience.

Françoise n'en parle pas dans ses *Titres et travaux*, elle n'évoque pas plus *Impascience*. Plus à l'aise avec l'Institution, je l'évoque dans les miens, dans une section plutôt courte, où je parle du "privilège" d'avoir pu vivre cette expérience.

Je voudrais commenter la "ruse avec l'Institution", expression de Françoise que j'ai reprise en titre de cette section.

Nous avions des statuts différents dans ce groupe, et nous avons pu expérimenter, en raison même des rapports de confiance que nous avions, à quel point notre petit échantillon correspondait à des comportements psycho-sociaux typiques.

Une fois, Françoise et moi avions fait part de notre inquiétude du fait que nous n'avancions pas beaucoup pour un projet plus élaboré, qui pourrait convenir au CNRS. Loup Verlet dominait notre groupe parce qu'il était le plus âgé, le plus haut placé dans la hiérarchie du CNRS, et le plus sûr de lui. Il nous fit remarquer qu'étant donné ce qu'était cette institution, avec toutes ses mesquineries, on ne devait avoir aucun scrupule à ruser avec elle.

Nous nous étions regardées, et comprises : Verlet pouvait se permettre cette liberté parce qu'il était homme, issu de la bourgeoisie, un héritier au sens de Bourdieu. Nous découvrions, du coup, par comparaison avec lui, nos faiblesses, nos insécurités, notre manque de confiance en nous-mêmes, notre sentiment d'illégitimité qui avait toujours besoin de donner des preuves.

Verlet se sentait à l'aise, au-dessus de l'Institution, regardant de sa hauteur de normalien brillant et de physicien reconnu internationalement les médiocrités de beaucoup de ceux qui se battaient là-dedans : "un panier de crabes", m'avait dit de la commission de sociologie Andrée Michel (elle aussi issue de la bourgeoisie) quand je lui avais fait part, encore physicienne, de mon désir d'y aller.

La plus insécure psychologiquement était Françoise, et donc la plus maladroite. Pour elle, l'Institution était un monstre malfaisant. Pour moi, qui avais été admise au rang A en 1981, donc délivrée de la tutelle d'un Directeur de recherches, j'avais fini par me trouver la position qui me convenait le moins mal au CNRS : un trou de liberté où j'étais certes isolée, mais avec la possibilité de faire ce que je voulais, sans autres combats que ceux que je devais livrer avec ma propre pensée, pour essayer de la faire aller le plus droit possible sur les sujets qui m'importaient.

Loup Verlet était un physicien théoricien reconnu [36] qui, en raison de problèmes psycho-somatiques, avait essayé une psychanalyse. Dans un premier temps, ses symptômes avait disparus (mais ils étaient revenus plus tard). Quoiqu'il en soit, il avait été conquis par cette nouvelle façon de connaître, de penser, si différente de celle des mathématiques et de la physique. Il était devenu lui-même psychanalyste. Il avait aussi appris que Newton, que l'histoire des sciences nous présentait alors seulement en tant que fondateur de la science moderne, avait aussi été alchimiste. Il avait commencé un travail sur lui, "La malle de Newton" [37], cette malle où se trouvaient cachés les manuscrits alchimistes, et dont on commençait seulement à parler, comme une incongruité de la part de ce grand savant.[38]

D'autre part, Verlet, à l'instar d'autres scientifiques, était très soucieux de contribuer du mieux possible à organiser la société moderne de meilleure façon. Il travaillait cette partie de son engagement avec un collectif qu'il avait proposé, en alpiniste passionné, de nommer Adret - le côté d'une vallée qui reste ensoleillé le plus longtemps. Cf Vignette *Adret*

Daniel Schiff était l'élève de Verlet. Sa rupture avec sa vie de scientifique sage s'était produite après un séjour aux USA, où il avait été témoin de la lutte des étudiants et de quelques scientifiques contre la participation de savants reconnus comme conseils du gouvernement pendant la guerre du Viet-Nam.

Une psychanalyse commencée l'avait aussi conduit à se dégager de l'idéologie scientiste. C'est alors qu'il avait décidé de ne plus faire de recherche en physique – seulement de l'enseignement - "bousillant" sa carrière, aux yeux de ses collègues.

---

[36] Wikipedia : Pionnier de la simulation par ordinateur des modèles moléculaires dynamiques. Dans un article réputé paru en 1967, il développa ce qui est maintenant connu sous le nom d'*intégration de Verlet* et la *Liste Verlet*.

[37] L Verlet : "La malle de Newton", 1993, Gallimard.

[38] C'est bien évidemment un des résultats de cette révolution "psy" à l'œuvre que d'examiner désormais l'entière personnalité de nos "grands hommes", considérés jadis par le scientisme comme des icônes, et dont nous découvrons quelques faiblesses humaines (par exemple, leur machisme).

Il écrira un roman où le héros est un physicien inquiet[39], et qui découvre une erreur dans son travail de thèse. Il participera au collectif Adret. Cf Vignette *Schiff*

La dernière participante de notre groupe était une "vraie" littéraire, Charlotte Le Millour, qui a écrit un livre sur le problème nouveau des mères célibataires par choix.[40]

Extrait de la présentation de l'éditeur :

L'auteur, en collaboration avec cinq femmes intellectuelles, féministes, appartenant à la génération de 1968, a choisi de modeler avec elles leur autobiographie. Dans cette tentative d'écriture presque collective, Charlotte Le Millour esquisse une théorie du récit de vie comme nouveau genre romanesque ... L'expérience de ces femmes, même marginale, en agaçant les certitudes du patriarcat, pose des questions, ouvre des perspectives[41]

Ainsi, elle retrouvait, une décennie après, le désir de Malka Weksel et Evelyne Guedj d'un type d'écriture où l'auteure montre sa solidarité/sororité avec ses "sujets d'étude" (cf. Vignette *Guedj*). Ce que je fais aussi, à ma manière, ici.

Françoise était très active et pleine d'enthousiasme. Elle avait achevé sa maîtrise de sociologie rurale et était passée en 1976 à la section de sociologie. En 1977-78, elle avait mené son enquête dans deux laboratoires et amorcé ainsi largement son travail dans sa nouvelle spécialité, la biologie et ses rapports à la société. Elle avait également participé au livre collectif (auteur Agatha Mendel) sur les manipulations génétiques, et écrit des articles sur "l'explosion du biologique" dans les revues *Autrement* et *Esprit*.

---

[39] Daniel Schiff : *La ligne de Sceaux*, 1982, Editions de Minuit.

[40] Charlotte Le Millour, "La maternité singulière", 1982, Laffont.

[41] Dans ses remerciements : "*Michel de Certeau, Jacqueline Feldman, Marc Guillaume, Françoise Laborie, Claude Revault d'Allonnes, Daniel Schiff, Loup Verlet m'ont aidée à réfléchir sur ce travail. Je les en remercie.*

ADRET

Ce collectif a produit 6 livres :

Travailler deux heures par jour, 1977, Éditions du Seuil

Les auteurs font ici un essai d'économie générale qui correspond à l'esprit de l'étude d'un problème en physique : on choisit un modèle qu'on juge pertinent, pas trop compliqué pour pouvoir le manier, et on arrive à des conclusions simples. Le *travail* est défini de deux manières, le *travail lié* du à ce que nous sommes une société complexe, où du travail non intéressant doit être effectué pour le bien de tous, et le *travail libre*, qui est celui que l'on fait avec plaisir. Une analyse quantitative sur les données économiques conduit alors à une estimation de deux heures nécessaires pour le travail lié. C'est en somme ce que chacun devrait faire en tant que citoyen, pour faire fonctionner la société.

Ce livre est resté un livre cité par des militants mais, à ma connaissance, aucune école d'économie instituée n'a osé le reprendre, malgré la soi-disante volonté scientifique de cette discipline. Une discipline prisonnière, bien plus que les autres disciplines des sciences humaines et sociales, d'institutions se méfiant de l'envergure de la pensée libre, pour mieux singer la science, dans une enflure de procédures spécialisées. [42]

Après cette démonstration, Loup Verlet avait décidé de ne travailler en tant que physicien, métier pour lequel il était payé par le CNRS, que 2 heures par jour, consacrant le reste de son temps à des sujets qui lui semblaient plus importants.

Autres livres publiés :

Résister, 1997, éditions de Minuit.

La vague nouvelle d'un capitalisme ultra-libéral et financier nous emportait alors sans possibilité autre que "faire résistance", chacun pour soi ou en petit groupe militant.

Le changement climatique : aubaine ou désastre ? 2007, Éditions du Cerf

[42] Cf aussi les mésaventures de l'économiste "iconoclaste" Bernard Maris (1946 – 7 janvier 2015), signant "Oncle Bernard" ses chroniques pour une économie aux idées libres dans *Charlie Hebdo,* victime de l'attentat contre ce périodique.

La révolution des métiers verts, 2011, Éditions Autrement.

Plus optimiste, prenant la cause écologique comme terrain fondamental de changement de la société.

Même si l'on pense que c'est foutu. Alternatifs et résistants racontent leur engagement. 2017, Éditions l'Harmattan.

Présentation par les auteurs :

Alors que la menace d'un désastre climatique se fait de plus en plus pressante et que l'économie mondialisée apparaît de plus en plus inéquitable, l'auteur donne la parole à des citoyens, collectifs et mouvements, dont les initiatives esquissent une autre société. Face au fantasme de croissance infinie dans un monde fini, 16 entretiens témoignent que changer le système est l'affaire de tous.

Nous, migrants 2019, Éditions l'Harmattan.

9. D'un séminaire et de deux livres

Interrogations sur les savoirs et les sciences, Séminaire Maison des Sciences de L'homme, 1980-1983

Le Sujet et l'Objet : Confrontations, 1984, Presses du CNRS Meudon-Bellevue

Le Sujet et l'Objet : Implications, 1986, Presses du CNRS Meudon-Bellevue

Le temps était venu, ai-je pensé un jour, pour qu'il soit possible de mener notre critique de la science à l'intérieur même de l'institution. D'où l'idée de ce séminaire : il voulait faire reconnaître l'importance de poser des interrogations venues de la base, que nous représentions dans la mesure où aucune de nous deux n'avait alors accédé au rang A, celui où la maîtrise est reconnue par l'Institution, et que nous n'étions pas philosophes.

Le fait que nous soyons deux femmes, de sensibilité féministe, n'était évidemment pas anecdotique pour nous. De fait, mes débuts dans la cité scientifique avaient accentué considérablement la conscience féministe que j'avais depuis mon enfance : j'avais remarqué le manque de confiance des femmes en elles, en opposition à l'assurance des hommes (en règle générale, les exceptions existent bien entendu), et une certaine mise à l'écart des femmes, consciente ou inconsciente. Cf V *Science et femme*

J'étais domiciliée (comme chercheure) à la MSH, où je partageais un petit bureau avec un ou deux collègues, c'est selon [43]. Je pouvais donc réserver une salle de conférences, et même afficher le programme. Si je souligne tout cela, c'est parce que je me sentais assez souvent en état d'illégitimité, voire de clandestinité, dans l'Institution - en raison de mes origines différentes, les sciences dures, et de mes positions critiques par rapport à cette même Institution. Plutôt timide et peut-être parfois poltronne, je n'aurais jamais osé faire cela toute seule. Par contre, à deux ou plusieurs, c'est-à-dire confortée par des allié.es, je pouvais être téméraire.

[43] Une anecdote : j'avais beaucoup étonné ma collègue Nina Lagneau – qui participa par ailleurs à notre séminaire et au livre 2 -, quand j'avais tracé sur une feuille de papier quadrillé un plan miniature de notre bureau pour résoudre le problème difficile d'y introduire des meubles supplémentaires : elle n'y aurait jamais pensé, me dit-elle, et cela m'avait interloquée, car faire ainsi me semblait évident. Ce qui m'apporta un nouvel argument sur le bien-fondé de la notion d'"identité épistémique", tout particulièrement en ce qui concernait les différences entre chercheurs en sciences sociales et en sciences dures. Cf Vignette *Identité épistémique*

Françoise avait le même trajet que le mien, nous nous entendions bien intellectuellement et affectivement, elle était mon alliée toute trouvée. Nous étions aussi toutes les deux des sœurs frustrées, dans la mesure où nos chemins avaient divergé de plus en plus de ceux (immobiles et conformistes, selon nous) de nos sœurs.

J'ai déjà dit combien ces années furent riches, où nous faisions l'expérience d'une collaboration efficace à la fois sur les plans intellectuel et humain, dont nous avions besoin l'une et l'autre.

Notre séminaire dura trois années (1980-1983), à raison de deux séances par mois. Nous y avions fait venir ceux que nous voulions interroger, c'était un bon prétexte, qu'il s'agisse de nos camarades proches à l'époque ou de "personnalités" reconnues mais non connues de nous que nous avions ainsi l'occasion de rencontrer.

Puisque tout cela avait bien fonctionné, nous décidâmes d'en faire deux livres, qui n'ont pas repris toutes les interventions, pour différentes raisons.[44]

Nous eûmes la chance de les voir acceptés, tout de bric et de broc qu'ils soient, par les Presses du CNRS Bellevue-Meudon. J'ai toujours pensé que cette acceptation avait été obtenue grâce à la place particulière qu'occupait dans cet ensemble de laboratoires un de nos amis, Francis Bailly (1939-2009) (qui nous fournit deux contributions importantes) (cf Vignette *Bailly*).

Je me souviens que, dans les textes de jugement que nous avions pu lire – cela faisait partie d'un renouveau de la démocratie en cours – un des lecteurs avait souligné la capacité d'auto-analyse des contributeurs. Nul doute que l'article de Françoise "Après-coups" était ici principalement visé et sa qualité reconnue. (Les savoirs en question : réflexions après coups, *Confrontations*, p. 39-43)

Cependant que dans mon propre texte de présentation, dans un survol socio-historique, je décrivais la "mutation" de la science, que j'avais pu vivre moi-même, avec le passage d'une communauté "artisanale" à une "cité" de type industriel. J'avais en effet été frappée, tout au début de ma carrière, alors que j'assistais pour la première fois à un colloque international à Paris, d'entendre cette analyse faite par le "grand savant" Joliot-Curie, en 1956. (La mutation de la science, *Confrontations*, p. 21-38). (cf Vignette *Du savant au travailleur scientifique*)

---

[44] La liste des contributions qui ne se retrouvent pas dans les livres est donnée p. 19 du livre 2. Il s'agit le plus souvent d'interventions relatives à des recherches publiées par ailleurs et qui sont citées. Je donne ici les noms des intervenants absents de nos livres : Lucie Tanguy, Jean Eisenstaedt, Gérard Bossuet, Daniel Friedmann, Eddy Cherki ; ainsi qu'Edgar Morin, Christine Gillou, oubliés p 19.

Une remarque sur l'ordre de la liste des noms d'auteurs qui apparaissent sur la couverture de ces deux livres collectifs.

Dans le premier, *Confrontations*, nous avions choisi, dans l'idéologie égalitaire de mai 68, l'ordre alphabétique. Une bibliothécaire de la MSH m'avait fait remarquer, quand je lui avais remis un exemplaire, que du coup, nos noms disparaissaient des références bibliographiques, qui ne conservent que les premiers noms.

Deux ans après, l'idéologie était moins forte, le réalisme plus présent, et nous avons mis nos deux noms en premier.

Quel contenu ?

Extrait de la Présentation du premier volume :

Cet ouvrage collectif est la trace d'un séminaire où des scientifiques de cultures et de fonctions différentes ont voulu confronter, et pas seulement opposer, le savoir scientifique à d'autres modes de connaissance. [45]

Avant d'aborder le contenu de ces ouvrages, je vais commencer par évoquer la contribution d'*Edgar Morin,* qui y manque. Le fait d'avoir oublié de la mentionner dans nos introductions, alors même qu'il s'agissait du nom le plus célèbre, de l'auteur le plus prolifique, celui dont la contribution pouvait le plus nous flatter, illustre bien un certain état de désordre où nous nous trouvions assez souvent.

Sociologue original au CNRS, il n'y avait pas toujours été bien reconnu, car il avait choisi l'aventure de son propre cheminement, avec une large ouverture sur des domaines très divers, plutôt que de se placer dans le sillage des sociologies admises. La reconnaissance lui était d'abord venue du monde intellectuel extérieur à la sociologie, ses livres ayant beaucoup de succès. A l'époque du séminaire, il était donc, d'une certaine manière, à la fois dans et hors l'Institution.

Il est venu dans notre séminaire avec une liasse de papiers de format carnet, où il avait des notes, et il nous parla en improvisant à partir de ces notes.

C'était une "belle prise" pour nous, mais voilà, il ne nous donna pas de texte, nous n'avions pas enregistré son exposé et nous l'oubliâmes complètement dans la préface de notre livre.

---

[45] 4ème de couverture, vol 1.

Il y eut une autre "prise" – une personne dont j'ai particulièrement apprécié la contribution, et que j'avais rencontrée par hasard, le philosophe *Pierre Trotignon* :

C'était à une fête donnée par une amie dont il était alors le beau-frère. Lors de notre conversation, il me parut appréhender de façon "juste" (la mienne ...) les changements qui avaient cours autour de nous dans le monde intellectuel et culturel. Mais surtout, c'était la première fois que je rencontrais un non-scientifique qui avait une perception "juste" (la mienne ...) de la science. Je lui demandai comment cela se faisait et il me répondit qu'il suivait régulièrement le séminaire du physicien Leprince-Ringuet, pour voir comment cela se passait.

On l'a compris, dans la querelle qui agitait alors les sociologues de la science - critique fondamentale ou enthousiasme devant son pouvoir de vérité – il m'a été un allié important, faisant apparaître divers aspects de la science, tandis que la plupart des critiques qui m'entouraient alors choisissaient pour la démolir un seul aspect. Le premier à intervenir dans notre séminaire, il fit la différence entre savoir, connaissance et science, réservant ce mot à la rigueur d'approche et la solidité des résultats qui en était la conséquence. Il remarquait l'abus intellectuel qu'il y avait à trop élargir la couverture de ce vocable, ainsi que les dangers de vouloir considérer cette démarche comme la seule légitime.

Insistant sur l'importance de l'esprit critique, (mais non hypercritique, bien sûr), à la base de la démarche scientifique, il faisait une incursion dans la psycho-sociologie en notant qu'il fallait un enracinement psychologique fort pour être à l'aise dans ce type de démarche.

Pierre Thuillier (1932-1998), journaliste scientifique, menait dans la revue *La Recherche* un combat contre le scientisme. Refusant la séparation classique faite entre une science "pure" parée de toutes les vertus et ses applications parfois plus que contestables, il utilisait l'histoire pour montrer comment notre civilisation était passée de la question du "pourquoi", avec les réponses des églises, à celle du "comment", qui concerne avant tout les entrepreneurs, ceux qui vont développer les découvertes techniques et géographiques, dans un esprit de conquête et de "manipulation".

J'avais rencontré *Michel Armatte*, statisticien, économiste, dans les cercles de critique des mathématiques appliquées aux sciences sociales, qui participaient des remises en cause de l'enseignement supérieur et de la recherche de l'après-mai. Pour mener sa critique de la science qui, à l'instar de celle de Bruno Latour, voulait montrer que la "science était sociale de part en part", il avait choisi une "petite science" à ses débuts, un peu comique, ce qui nous avait permis de mettre en première de couverture l'image très 19ème siècle d'un coureur branché, portant un appareil de photo et divers capteurs pour mesurer ses efforts. Il voulait montrer les "gigantesques montages d'éléments disparates et mal boulonnés" des débuts des sciences. Oui, et cela colle avec cette rationalisation plus que jamais à l'œuvre dans tous les aspects de notre société. Mais cela escamote les vrais succès de ce que je suis tentée de nommer les "véritables sciences", celles où a pu s'accumuler, les uns sur les autres, une masse impressionnante de résultats.

Remplaçant le latin et le grec, les mathématiques étaient devenues la discipline élitiste, et donc sélective, par excellence, dans les lycées. On la présentait comme l'espéranto de notre monde moderne, technique et scientifique. La 2ème partie de notre premier livre les abordent donc. *Marie-Ange Schiltz* nous fait le récit de la querelle des maths modernes ; *Stella Baruk*, pédagogue des mathématiques, un nouveau métier, nous a parlé des résistances, psychologiques plus qu'intellectuelles, aux maths des enfants ; *Claudine Blanchard-Laville*, enseignant les mathématiques dans un département de sciences sociales, où elle avait introduit des "groupes Balint" pour enseignants de mathématiques, nous a proposé trois explications du fonctionnement de la pensée mathématique : de la part d'un mathématicien, Jacques Hadamard (1865-1963), d'un psychiatre, Georges Lemaire et d'un psychanalyste ex-mathématicien, Daniel Sibony.

La critique de la science doit-elle aller jusqu'à la critique de la rationalité ? La sociologue politique *Sonia Dayan-Herzbrun* reprend celle qu'a menée Jurgën Habermas, dernier représentant vivant des philosophes de l'École de Francfort, bouleversés par la façon dont elle a été au centre des persécutions bolcheviques et nazies. Il fait remarquer, après Max Weber au tournant des siècles derniers, la rationalisation toujours plus poursuivie de la société moderne. C'est une rationalité instrumentale, au service du pouvoir et de la domination, aux dépens d'une rationalité de communication, d'échange, qui rendrait possible cette "vie bonne", à laquelle s'attachait déjà Socrate.

Après elle, *Francis Bailly*, (*Raison Trouver,* 2, p. 45-50) très ouvert par ailleurs aux démarches de pensées autres que celles de notre propre occident,(*Sujet/Objet (ici et ailleurs)*, 1, p. 199- 228) met toutefois en garde contre des ésotérismes à la "rationalité déraisonnable".

D'aller voir ailleurs, nous en avions besoin après l'enfermement intellectuel du scientisme.

Ces ailleurs, ils sont multiples dans nos livres :

Il y a les approches orientales *(Bailly*, 1, juste cité), les savoirs dans les sociétés traditionnelles (*Bruno de Panafieu*, 2, p. 51- 67). Il y a aussi, avec *Jeanne Favret*, la sorcellerie (Favret, 1, p. 229-250).

Jeanne Favret-Saada vient de publier *Les Mots, la Mort, les Sorts* (Gallimard 1977). Elle y portait un tout nouveau regard sur la sorcellerie, vue jusqu'alors comme une croyance obscurantiste, survivance aux progrès modernes dans quelques coins de campagnes attardés. Anthropologue, elle choisit de s'immerger dans un "terrain" proche géographiquement, mais "exotique" par la manière de penser les événements de la vie. Sa plongée dans ce monde n'est pas sans risque, mais c'est ce qui lui permet de comprendre, pour l'avoir éprouvé, l'efficacité du système. Elle démontre de façon magistrale que c'est sa "prise" dans le système de sorcellerie qui lui a permis, une fois "déprise", de comprendre sa force et donc sa réalité. Elle insiste également sur l'importance du travail d'écriture, qui participe de l'effet de vérité. [46]

Elle nous avait reçu.e.s chez elle. Trop occupée et très exigeante par rapport à l'écriture, donc, elle ne nous avait autorisées qu'à publier un Compte-rendu de cette séance où nous présentions ses propos à la 3ème personne du singulier, ce qui donne à ce texte une lourdeur certaine. (Feldman et Laborie, I. *Rencontre avec Jeanne-Favret autour de la sorcellerie*, p. 229-238)

Pour ma part, j'avais voulu insister sur le fait que, contrairement aux canons de la science tels que je les voyais répandus dans les sciences sociales, c'est l'acceptation pleine de son trajet subjectif qui lui permettait cette foison de découvertes. (Feldman, 1, *Une démarche de science humaine exemplaire* p. 239-249). D'où la nécessité, pour

[46] Josée Contreras et Jeanne Favret : *Corps pour corps : enquête sur la sorcellerie dans le bocage*, Gallimard, 1981.

des sciences humaines soucieuses de leur rigueur (NB : la notion de "rigueur" remplacerait avec profit, la plupart du temps, celle de "scientificité"), d'accepter de prendre en compte la richesse de cette subjectivité dans l'étude d'êtres humains, avec ses risques.

Les *risques du métier*", c'était justement la dernière partie de nos livres :

Laurence Gavarini y fait le récit fait d'une "intervention socianalytique" dans un milieu féministe qui, en boomerang, par son exigence de non-mixité, fait exploser le groupe "analysant". *L'intervention "Assommoir" : un exemple d'interaction entre le sociologue et son objet*, 2, p 289-309.

Françoise Jandrot-Louka expose les problèmes de transfert et de contre-transfert vécus dans des établissements médico-sociaux de personnes âgées. C'est la première partie, très compréhensible, de la contribution en trois parties qu'elle nous a faite avec son époux *Jean-Michel Louka.* Celui-ci intervient dans une 2ème partie plutôt surprenante : son refus d'un "discours de maîtrise", c-à-d, selon ce que je comprends, d'un discours qui répond aux canons de la rationalité habituelle, lui préférant un discours de style lacanien, désireux de mieux suivre les circonvolutions de l'inconscient, provoqua une vive réaction d'une partie de l'assistance, partiellement reproduite, dont je tire cette phrase : "je ne comprends pas un mot de ce qu'il raconte". Leur article est intitulé "*L'une bévue dans la recherche*" (2, p. 269-288).

Autres risques que court la vérité, dans les sciences sociales : d'être détournée par un pouvoir politique : *Janine Markiewicz-Lagneau* (1938-1987) : *Science ou idéologie : le cas de la sociologie soviétique et polonaise*, 2, p. 223-244 ; ou encore par une idéologie négationniste : l'affaire Faurisson était en plein déroulement et provoquait beaucoup de remous dans la section de sociologie en particulier : fallait-il censurer, comme le demandaient certains, voire exclure les quelques chercheurs qui le soutenaient, ou bien utiliser les armes seules de l'argumentation rationnelle, comme le pensaient d'autres ? *Jacques Maho* a su, à mon avis, naviguer superbement entre les écueils, en abordant la question *De la preuve en histoire* (2, p. 207-222).

Des épistémologies différentes de celle qui avait conduit aux succès des sciences exactes étaient donc nécessaires. Plusieurs articles proposent une comparaison des deux types de science.

Pour *Loup Verlet*, physicien devenu psychanalyste, les deux disciplines ont des effets de vérité, mais dans des démarches très différentes. Il se place, dans son texte *La science et la parole,* (2, p. 129-148), sous le double patronage du physicien Boltzmann et de Freud, en remarquant cette différence, qui me semble personnellement fondamentale : p 135 : *Aussi familière que me soit son œuvre scientifique* (il s'agit de Boltzmann), *je dois avouer ne la connaître ... qu'à travers les manuels qui l'ont mise au goût du jour et l'ont intégrée dans l'ensemble de la science. Ma fréquentation de Freud, au contraire, est quasi-quotidienne. C'est son texte que je lis, au plus près de l'original.* La différence est évidente : dans le premier cas, des résultats "durs", venant enrichir une construction déjà imposante (c'est le caractère "cumulatif" de la science) dans l'autre, une réflexion subtile approchant un domaine complexe, que chacun ne peut qu'aborder à sa propre manière.

C'est bien pourquoi à la suite de l'exposé de *Louis Moreau de Bellaing* : *Débat sur la spécificité des problèmes épistémologiques en sciences sociales,* (2, p. 149-174), notre petite discussion finale remarque l'inexistence de controverses réelles, ce qui pose évidemment problème pour la revendication de scientificité.

En sociologie, l'objet n'est jamais bien défini. (p. 171)

Extrait de l'introduction :

L'emploi du mot "débat" pose à ce titre un ... problème. ... L'intervenant faisait en principe un exposé. Or, très tôt dans son déroulement, à vrai dire au moment même où il a été question de la confrontation entre sciences sociales et sciences exactes, la discussion s'est engagée. (p. 149)

Poursuivie ensuite environ une heure, l'auteur note *"son extraordinaire profusion, parfois sa violence".* Il ajoute : *"Nous y voyons, pour notre part, la trace d'une urgence"*.

A l'inverse des scientifiques venus des sciences dures et aspirant à plus de liberté, plus de souplesse, dans des savoirs nouveaux de prise de conscience des âmes et des corps, *Christine Woesler de Panafieu* s'efforce de réintroduire ces connaissances nouvelles sur le corps dans un schéma cartésien, en produisant une tentative d'épistémologie corporelle. *Discours de la méthode corporelle,* 1, p. 171-196.

Deux tentatives personnelles, très différentes, l'une surtout théorique, l'autre quasiment existentielle,[47] de tracer les contours d'une épistémologie nouvelle :

[47] On ne peut manquer de remarquer l'effet de genre présent dans cette différence : abstraction intellectuelle et appel à la logique d'un côté, approfondissement existentiel pour en arriver à des repères simples, en apparence évidents, mais solidement ancrés de l'autre.

Jacques Jenny, dont le parcours universitaire est original – il a d'abord été menuisier, avant d'être un syndicaliste obstiné au CNRS [48] – examine les "pratiques socio-cognitives", en les représentant en particulier par l'hexagone logique de Blanché. Le titre de sa contribution (2, p. 245, 265):

> *Vraiment ? Pratiques socio-cognitives concernant la réalité sociale ; Éléments de problématique pour un projet de recherche sur l'intégration des "logiques sociales" et des "logiques cognitives" à l'œuvre dans les processus liés de dominance et de connaissance.*

J'avais été très secouée dans mes habitudes de praticienne des sciences dures – la physique théorique – par les critiques de la science et de la rationalité issues de mai 68, et en particulier par celles des féministes, qui avaient coïncidé avec mon apprentissage des sciences sociales. J'avais eu besoin de retrouver des repères, et j'avais passé une année très difficile à les chercher. Après quoi, j'avais tenté une expérience de communication pour les tester sur d'autres personnes. *Quelques repères sur les savoirs sociaux* (2, p. 175-203) (cf Vignette *Identité épistémique*).

Reste le problème crucial des relations entre développeurs et possesseurs de connaissances, dans la cité scientifique, et ceux qui sont extérieurs à elle.

Michèle Fellous examine la nature des modes de rencontre, parfois heurtés, entre des médecins et des femmes ayant des problèmes médicaux : *Savoir médical, savoir des femmes. A propos des grossesses difficiles, de la contraception, de l'avortement,* (2, p. 95-108)

Quant à *John Stewart*, il nous raconte l'histoire des "boutiques de science" françaises (1980-1986), créées sur le modèle de celles des Pays-Bas (1977), et nous donne un résumé statistique intéressant des demandeurs, des demandes, de l'état de leur traitement, des domaines scientifiques concernés ; dans l'ordre, biologie et médecine, physique et informatique, chimie et sciences de la terre, et sciences humaines. *Les boutiques de sciences en France* (2, p. 71-94)

Je termine cette revue sur le texte d'*Elisabeth Lage*, qui nous avait fait par ailleurs connaître, lors du séminaire, le livre très intéressant de Lewis Mumford, portant sur la très longue durée de l'histoire : *Le*

---

[48] Cf son site http://jacquesjenny.com/legs-sociologique/

mythe de la machine, Fayard, 1973. Dans son texte, elle nous donne les résultats d'une enquête faite sur le métier de chercheur scientifique (sciences dures), tel que se le représentent de jeunes lycéens – avec les stéréotypes propagés par divers media - et tel que le pratiquent de jeunes amateurs passionnés. *Le métier de chercheur scientifique : pratiques et représentations.* (2. p. 109-126).

Un travail de sociologie à la méthodologie classique, qui nous convainc de son pouvoir réel de connaissance.

Françoise Laborie
Interrogations sur les savoirs et les sciences

Titres et Travaux, 1992, p. 8-10

Notre projet de séminaire prenait acte du reflux des mouvements de contestation de la science, mais aussi des percées qu'ils avaient effectuées dans le bloc "monolithique" de "la Science". La démarche scientifique ne nous semblait plus désormais pouvoir éluder l'analyse de ses modes de production (souvent compétitifs, élitistes et productivistes), pas davantage que celle des effets du scientisme – y compris dans les sciences humaines lorsque le quantitativisme est censé garantir la scientificité d'une démarche ; ni encore celle des retombées pratiques et idéologiques des résultats obtenus dans le champ de la science ; ni enfin celle d'autres démarches de connaissance que la sienne.

Le projet était sous-tendu par la nécessité que nous éprouvions de créer un lieu d'ouverture où soutenir différents types d'interrogations, de comparaisons des savoirs scientifiques avec d'autres types de connaissances ...

Le séminaire a ainsi ouvert la possibilité d'un dialogue entre scientifiques de cultures différentes. En fin de compte, ce projet a pris corps à partir des deux constats suivants :

1. Les institutions légitimes de production des connaissances se sont données des critères dévaluation considérées dans la société comme une garantie de vérité et d'efficacité. Les connaissances, lorsqu'elles sont produites selon des modes différents de celui-ci sont généralement non reconnues, voire méprisées, considérées comme marginales ou irrationnelles par les institutions légitimes qui détiennent, de fait, le monopole de l'explication vraie ou la plus probable à tout le moins.

Cependant – comme le sens commun l'indique, et selon les analyses de plusieurs travaux en sciences sociales – des croyances très anciennes survivent, dans la longue durée, à des changements historiques ; des pratiques magiques se diffusent ; on parle du "retour de l'irrationnel".

2. Le morcellement des connaissances scientifiques, la spécialisation des méthodes, l'ésotérisme des langages, sans parler des pressions productivistes, aboutissent parfois à une véritable inculture du scientifique. Il lui est tout aussi difficile de communiquer avec

d'autres spécialistes que de resituer son activité propre dans l'ensemble du champ social ou encore de chercher à produire une connaissance sur la connaissance.

Ce type de séminaire nous paraissait d'autant plus essentiel que *le corps social dans son ensemble était – c'est encore le cas aujourd'hui – confronté à la complexité et à l'amplification des rôles que jouent les sciences et les techniques dans la société.*

Nos interrogations principales furent les suivantes :

(i) est-ce un ensemble de conditions inscrites dans la rationalité scientifique et dans le mode de développement des sciences qui a ou non contribué au "retour de l"irrationnel"" ?

(ii) est-ce la crise de confiance qui, affectant de plus en plus la science, provoque la résurgence des savoirs ésotériques ou occultes ; le regain d'intérêt pour les modes de vie et de connaissance orientaux ; la renaissance enfin du sentiment religieux tant chez les exclus de la science que parmi les scientifiques eux-même ?

(iii) l'arrogance ou le mépris des scientifiques vis-à-vis de ces savoirs ne témoignaient-ils pas de leur propre inculture, en particulier de leur ignorance vis-à-vis de la prégnance des dispositifs de l'inconscient – au sens freudien ?

Ce programme de travail a pu être réalisé en examinant : (i) la rationalité scientifique comme telle, ses paradigmes, ses méthodes – notamment la séparation du sujet connaissant et de l'objet à connaître, le découpage de la réalité, le "confinement expérimental", la prégnance du modèle formalisé et quantitatif ; (ii) le projet même de la science – à savoir contrôler et maîtriser la nature, puis le vivant – projet que certains dans notre séminaire ont qualifié de vocation manipulatoire de la science ; (iii) les formes d'organisations sociales de l'enseignement, de la production et de la diffusion des connaissances scientifiques.

Après avoir examiné les rapports d'exclusion ou d'inclusion des savoirs et de la science d'une part, du sujet et de l'objet d'autre part, sous un éclairage historique, philosophique et épistémologique, nous avons davantage centré nos interrogations sur le thème de la transmission par l'enseignement, la vulgarisation et la pratique scientifique.

La dernière année fut consacrée principalement à l'épistémologie des sciences sociales : sociologie de la méconnaissance : la preuve en histoire ; l'analyse de la rationalité (École de Francfort) ; la sociologie dans les pays de l'Est ; la prise en compte de l'inconscient dans l'analyse du champ scientifique et du champ social ; développements actuels de techniques telles que l'informatique et la télématique ; rapports entre savoir scientifique et savoirs "profanes" dans le champ de la santé.

Du savant au travailleur scientifique, d'une communauté à une cité[49]

En 1956, alors que j'allais être admise au CNRS en tant que "stagiaire de recherches", à l'âge de 20 ans, mon mentor, syndicaliste actif, à qui je faisais part de mon hésitation quant à ma capacité à faire de la recherche, me dit :

"Il faut abandonner les idées romantiques sur la science : la recherche, c'est un métier qui s'apprend comme un autre".

La même année, j'avais profité de ce que le congrès international de physique se tenait à Paris pour assister avec émotion et curiosité, pour la première fois, à ce type d'événement. J'y avais entendu Frédéric Joliot-Curie (1900-1958), qui, dans son introduction, expliquait que la science était en train de passer du stade artisanal au stade industriel.

C'est cette même analogie que reprend, au même moment, Norbert Wiener (1896-1964), le créateur de la cybernétique, pour dénoncer les nouvelles conditions de recherche :

"J'ai la chance d'être né et d'avoir grandi avant la première guerre mondiale ... Je suis particulièrement heureux de n'avoir pas dû pendant de longues années n'être qu'un rouage dans une usine scientifique moderne, où il m'aurait fallu obéir aux ordres donnés, résoudre les problèmes posés par mes supérieurs et ne posséder mon propre cerveau qu'"in commandum" *à la manière d'un fief pour le vassal du Moyen-Âge ... Du fond du cœur, je plains la génération actuelle de scientifiques, dont beaucoup, qu'ils le souhaitent ou non, sont condamnés par l'"esprit de l'époque" à n'être que des laquais intellectuels qui pointent matin et soir"* [50]

Derek de Solla Price (1922-1983), considéré, nous dit Wikipedia, comme le "père de la scientométrie", constate pour sa part que la science croit de façon exponentielle, et que, n'étant plus cette activité de quelques-uns seulement, elle a besoin d'être étudiée en elle-même, une sociologie de la science devient nécessaire.

C'est à quoi s'attache également Bourdieu (1930-2002). Il remplace le terme habituel de "communauté scientifique" par celui de "cité scientifique", un changement de vocable qui illustre bien la

[49] Jacqueline Feldman "La mutation de la science", *Interrogations sur les savoirs et les sciences,* I, C*onfrontations, op cit* p 21-38.

[50] *I am a Mathematician,* Gollancz, 1956.

mutation en cours, avec la perte de "convivialité" – une autre notion qui se répand alors – qui en résulte.

Au moment où je quittai le CNRS, au début de ce siècle, s'était répandue, dans les colloques internationaux, où les "communications" écrites et orales habituelles étaient devenues trop nombreuses, la coutume des "posters". On y résumait son travail, comme dans n'importe quelle autre entreprise.

Ainsi s'achève le passage du philosophe savant des 17ème et 18ème siècle, isolé et parfois menacé par les autorités, à l'expert d'aujourd'hui, succédant au grand savant célébré du 19ème siècle [51], dont l'image nous avait été transmise à l'école.

---

[51] Jacqueline Feldman, "L'idée de science au 19ème siècle", L'Harmattan, 2006

Qu'est-il arrivé aux Presses de Meudon-Bellevue ?

Quand je me suis replongée dans cette époque, dans le cadre de ce projet, je me suis aperçue que je ne disposais plus que du second livre. J'avais sans doute prêté le premier à je ne sais plus qui. Qu'à cela ne tienne : j'ai essayé de le ravoir par le CNRS. Certes, les presses de Meudon-Bellevue n'existaient plus, mais je pensais que les presses principales auraient à cœur de garder au moins leur mémoire. Il n'en était rien. Personne ne pouvant me renseigner, je m'adressai, comme on me l'avait conseillé, à l'historien du CNRS. Il ne trouva rien dans les archives : il ne pouvait rien pour moi.

J'ai cherché sur Internet, et à mon grand soulagement, je l'ai trouvé cité dans un site international, et ai pu voir, avec satisfaction, qu'il semblait exister dans plusieurs bibliothèques internationales. Je pouvais même l'acheter aux Better Word Books, pour 44 dollars. Mais il me semblait plus simple de rester en France.

Je l'ai finalement trouvé et acheté sur Amazon, deux fois son prix original : 36 euros.

Mais j'ai aussi fait cette découverte qui m'a étonnée et qui concerne son frère cadet : *Implications.* Il est vendu, sur commande, dans l'espace culturel Leclerc : Avec les -5% habituels de Leclerc, soit 17 euros. Comment diable a-t-il pu atterrir là ?

PS. j'aborde ici une histoire mal connue, celle qui concerne les livres non célèbres, dont il y a pléthore dans notre société instruite, comme on sait.

Depuis, j'ai appris que la BN se charge – se chargeait, car il semble que des directives européennes l'empêchent désormais de le faire – de digitaliser les livres disparus du paysage des éditeurs.

Mais c'est une autre aventure encore que de trouver sur Gallica !

Francis Bailly (1939-2009)

Francis a été chercheur au Laboratoire de physique du solide de Meudon-Bellevue de 1962 à 2004. C'était un ami de longue date de Françoise.

Engagé dans le syndicalisme, il était en mai 68 Président du Syndicat National des Chercheurs Scientifiques (SNCS), le plus important, et l'a entraîné à soutenir les étudiants.

Homme de grande culture et de grande modestie, il avait toujours refusé, en raison de ses convictions égalitaires et démocratiques, de passer au rang A. Il bénéficiait du respect de tous.

Il avait une grande capacité d'abstraction et s'intéressait particulièrement aux diverses approches de la connaissance – épistémologie des sciences modernes, mais aussi philosophie orientale, judaïsme (qu'il nommait "mosaïsme").

Dans le contexte de la critique de la science des années soixante-dix, il avait organisé une série de conférences à Bellevue intitulée :

Sens et place des connaissances dans la société

Extrait de la présentation :

Sous forme de conférences-débats, des scientifiques d'horizons divers s'interrogent sur les présupposés philosophiques ou idéologiques fondant leurs activités et leurs rapports implicites à ceux du reste du corps social.

C'était dans la même lignée que notre séminaire, mais le choix des intervenants s'était porté sur des personnalités reconnues, alors que notre panel de participants était beaucoup plus horizontal, et que nous avions tenu à ce que la pratique même soit présente au même titre que le regard philosophique.

En 1980, Francis avait subi une attaque cardiaque très sérieuse. Françoise et moi avions été le voir après son hospitalisation, chez lui, et il nous avait dit : "les médecins pensent que mon cœur tiendra quatre ans. Pendant ces quatre ans, je veux apprendre la kabbale, l'hébreu et l'araméen".

De fait, son cœur a duré vingt-sept ans, il a appris des éléments d'araméen, il a surtout suivi l'enseignement du kabbaliste Jean Zacklad (1929-1990) et écrit de nombreux textes, que Danielle, sa femme, édite peu à peu.

Il a aussi travaillé étroitement avec le directeur de théâtre Armand Gatti.

Extrait de bibliographie :

(Éditeur) *: Sens et place des connaissances dans la société*, Éditions du CNRS, Vol. 1, 1986 ; Vol. 2 et 3, 1987.

L'anneau des disciplines, Rev. Int. Syst. n°spécial, 5, n°3, 1991

Mosaïsme et Société. De la tradition à la révolution. L'Harmattan, Paris, 2003

Sens Poèmes et Textes 1961-2005 (édité par Danielle Bailly), L'Harmattan, 2012

John Stewart

Je suis né en 1941. Ma famille était de gauche. La politique était toujours présente chez nous. Ma mère était féministe, elle avait un doctorat de chimie, et elle avait dû faire face à cette position :

"Pourquoi perdre du temps à vous permettre de faire une thèse alors que vous allez vous marier, avoir des enfants et ne jamais faire de la recherche ?".

Et qu'est-ce qui s'est passé ? – ma mère et mon père se sont mariés, ils ont eu des enfants, et ma mère n'a jamais fait de la recherche... Sa réplique : « mais si, ça vaut la peine d'éduquer une jeune femme, car vous n'éduquez pas une seule personne, mais toute sa famille ». C'est dire si j'avais le poids d'une attente sur mes épaules : je devais faire la carrière scientifique que ma mère n'a pas faite.*

J'étais l'aîné et le préféré de ma mère, et je pense que c'est pour avoir son amour que j'ai été très bon élève en science. Je n'ai pas eu d'imaginaire quant au prix Nobel, mais elle, oui.

J'ai été un élève brillant, et suis entré à Cambridge, en physique, en 1959. J'y suis resté 10 années, d'abord comme étudiant puis comme chercheur. Les disciplines étaient séparées, mais on pouvait participer à d'autres que la physique. Le sport était très important, un sport d'équipe, comme métaphore de la vie.

J'avais été un garçon solitaire au lycée, mais là, j'ai rencontré d'autres jeunes gens comme moi, et nous passions des nuits entières à discuter ; les trois grands thèmes étaient la Religion, la Politique et la Sexualité. Et je me suis rendu compte qu'il y avait beaucoup de choses plus intéressantes que la science, et j'ai désinvesti une première fois.

Mais j'ai rencontré un professeur de biologie fantastique, ce qui a relancé mon enthousiasme pour la science, cette fois, la biologie, plus exactement, la génétique.

En 1969, avec ma femme française Dany, angliciste, nous sommes partis aux USA, pendant 3 ans. Nous sommes allés la 3ème année à San Francisco, à l'époque au centre de la « contre-culture ». J'ai toujours eu de la sympathie pour le mouvement féministe ; à mon sens le centre de ce mouvement était les « Consciousness-raising groups » où une dizaine de personnes se réunissaient régulièrement pour échanger leurs expériences du sexisme. A San Francisco cette année il y avait un « groupe de conscience » *hommes*, où nous parlions entre nous des aspects de la construction sociale du genre qui ne convenaient pas à *nous* en tant qu'hommes – non seulement l'interdiction d'aimer d'autres hommes, mais aussi l'interdiction de pleurer… C'est une belle illustration de la manière par laquelle les dimensions « politiques » et « personnelles » vont ensemble.

Comme Dany était française, nous étions bien sûr très intéressés par mai 68 et ses suites. C'est là où j'ai connu mon 2ème désinvestissement de la science, j'ai abandonné la biologie pour une critique de la science et la biologie.

Dany a eu un poste d'enseignante d'anglais à la Sorbonne, et on a inversé les rôles : au lieu de la femme qui suit son mari là où il trouve un poste, c'est moi qui accompagnais mon épouse pour qu'elle puisse prendre son poste et reprendre sa propre carrière universitaire. De mon côté, pour ne pas rester inoccupé, j'ai pris contact avec Edgar Morin qui à l'époque était en train d'écrire *La méthode*. Il attendait de moi que je l'évite de commettre des erreurs scientifiques et à l'occasion, de lui fournir quelques exemples pour illustrer son propos. En l'occurrence, je me suis permis de le critiquer vivement car je considérais que son propos était excessivement scientiste. Tout à son honneur, Morin était remarquablement magnanime ; malgré mes critiques il continuait à me procurer des CDD, et il m'a soutenu pour mon entrée au CNRS ensuite, dans la section de sociologie, dans son groupe.

Quand il y a eu les premières actions de scientifiques, j'ai pris contact avec Lévy-Leblond, qui m'a parlé d'*Impascience* et j'en étais dès le premier numéro. Cela m'a beaucoup apporté, j'étais heureux de n'être plus seul à être un scientifique critique de l'intérieur. C'était prometteur, dans l'esprit de l'après-68, mais la suite a été décevante. La critique politique n'a pas été assez forte, et le bilan est pauvre.

Depuis, la « contre-révolution » du néo-libéralisme (Reagan, Thatcher) est passée par là, et aujourd'hui les choses sont pires que jamais. Par exemple, j'apprécie beaucoup Bruno Latour, mais personnellement, j'estime qu'il n'est pas allé assez loin dans la critique *politique*.

Je pense que la science a *malheureusement* encore « bonne réputation », car elle ne le mérite pas. Les grands projets tels que le « Human Brain Project » ou le séquençage du génome signifient que la science est plus aliénée que jamais.

Quelques textes :

- 1981 (avec Jean Deutsch et Françoise Laborie) Pour une régulation *démocratique* des sciences et des techniques *Esprit,* Oct-nov.

- 1986 Les boutiques de sciences en France, *in* Feldman et Laborie : Le sujet et l'objet : implications, 71-94.

- 1989 Can Science be an Art ? *Leonardo* **22(2)**, 251-261.

- 1989 (avec Dumaret A.) *L'hérédité de l'intelligence.* Éditions Dumas, St Etienne.

- 1989 (avec Havelange V.) Les Boutiques de Science en France, un bilan. *Alliage* **1**, 95-103.

- 1992 Science et politique: le cas des sciences cognitives. *Ecologie Politique* 3/4, 175-191.

- 2002 L' "intercritique" face au vivant, l'œuvre d'Henri Atlan. *Critique* 662: 542-551.

- 2004 *La vie existe-t-elle ? Réconcilier la génétique et la biologie.* Vuibert, Paris.

- 2010 (avec Gapenne O. & Di Paolo E., Eds.) *Enaction: Toward a New Paradigm for Cognitive Science.* MIT Press, Boston.

* Note personnelle (jf) La même mésaventure m'est arrivée avec un physicien britannique, d'origine pakistanaise, plus tard couronné par un prix Nobel, rencontré quand je travaillais, jeune chercheuse, à l'Institut Niels Bohr à Copenhague, en 1961. En définitive, il avait quelque part raison : j'ai cessé, en effet, de faire de la physique, mais n'ai jamais cessé, par ailleurs, de réfléchir et de travailler, en utilisant mon expérience de physicienne dans ma réflexion sur la science.

Identité épistémique, repères, communication [52]

Il s'est trouvé que mon changement d'orientation au CNRS - passage de la physique théorique à la sociologie – a été contemporain du mouvement de mai 68 et des diverses critiques qui l'ont suivi : MLF, critique des sciences.

En particulier, la critique féministe se montrait la plus radicale : la science était un monde éminemment masculin, basé sur une logique binaire dominatrice.

Déjà fortement secouée par le fait que ce que j'avais appris de la méthode scientifique ne semblait guère correspondre à ce qui se pratiquait dans mon nouveau domaine, je voulais entendre cette critique venue des femmes, il m'était important de me situer par rapport à elle.

J'arrivai ainsi, dans ma vie, à un moment de grande confusion, ayant perdu le socle que j'avais acquis de façon inconsciente, telle l'"empreinte" des oies de Lorenz, jusque-là. Il me fallait comprendre, et rebâtir.

Je n'étais pas philosophe, mais le mouvement de libération des femmes nous avait autorisées à oser partir de nous-mêmes, contre les évidences de la société alentour. Au colloque de Toulouse de 1982 qui marqua la naissance des études féministes, je proposai la première notion qui me semblait très importante et ignorée, celle d'*Identité épistémique* [53].

---

[52] "Quelques repères sur les savoirs sociaux. Pour unc expérience de communication", Interrogations sur les savoirs et les sciences : Implications, op.cit. p. 175-203

[53] "L'identité épistémique. L'insertion des femmes dans la recherche. Synthèse introductive", *Actes du Colloque Femmes, féminisme, recherches*, Toulouse, 1982, Editions Affer, 1984, 961-965.

- "De l'identité épistémique", *Actes du Colloque ...*, op. cit., 992-1000.

Chemin faisant, j'ai trouvé, au hasard des lectures, quelques compagnons de route sur ce chemin :

Pascal, bien entendu, avec ses esprits de finesse et de géométrie.

Le mathématicien Henri Poincaré : il pense impossible de dénouer sa querelle avec Russell, car elle dépasse la simple logique : ce sont des personnalités psychiques incompatibles qui s'affrontent.

Le mathématicien Hadamard observe que certains mathématiciens sont plus intuitifs et d'autres plus rigoureux, et qu'ils se complètent ainsi dans le travail des mathématiques qui ont besoin à la fois d'imagination et de rigueur.

- Cf " Objectivité et subjectivité en science : quelques aperçus" *Revue européenne des sciences sociales,* Tome XL, 2002, N°124, pp. 85-130.

-"Esprit de géométrie, esprit de finesse : vers une troisième culture ? " *Recherche en Soins Infirmiers,* n°79, L'INTERDISCIPLINARITÉ, 2004, ARSI, pp.31-43.

Je décidai d'examiner, en profondeur, différentes expériences de savoirs – mathématiques, physique, sexualité, féminisme - que j'avais eues pour trouver leurs points communs et leurs différences.

Je passai toute une année, très difficile, à ce travail, me débattant dans ce no-mans land, dans la solitude et très souvent l'angoisse : on croit avoir trouvé une pensée solide, mais le lendemain, elle a cédé comme neige au soleil, il faut creuser encore. On a parfois l'impression que la folie rôde.

A la fin, j'avais pourtant réussi à trouver les quelques *repères* dont j'avais besoin, "cailloux durs balisant les larges étendues du savoir incertain", simples mots qui me permettaient désormais de mieux faire circuler en confiance ma pensée. Ces repères m'ont été très utiles, et m'ont sortie de la confusion et du malaise qui allait avec, dans mes aventures téméraires à travers les savoirs et les sciences. [54]

Un glossaire répertoriait ces *mots* importants, et quelques *propositions* – à la manière des mathématiciens, mais aussi de Spinoza ... - explicitaient mes positions.

C'est ce texte que j'avais repris pour notre séminaire. [55]

Après l'idée d'*identité* venait tout de suite celle de *communication*, ou au moins, d'effort de communication, qui est la raison même d'être de la cité scientifique, la science étant par essence un travail de découverte/construction collective.

Cette communication, je l'avais vue fonctionner très bien en maths, basées sur la logique, pas trop mal en physique, où l'expérimentation était le critère dernier de légitimation. Elles étaient quasiment inexistantes dans les sciences sociales, où le langage manquait de précision, et où beaucoup d'inconscient était l'œuvre (comme le remarqua Moreau de Bellaing dans son intervention (cf supra).

J'avais par contre beaucoup apprécié la technique de "travail réciproque" que j'avais pratiquée dans un de ces groupes de développement personnel qui, venus de Californie, s'essayaient en France dans la suite de mai 68 et de la civilisation "psy" qui était en train de s'implanter.

---

[54] cf *Voyage mal poli à travers les savoirs et la science*, Paris, Éditions Tierce, 1980.

[55] Quand nous avons obtenu l'accord pour la publication des presses du CNRS Meudon-Bellevue, je pensai que je faisais, une fois de plus, l'expérience des mœurs encore très littéraires des sciences sociales : j'allais pouvoir publier un texte qui n'aurait été accepté dans aucune revue officielle, parce que nous avions accédé, grâce au séminaire, à un certain pouvoir de publication. L'autre leçon concomitante était qu'un livre pouvait s'avérer bien plus facile à publier qu'un article, qui se devait de passer par les fourches caudines d'un comité de rédaction.

Le "dispositif", selon le terme utilisé par la psycho-sociologie d'intervention, était le suivant : Deux personnes se font face, l'une parle, l'autre écoute sans l'interrompre pendant un temps donné ; puis les rôles sont inversés. Cela permettait, au lieu d'échanges souvent confus, à chaque personne de pouvoir dégager, selon elle, les points d'accord, les points de désaccord, les points aveugles (je n'ai rien à dire, cela est hors de mon champ de pensée). Cela me semblait aller dans la direction d'une communication approfondie dans les domaines où les bases de consensus manquent à peu près totalement.

C'est ce type d'expérience que j'ai voulu mener, en faisant lire mon texte à une dizaine d'amis et en leur demandant de se situer par rapport à mes "propositions" : étaient-ils d'accord ? en désaccord ? ou bien ne pouvaient-ils se prononcer, ma pensée étant en dehors du cadre de la leur ?

Peu comprirent ce que je voulais[56]. Seule une minorité comprit le jeu, et le joua.

Tel ne fut pas le cas de Françoise. Elle s'exprima avec une certaine véhémence, comme à son habitude, sur le savoir, la science, mais rata le jeu des "propositions". Cela ne m'étonna guère, et collait avec ce que je "sentais" (une des étapes du savoir que je propose) d'elle : une intelligence vive, toujours en mouvement, qui ne pouvait s'arrêter sur une seule proposition, mais avait besoin de circuler au large. Du moins en épistémologie, car on le verra plus loin, elle a su aussi être d'une grande rigueur classificatrice et logique dans ses travaux sur les NTR.

Ainsi s'accomplirent, en quelque sorte, nos différences. Françoise a trouvé son "bon objet de recherches" dans les NTR, et s'est lancée dans une bagarre éthique à ce sujet. "Obsessionnelle", j'ai continué à creuser ce filon d'une psycho-socio-épistémologie et autres problèmes identitaires qui se posaient à moi.

[56] Un ami mathématicien, qui m'avait encouragée pour mon changement d'orientation, trouva la démarche ridicule. Au contraire, une amie artiste, qui me semblait assez loin de la pensée logique, comprit et joua parfaitement le jeu.

Féminisme et science

En 2003, dans le cadre des études féministes, sur les femmes, sur le genre, désormais acceptées par l'Institution scientifique, Dominique Fougeyrollas-Schwebel et Claude Zaidman (1943-2005) écrivent un important article sur le vécu des femmes dans la cité scientifique :

Être femme dans la recherche, Sciences et Genre, CEDREF, 2003, pp 137-177

C'est une étude sociologique où une large place est faite à des témoignages de femmes, avec un rappel bienvenu sur l'historique de ce thème et de nombreuses références [57].

Je voudrais ici commenter la comparaison qui y est faite entre notre séminaire et un autre séminaire, contemporain, de 1980 à 1987, *Limites-frontières*, beaucoup plus informel et dont la base de départ se voulait résolument féministe. Il est "non-mixte, hors institution, mêlant chercheuses et non-chercheuses", et ayant opté pour "une approche féministe de la science à partir de l'expérience féministe et des théories féministes" (p. 166).

L'article remarque, par exemple, que lorsque Françoise se plaint de son expérience de doctorante en chimie, elle accuse l'autoritarisme de ses patrons, voire, les jeux de pouvoir de la cité scientifique, et ne met pas en cause la relation hommes-femmes.

Je suis bien placée pour savoir à quel point cette mise en cause est délicate à faire : si un patron juge mal mon travail, ou encore, s'il ne m'aime pas, il me semble trop facile d'incriminer sa misogynie (voire son antisémitisme). Je me souviens d'un cas où, après avoir subi une vive critique d'un patron, c'était un collègue qui m'avait parlé de sa

---

[57] Auxquelles je suggérerais d'ajouter, entre autres :
- le chapitre 9 de : Lévy-Leblond et Jaubert (coord) *Auto-critique de la science*, Seuil, 1973 (Ma proposition d'un chapitre blanc n'avait pas été retenue, comme il est reconnu dans l'introduction).
- J. Feldman : "Le Savant et la Sage-femme", *Impact : Science et Société*, 1975, XXV, 133-144.

Cet article m'avait valu d'être invitée au Nobel Symposium de Stockholm cité dans la référence suivante, et beaucoup d'émotions devant ce qui me paraissait une reconnaissance extraordinaire. J'avais tenu, dans cet article, à replacer la situation des femmes dans un cadre plus large, celui de l'élitisme de la science.
- J.Feldman : People, knowledge and science", *Ethics for Science Policy*, Report from a Nobel Symposium, Pergamon Press, 1979, 133-144.

misogynie. J'avais pensé alors qu'il était bien mieux placé que moi pour en juger.

Face à la complexité des relations humaines, seules les statistiques, qui permettent une vision globale, sont véritablement capables d'apporter la preuve des discriminations.

Je voudrais aussi corriger la vision trop optimiste qui me semble ressortir de cet article, d'un séminaire – le nôtre - pleinement reconnu par l'Institution, la preuve étant sa publication par des Presses du CNRS. Comme je l'ai expliqué, nous avons bénéficié du climat très ouvert de l'époque, et du combat mené par Francis Bailly à l'intérieur du groupe CNRS Meudon-Bellevue, pour que la science devienne, dans les labos mêmes, objet d'interrogations. Nos livres sont cependant toujours restés très marginaux. Les Presses de ce groupe ont disparu depuis, et apparemment, nos livres avec (sauf les exemplaires des bibliothèques universitaires) (cf Vignette *Presses du CNRS de Meudon-Bellevue*). Si Françoise a ensuite mené des combats qui l'ont fait reconnaître parmi les féministes et les media, moi-même, m'entêtant à creuser mon propre chemin, suis restée marginale – avec le confort, c'est vrai, d'un salaire régulier - aussi bien dans l'Institution que dans le féminisme.

Dans notre séminaire, nous n'avons jamais voulu mettre l'étendard féministe en premier. Il nous suffisait que nous le soyons, l'une et l'autre, profondément. Dans le combat entre "universalisme et essentialisme", nous étions du côté du premier. Je pense que les différences psycho-socio-historiques sont largement suffisantes pour expliquer les différences entre hommes et femmes dans la science. Le seul fait qu'une seule femme y "réussisse aussi bien que les hommes" – et elles sont évidemment de plus en plus nombreuses à le faire - suffit à prouver, selon moi, cette thèse.

Je rappelle aussi qu'avec la journaliste Anne-Marie de Villaine, suite au colloque de Toulouse qui institutionnalisait les recherches féministes, nous avions créé un groupe, "La Millénaire", qui tentait, à l'instar de "Limites-Frontières", un travail en commun entre chercheuses dans et hors institution. Une vignette lui ait consacrée plus loin (chap 3), avec les articles que Françoise a écrits pour un séminaire qu'il avait organisé.

Françoise Laborie
Les savoirs en questions : réflexions après coups

Interrogations sur les savoirs et les sciences. Confrontations.

LES SAVOIRS EN QUESTION, RÉFLEXIONS APRÈS COUPS

Françoise Laborie

Elle voulait savoir. Savoir comment être aimée de ses parents qui semblaient la vouloir savante. Savoir comment est fait le monde, comment il va et court vers l'inéluctable de l'Histoire : Marx et son père l'avaient dit : le développement des forces productives sous-tendu par les conflits sociaux ne sauraient manquer de faire advenir, dans la traversée d'une révolution, le socialisme où enfin seraient abolies les classes et leurs luttes et où chacun recevrait selon ses besoins. Chez elle, on se disait athée. Mais on croyait aux Lumières, à la Science terrassant les obscurités paralysantes, au Progrès des connaissances, aux vertus de l'enseignement laïque et obligatoire, au mouvement de l'histoire dans les luttes contre l'obscurantisme, la religion et le profit.

S'était engagée à la génération de ses parents une accumulation primitive de diplômes, et mise en place une relative aisance au maniement des savoirs et de la réflexion qu'il lui fallait poursuivre et sur lesquelles renchérir.

Faute d'être le garçon attendu, elle se devait de faire aussi bien. Sa mère, féministe aux années des «garçonnes» croyait à la nécessité d'une lutte pour l'égalité des sexes et misait sur sa fille pour accomplir ce qu'elle n'avait pas tout à fait réussi. Elle devrait avoir un métier où exercer ce qui apparaissait être une facilité à manier l'abstraction et la rigueur scientifique, métier où ce qu'elle gagnerait la mettrait à l'abri d'une dépendance pécuniaire à un homme (souhaitable néanmoins en tant que mari), métier enfin où elle serait à même d'apporter sa part à la nécessaire accélération des conflits engendrés par le développement des forces productives.

A aimer l'apaisement qu'apportait la résolution de difficiles questions posées en termes mathématiques, et le jeu des règles et concepts en cette discipline, qu'aimait et enseignait sa mère, elle réussit à entrer dans une école d'ingénieurs chimistes. Cet accès à la sphère de ceux qui agissent sur la matière pour la forcer en ses secrets et la rendre manipulable, monde de l'intelligence active et productive parut à ses parents être une réussite. Il ne s'était jusque-là agi que d'engranger des connaissances, des théories, accumuler des outils intellectuels pour se prouver et prouver à ceux qui étaient habilités à en juger qu'on était capable de répondre à des problèmes scolairement bien posés et circonscrits à l'intérieur d'institutions universitaires où les règles du jeu lui paraissaient suffisemment claires pour qu'elle n'eut pas de difficulté à se retrouver dans le lot des «bons élèves».

Elle ne s'était toujours pas posé la question de ce qu'elle voulait.

La recherche dont on parlait en termes nobles lui parut devoir prolonger cet état de grâce où le pur jeu intellectuel tenait lieu de conduite et où la découverte, la mise à jour de mécanismes jusque-là ignorés ou mal connus ne saurait manquer de maintenir ce qui était une jouissance de l'esprit. Elle devint chercheur en chimie organique, dans une spécialité «moderne» puisqu'elle concernait de nouveaux matériaux, les plastiques qu'on nommait scientifiquement macromolécules ou encore polymères.

Au cours de son travail de thèse, elle fit d'abord la rude expérience de la rencontre avec une idéologie élitiste qui faisait l'économie d'une analyse des conditions de production dans la recherche : le sujet de sa thèse fut choisi par son patron, comme on fait un mauvais canular. Ayant lu un matin dans une revue de renommée internationale une courte lettre à l'éditeur décrivant la découverte d'une nouvelle réaction de synthèse des polymères, il lui dit «A vous de jouer !». C'était un sujet très extérieur au champ exploré dans le laboratoire, elle y travailla absolument seule dans le temps même où les quatre signataires de la lettre s'avérèrent diriger chacun quatre à cinq chercheurs, lesquels publièrent rapidement force articles passionnants.

Lorsqu'elle proposa de changer de sujet de recherche, son patron refusa et ironisa sur le fait que la recherche consistait précisément à se montrer géniale, seule en sa tour d'ivoire et plus rapide à produire que les autres.

Elle comprit petit à petit et soudain violemment que les règles du jeu avaient changé sans qu'on l'ait avertie ni que le mode d'emploi en fut explicite. Il ne s'agissait plus seulement de savoir recracher à bon escient de larges parts du savoir précédemment assimilé et organisé, il fallait désormais s'alimenter en questions, en «bonnes questions», puiser en son for intérieur le désir de chercher, savoir le relancer, le mettre en acte et en parole car il fallait, elle le vit assez vite, être capable aussi de savoir convaincre de la pertinence de ses questions et de la rigueur des moyens envisagés pour les transcrire en expériences, manipulations ou avancées théoriques. Et ceci supposait à l'évidence l'entrée dans de curieux rapports sociaux où la rivalité, les rapports de force, les ruses, les séductions paraissaient essentiels. Et là on ne lui avait rien appris, l'enseignement scientifique qu'elle avait reçu, bien reçu, ne lui permettait en rien ni d'interpréter ni d'avoir prise sur cet aspect du monde.

De fil en aiguille, ou plutôt de distillation en sublimation, elle fit plusieurs constats difficiles. Si la passion de la recherche en animait certains, il semblait bien qu'elle fut laissée pour compte. Mais à l'époque, ce n'était qu'un très grand malaise où les difficultés dans son travail se mêlaient à celles d'avoir à élever un enfant encore petit, organiser une vie de couple déjà difficile. Et là, elle se sentait être une femme.

Arriva la soutenance de sa thèse, où il s'avéra que le déni qu'avait opéré son patron concernant l'importance de l'environnement scientifique sur les conditions de production, allait se retourner contre lui sous l'effet de divers rapports de force. Si, jeune ingénieur, elle avait vu ses pas guidés vers ce laboratoire par un académicien, sa soutenance de thèse fut essentiellement prétexte à régler des comptes à ce patron qu'on commençait à estimer peu crédible, voire gênant. Et si elle devint néanmoins docteur es-sciences, elle apprit à cette occasion et officiellement qu'il y avait de bons et de mauvais laboratoires, de bonnes et de mauvaises directions de recherche et que les réseaux de relations et les rapports de force avaient leur place dans l'estimation de la valeur d'un travail scientifique.

La commission chargée d'évaluer les travaux des chercheurs lui recommanda un autre laboratoire censé être «bon» ; celui-ci possédait tous les signes de la réussite : le patron assez connu écrivait des livres, faisait partie des comités de rédaction de plusieurs revues, publiait énormément, recevait de nombreux visiteurs étrangers, donnait lui même force conférences en des congrès internationaux, prenait des brevets, signait de nombreux contrats et siégeait à ladite commission d'évaluation. Bref, c'était un laboratoire dynamique et en ascension, on lui fournissait chercheurs et moyens.

Son sujet de recherche, choisi là aussi par le patron, s'avéra intéressant malgré une technique fort ennuyeuse et un travail quotidien répétitif et monotone. Intéressant, c'est-à-dire produisant des résultats inhabituels et grâce auxquels des hypothèses pouvaient se formuler. Était-elle satisfaite ? Pas vraiment. On pointait comme à l'usine, travaillait dans des sous-sols sinistres où s'irradiaient des molécules, il fallait produire intensivement des résultats expérimentaux, on n'avait guère le temps de lire l'énorme volume hebdomadaire de littérature scientifique ni de s'alimenter en idées, ce qui d'ailleurs, sans être dit, était plutôt le fait du patron qui imposait ainsi une «subtile» division du travail. La secrétaire tapait à tour de bras, la plupart des techniciens technicisaient en leur spécialité, d'autres étaient attribués à quelques chercheurs qui, bien que fréquentant de nombreux congrès ou colloques voyaient leur travail avancer,... D'horribles tensions se jouaient entre chercheurs et dans les relations avec le patron. Elle trouvait les sciences exactes assez inhumaines. Ceci d'autant plus que dans le temps même où elle produisait des résultats, elle observait que ceux-ci ne devenaient jamais publication portant son nom ; mais seulement conférences et nombreux articles signés de son patron seul. Elle n'avait guère sa part du gâteau, et commençait à risquer gros car son patron siégeant dans la commission chargée de la juger, (juge et partie) s'employait à vouloir la licencier afin de récupérer un poste précieux en ces temps de pénurie, sous le prétexte qu'elle s'intéressait trop à une réflexion sur la science.

Car là-dessus vint Mai 68. Elle participa sur son lieu de travail à une réflexion critique sur la science, qui lui fit préciser son malaise et s'interroger sur le sens de l'activité scientifique, analyser son rôle politique et idéologique, chercher à comprendre à quoi et à qui sert le travail scientifique. Elle accédait à une autre forme de savoir : réflexif, critique, collectif et militant.

Au cours de quelques années de discussions et bagarres pendant lesquelles elle demanda puis exigea de publier, elle constata que les refus de son patron s'habillaient d'allégations scientifiques : «L'hypothèse que vous avancez dans votre travail n'est pas suffisemment étayée ou prouvée...». Mais comment désormais publier sans son nom (et son autorisation) ce travail déjà publié par lui comme si c'était le sien, tout le monde n'ayant pas besoin des mêmes arguments pour faire la preuve d'une hypothèse,... Le temps passa, les menaces de licenciement se précisèrent, elle eut de plus en plus envie d'aller faire autre chose et et s'autorisa enfin à envoyer seule son manuscrit à une revue américaine avec laquelle il ne semblait pas que son patron eut de liens particuliers. Le «referee» accepta son manuscrit ; conseillée par certains membres de la commission du C.N.R.S., elle en avisa son patron qui fit le voyage aux U.S.A. pour faire pression et faire refuser le papier (car le directeur de la revue s'avéra finalement être son ami !).

Avec l'aide d'un appui syndical, elle put se rendre compte que le directeur de la revue américaine était lui aussi pris dans une contradiction : reconnaître la légitimité de l'avis de son «referee» ou celle de son ami. Il proposa de se retrancher derrière l'avis de la «communauté» des chercheurs qui la connaissaient (mesure du rapport des forces !), lesquels la soutinrent. La revue promit alors de publier ses articles et ils furent publiés.

De vérité scientifique en cette affaire : point !

Elle acquit donc à cette occasion un autre savoir sur la science : l'établissement de preuves ou de consensus dans le milieu de la recherche scientifique dépendait très largement de rapports de force légitimés par des positions différentes dans la hiérarchie du savoir.

Mais elle allait désormais poursuivre le mouvement réflexif sur sa relation aux savoirs et à la science qui s'était enclanché quelques années plus tôt. Et ceci en collaborant à divers mouvements critiques issus de l'après 68 : qu'il s'agisse d'une analyse critique de la science, ses modes de production, son triomphalisme hégémonique, mais aussi des mouvements de femmes où cherchaient entre autres à s'élaborer collectivement des réflexions sur la différenciation des rôles sexuels dans la production intellectuelle et théorique et la reproduction humaine, ou sur la division sexuelle des formes d'exercice des pouvoirs ou de la maîtrise.

Mais ce déplacement de sa position vis-à-vis de la science et des savoirs fut alimenté, par ailleurs, par la traversée qu'elle fit d'une psychanalyse qui l'amena à questionner son aptitude/inaptitude à se situer du côté de la maîtrise ou de la toute puissance (même provisoire) ; positions pourtant largement revendiquées et valorisées dans l'activité de recherche scientifique. Ne s'agit-il pas en effet d'être *le* meilleur, *le* premier à laisser sa trace en des terres vierges ou non encore conquises par le savoir, ou du moins *le* premier à venir compléter ou ériger un pan de connaissances non sans parfois «démolir», «faire la peau» à des collègues concurrents sous prétexte de remanier tout ou partie des corps de savoir précédemment établis ?

Position de maîtrise qu'elle ne voulait plus désormais être la sienne.

Et longtemps après, il s'avéra par ailleurs que les objets de «sa science», la chimique, ne semblaient pas être les «bons», ceux vis-à-vis desquels elle aurait pu se sentir inspirée ou créative, en ce qu'ils ne lui permettaient pas de relancer son désir de savoir. Faute d'offrir les traits qui leur auraient permis de se prêter au maniement imaginaire ou à la production de l'écriture, son désir ne s'y articulait pas.

Ce déplacement dans sa position de sujet se marqua dans le fait qu'elle quitta la recherche en «sciences exactes» pour glisser du côté des sciences qui se disent humaines et qu'on dit inexactes. Elle devint sociologue, afin que par ce changement de son rapport fantasmatique à l'objet, elle puisse, comme le fait la sociologie, s'intéresser aux êtres de parole.

A questionner les autres, les scientifiques sur leur travail, leur désamour ou amour de la science qui semblait bien exister pour certains, pourrait-elle ainsi d'une position de relative extériorité, poursuivre et reprendre après coup, après coups, ses interrogations, verrait-elle ainsi lui revenir sous une forme inversée réponses à ses questions, s'établir peut-être quelques repères sur leur, sur son désir de savoir ?

Elle est dans la re-cherche.

Actualisation

Il y a quarante ans, bientôt cinquante, nous avons participé à l'Histoire (avec sa grande hache, comme on dit parfois) : à la fois agents volontaires, conscients, et fétus emportés dans un mouvement global que nous percevions mal. Il est possible aujourd'hui de tenter un bilan.

Le pan de ce bilan le plus facile à faire, car c'est là où la réussite a été la plus incontestable, concerne *la place des femmes* dans la société : les jeunes femmes d'aujourd'hui peinent à imaginer ce que furent notre enfance, notre jeunesse, entre tabous, interdits, et obligations comportementales et vestimentaires. Avec surtout, surtout, la négation même du problème, à travers l'argument de "nature".

Nous avons contribué à une des étapes majeures de la très longue bataille de l'égalité des deux sexes : après la citoyenneté, qui concerne la participation des femmes à la gestion de la société – avec la bataille mémorable du droit au vote, lequel a moins d'un siècle en France -, nous avons conduit la deuxième étape, biologique, le droit à disposer de son corps – avec la bataille de la contraception et de l'avortement, ainsi que la reconnaissance de l'amour homosexuel. Et voilà que vient, à l'étonnement général, de se produire un nouveau soulèvement, une troisième étape : la dénonciation du harcèlement sexuel s'attaque aux racines même de nos identités genrées - stéréotypes acquis dès la naissance : masculin/viril/actif/dominant et féminin/passif/masochiste. On peut espérer que s'ouvre une nouvelle phase du développement humain, où les notions masculin/féminin ne sont plus considérées comme des essences issues de la biologie, mais comme des figures psychologico-comportementalistes issues de l'Histoire, dont il sera intéressant d'observer les survivances.

L'autre aspect de notre combat, la critique de la science, s'adressait à une réalité beaucoup plus complexe, et le bilan est en mi-teinte, car la science irrigue plus que jamais la société moderne, avec ses bons et ses mauvais aspects. Mais il y a eu des changements notables.

Nous avons mis à bas le *scientisme,* il a chuté comme allaient le faire, quelques années plus tard, les statues de Staline et de Lénine dans les pays de l'Est, avec la fin d'un régime qui s'était largement appuyé sur une idée sectaire et très souvent déviée de la science. Ne faisait-il pas appel à un schéma historique supposé scientifique, élément important de son pouvoir de séduction ?

Je remarque que je ne vois plus guère, dans les magazines qui traînent dans les salons d'attente, de référence directe à la science pour vendre des produits de beauté. La plus importante de ces industries cosmétiques, l'Oréal, a choisi une publicité qui se veut plus moderne et indirecte : un prix pour les femmes en science.

On entend désormais parler, plutôt que de scientificité, de "méthode scientifique", ce qui est beaucoup plus pertinent ; méthode plus ou moins facile à appliquer, selon les domaines de connaissance et leur complexité. Si la physique, en règle générale, reste la science des résultats "durs", ceux de la biologie donnent souvent matière à polémique, surtout dans le domaine sensible de la santé, où interviennent – de quelles manières ? – les puissants et riches laboratoires pharmaceutiques. Quant aux sciences humaines et sociales, leurs approches reposent sur des appréhensions de la réalité variées et non pleinement explicitées. La science n'est plus cette "évidence désarmante d'une forteresse une, lisse et indivisible, parée des atouts du vrai et de l'efficace", comme l'écrivait Michel Armatte, dans notre livre. On parle désormais volontiers des "controverses" entre scientifiques, devenus assez souvent de simples experts. Le phénomène social et politique du lobbying semble d'ailleurs définitivement être entré dans les mœurs.

Ces incertitudes conduisent à des phénomènes de croyance plus affectives que rationnelles, de défiance (théories du complot), d'hypercriticisme, ou même de revendication, par un président des États-Unis, de l'existence de "faits alternatifs".

Bref, notre société aurait bien besoin d'un nouveau débroussaillage rationnel des différents types de connaissance, tel que les Lumières l'avait entrepris au début de l'ère moderne.

L'*écologie*, très minoritaire et plutôt de droite, conservatrice, du temps du scientisme triomphant, a gagné droit de cité. Rappelons que ce sont surtout des universitaires mathématiciens qui ont lancé sa version moderne. Elle est devenu un thème politique essentiel, avec querelles d'expert, précisément, mais aussi un consensus toujours plus grand de la part des institutions officielles internationales mises en place pour la circonstance, se heurtant à de nombreux intérêts privés et puissants. De nouveaux styles de vie, mouvement commencé en mai 68 et allant s'amplifiant, se cherchent, avec plus ou moins d'échanges avec la "société dominante".

Demeurent à l'abri de ce flou les sciences des mondes infiniment grands et petits, du fait de la nécessité d'une rigueur de calcul et d'expérimentation, de leur coût, aussi, qui les protège, tandis que leurs résultats continuent à fasciner[58].

L'enseignement des "maths modernes" dès le primaire a fait long feu, on reconnaît qu'il s'est agi là d'une erreur de parcours. Les mathématiques n'en demeurent pas moins la matière reine, celle qui est utilisée pour sélectionner dans notre système éducatif dont la nature élitiste perdure. C'est qu'elle continue à s'implanter dans les disciplines qui sont au cœur du fonctionnement de notre société, l'économie et les sciences financières. En mai 68, le mathématicien Daniel Lehmann écrivait dans *Le Monde* un article où il s'étonnait d'être payé par la société pour une activité qui lui plaisait et lui semblait sans application sociale utile, une telle naïveté n'est plus de mise aujourd'hui.

Surtout, les mathématiques ont partie liée avec la *révolution numérique*, qui s'ébauchait seulement en mai 68 : algorithmes, intelligence artificielle, *data* et leur commerce, concernent maintenant toute notre vie et l'ont sensiblement modifiée. On ne peut plus se passer ni du smartphone, ni d'Internet.

Nous critiquions les aberrations de la mathématisation des sciences humaines, avides de se voir reconnaître le label "scientifique". En particulier, la création d'un prix Nobel d'économie par la banque nationale de Suède [59] en 1969 – profitant de l'alliance du scientisme et du capitalisme - est significative de la place désormais centrale qu'a prise l'économie dans notre société. Les sciences de la gestion ont suivi dans la reconnaissance par l'enseignement supérieur, se développant durablement sous des formes diverses, où le label de scientificité n'est même plus nécessaire. La rationalisation de la société qu'avait remarquée, en son temps, le sociologue, à l'origine ingénieur, Max Weber, est aujourd'hui poussée au point que ces "sciences de l'action" peuvent se contenter de proposer des décompositions de la réalité et des démarches qui trouvent leur justification dans une certaine efficacité in situ.

Nous avions ce schéma classique de l'éducation : les enfants de la *bourgeoisie* faisaient des études secondaires puis supérieures, qui leur

---

[58] Il n'est donc pas étonnant que les images de savants traditionnels se retrouvent dans ces disciplines, avec l'inusable popularité d'Einstein, et celle d'un Hubert Reeves, sachant expliquer avec simplicité et bonhomie les grands enjeux scientifiques et sociaux de notre temps.

[59] L'intitulé exact est : "Prix de la Banque de Suède en sciences économiques en mémoire d'Alfred Nobel". C'est un prix que n'avait pas prévu Nobel et avec lequel il n'est pas sûr qu'il ait été d'accord : son fils le compare à l'œuf déposé par le coucou dans un nid qui n'est pas le sien.

donnaient des diplômes d'ingénieur, par exemple, (ou médecin, ou avocat, ou professeur) leur permettant ensuite d'avoir de "bonnes situations" dans la société. La fin de la prédominance de l'industrie dans la société et le développement du commerce international, dans une mondialisation dont on commença à mieux percevoir les effets dans les années quatre-vingt, conduisirent à la généralisation des études secondaires, dont mai 68 avait déjà, à l'époque, été une première conséquence.

On vit alors le gouvernement de gauche élu en 1981 encourager l'*entrepreneuriat*, c'est-à-dire la réussite dans une société où la compétition s'était généralisée. Avec une perte de prestige nette pour les grandes professions de jadis et leurs valeurs intellectuelles et humanistes abstraites. On vit s'épanouir le *libéralisme économique*, pendant inattendu, indésiré, de l'esprit libertaire de mai 68. Les grands génies célébrés ont été ces jeunes qui, dans des garages selon la légende, bricolaient et bâtissaient la sphère d'Internet, avec ses nouveaux modes de communication - réseaux sociaux, avatars, blogs, sites.

Tout cela a sans conteste fait advenir une démocratisation de l'activité culturelle. Ainsi, la coupure entre ceux qui ont accès au monde de l'édition et les exclus n'est plus aussi forte : Internet permet de nouveaux moyens de diffusion. Et l'encyclopédie libre Wikipedia, qui apprend peu à peu à contrôler et améliorer les textes que tout un chacun peut proposer, répond bien aux souhaits des insurgés de mai 68 qui ouvraient la Sorbonne et les théâtres (désormais refermés) à ceux qui en étaient exclus.

Cette mondialisation est toujours impulsée en premier par les États-Unis, on voit donc triompher l'anglais, qui a envahi le français, que certains avaient tenté jusque-là de protéger [60].

La morale était réactionnaire, conservatrice, conformiste, bourgeoise, hypocrite, phallocrate. Le grand vent de libération de mai 68 l'a mise à bas. L'homosexualité n'a plus été honteuse et on discute actuellement de l'officialisation d'un troisième sexe. Mais une société humaine a besoin des notions de mal et de bien : l'éthique a alors quitté le domaine philosophique abstrait où elle était cantonnée pour se démocratiser, comme l'ensemble de la culture : elle laisse la liberté à chacun de ses valeurs morales.

---

[60] Un des derniers efforts, me semble-t-il, de contre-attaque à cet envahissement date de 1964 : *Parlez-vous franglais*, René Etiemble, Gallimard 1964.

En particulier, le développements des biotechnologies ont fait naître des comités d'éthique, sur lesquels Françoise a porté beaucoup d'attention. [61]

En réaction à la technisation/rationalisation toujours plus poussée de la société, l'autre face de l'humain, l'affectif, le personnel, le qualitatif, s'est aussi développé. La société "psy", à partir de l'exigence de mai 68 "partir de soi", a vu fleurir des démarches de vie proposées de partout, dont beaucoup tentent de conjuguer spiritualités traditionnelles orientales et méthodes de développement humain occidentales, allant de la psychanalyse, discursive, à des apprentissages mettant en jeu le corps. Après l'exploration, désormais terminée, des terres inconnues du globe aux siècles précédents, le 21ème siècle voit se développer l'exploration des divers continents psychiques et spirituels de l'être humain.

Les religions subsistent, certaines – ou des portions d'elles - ont su donner considérablement de mou, pour s'adapter au monde moderne ; d'autres – ou des portions d'elles - se sont au contraire durcies dans un refus haineux, revanchard, de la modernité.

L'effondrement des structures traditionnelles familiales, villageoises, nous a laissé.e.s libres, mais la liberté peut être difficile à vivre ; elle nécessite une identité solide. D'où cette explosion de recherches personnelles, cette exploration de nos mondes intérieurs, à la profondeur et la diversité inépuisables. Le philosophe Michel Foucault en a appelé au "souci de soi" (1984), après que son collègue Pierre Hadot nous rappelle que la philosophie antique n'était pas que développements intellectuels et rationnels, mais un exercice spirituel concernant des choix de vie. [62]

Du coup, on assiste à une baisse certaine de l'enthousiasme envers la science, devenue plus que jamais un métier comme les autres, où parfois les cités scientifiques semblent les derniers milieux sociaux à prendre conscience de l'importance des relations humaines dans le travail, prises en compte dans le secteur privé avec la GRH [63]. Il faut d'ailleurs noter, changement significatif, qu'on parle désormais beaucoup plus de souffrance au travail que de lutte des classes.

---

[61] Le 23 février 1983, après les Assises de la Recherche, le Président de la République François Mitterrand crée par décret, le premier Comité Consultatif National d'Éthique pour les sciences de la vie et de la santé. (Wikipedia)

[62] Pierre Hadot : *Exercices spirituels et philosophie antique.* Paris, Études augustiniennes, 1981.

[63] L'idée de Gestion des Ressources Humaines date de l'entre-deux-guerres.

Notre société présente ainsi deux pôles : d'un côté une compétition mondiale de plus en plus féroce, de l'autre ce que l'on nomme "care" aux USA, c'est-à-dire le souci des personnes, où les valeurs humaines entendent primer sur la rentabilité monétaire : médecines (officielles et officieuses), psychothérapies et spiritualités variées, religions "à la carte" ; bref, l'aide à tous ceux qui sont déportés hors d'une société "normale" parfois très inquiétante.

Opposition qui évidemment recoupe l'opposition traditionnelle "masculin" / "féminin".

Je n'ai pas voulu ici aborder une quelconque analyse des changements de la cité scientifique, il y a trop longtemps que je navigue en dehors d'elle. Peut-être la réception de ce livre fournira-t-elle quelques éléments de comparaison. Je dois pourtant signaler la petite bataille que j'ai tenu à mener avec les Éditions du CNRS, car j'aurais trouvé normal que ce livre, qui raconte le trajet passionné d'une chercheuse dans la recherche, soit édité par elles. Cela aurait été une suite "normale" (à mes yeux) de la publication dans les années quatre-vingts de nos livres "Interrogations sur les savoirs et les sciences", par les Presses du CNRS-Meudon-Bellevue (disparues aujourd'hui). C'est sans trop de surprise que j'ai perdu cette bataille, sentant bien que les priorités actuelles de ces Presses ne sont pas celles de cet ouvrage.

DEUXIÈME PARTIE

Batailles autour des NTR

J'aborde ici le champ principal de Françoise, celui où elle a passé le plus de temps, où elle s'est le plus engagée, qui l'a le plus passionnée. Elle s'y est montrée active, créatrice, féconde, et y gagné une reconnaissance internationale.

Elle a immédiatement perçu l'importance de ce qui se passait avec ces nouvelles méthodes qui venaient bousculer toutes nos idées sur la famille, la femme, la fécondation, la sexualité. Travailler dessus lui permettait de faire se rejoindre ses intérêts pour le corps, la biologie, le thème des rapports entre la science et la société, le féminisme. Et aussi d'engager son énergie dans des batailles d'idées, de valeurs, qui continuaient celles commencées en mai 68.

Nos chemins se sont alors séparés. Elle était vive, réactive, enthousiaste, courageuse, j'étais lente et avais besoin d'approfondir ce qui était mon "bon objet à moi" : la recherche de mon identité, au plan personnel et intellectuel. Nous avions eu apparemment un même trajet : passer du monde des sciences exactes à celui des sciences sociales et humaines. Nos expériences avaient été, de fait, différentes, en raison de ce que je nomme nos "identités épistémiques" respectives. Françoise avait une aisance dans le maniement des idées, des discours, elle aimait le combat intellectuel. J'avais besoin, pour ma part, de rigueur, d'approfondissement, donc de lenteur. Ces qualités, estimées nécessaires, "scientifiques", dans mon premier milieu professionnel, étaient loin d'avoir la même place dans mon nouveau milieu. D'où mon besoin de continuer ces "interrogations sur la science", dans un cadre qui dépassait celui des disciplines officielles, et que je nommai "psycho-socio-épistémologie"[64].

---

[64] En particulier, j'ai ressenti le besoin de travailler sur les deux notions d'objectivité/subjectivité dans la science, qui nous avaient parues importantes et neuves, au

C'est donc en position d'extériorité que je présente ici cette partie essentielle du travail de Françoise. Sans jamais me risquer dans le fond de son argumentation et de ses prises de position, par manque de compétence, je choisis ses articles – trop nombreux pour être tous reproduits ici - qui me paraissent les plus novateurs, et j'observe son cheminement, parfois seulement à travers les titres, les dates et les lieux de ses publications.

---

point de les utiliser dans le titre de nos livres, cf : 2002 – " Objectivité et subjectivité en science : quelques aperçus" *Revue européenne des sciences sociales,* Tome XL, 2002, N°124, pp. 85-130. http://ress.revues.org/577

1. La biologie, nouvelle science fondamentale

Un souvenir personnel : au début des années soixante, je commençais ma thèse en physique théorique à Copenhague, dans l'institut dirigé par Aage Bohr [65]. C'était un endroit réputé, très international. Nous avions des séminaires sur différents sujets qui nous concernaient. Sauf une fois, nous eûmes droit à un séminaire sur le code génétique.

Il avait été découvert en 1953, mais c'est alors qu'il commençait à être popularisé dans le grand public, avec le prix Nobel pour Watson et Crick en 1962 puis, un peu plus tard encore, par un livre de Watson (en 1968) [66].

Jusque-là, la physique avait représenté le nec plus ultra de la science, en raison des mathématiques qui en permettaient une description architecturée, "exacte", très souvent esthétique. Mais voilà que la génétique montrait elle aussi l'existence de structures fortes en biologie. Pour beaucoup de scientifiques, cette science apparut alors le nouveau domaine à explorer, et nombre de physiciens vinrent la rejoindre.

En 1972, était faite la première expérience de transfert de gènes et de clonage dans une bactérie. Allait suivre, en 1981, le premier clonage et la première modification génétique d'un animal (souris).

Avertis par ce qui était arrivé en physique, où des découvertes formidables intellectuellement avaient produit des bombes hyperpuissantes, ceux qui étaient soucieux d'examiner les relations entre science et société ne pouvaient manquer d'être inquiets sur les dérives possibles de ces "avancées" scientifiques et techniques [67].

[65] le fils de Niels Bohr (1885-1962), un des fondateurs de la Mécanique quantique.

[66] avec une polémique, plus tard, sur le rôle "oublié" d'une femme, Rosalind Franklin, dans cette découverte.

[67] Un comité d'éthique concerné par le sujet était créé en 1982.

Les manipulations génétiques

Dès 1975, le numéro 2 d'*Impascience* avait posé le problème des manipulations génétiques. "Les enragés de Pasteur" (encore un joli jeu de mots !) offrait un dialogue entre Q, qui voulait savoir et posait des questions, et R, qui lui répondait. En raison de l'anonymat, je ne sais qui était Q, mais cela aurait bien pu être Françoise. Il semblait toutefois apparaître, au cours du dialogue, que Q parlait au masculin. Mais cela ne pourrait-il n'avoir été qu'un "masculin générique" ?

Dans la suite directe d'*Impascience*, Françoise participe à un ouvrage collectif, qui paraît en 1980 :

Agata Mendel (collectif) *Les manipulations génétiques,* 1980, Paris, éditions du Seuil

Soit, chez l'éditeur qui a publié : *Auto-critique de la science*, de Lévy-Leblond et Jaubert, en 1973.

L'introduction nous explique qu'il s'agit d'une suggestion de J.-M. Lévy-Leblond, et d'une initiative de John Stewart.

> *De réunion en réunion, le collectif de rédaction a pris, aux environs de mars-avril 1978, à peu près la forme actuelle. Mais nous étions en bien plus grand nombre à participer aux premiers balbutiements d'Agata.*

Au fait, qui est Agata Mendel ? C'est "*la sœur tout à fait imaginaire de Gregor Mendel*", le moine tchèque fondateur de la génétique, à la fin du 19ème siècle.

> "*Nous lui avons choisi ce doux prénom d'Agata, d'après les initiales d'Adénine, Guanine, Thymine", trois des quatre bases qui forment l'alphabet du code génétique, et entrent dans la composition d'une séquence d'ADN, la molécule magique en double hélice. Agata Mendel est ainsi la véritable sirène des manipulations génétiques, fille hybride comme elles de la génétique mendélienne et de la biologie moléculaire. "*

L'anonymat est ensuite, dans cette introduction, partiellement (et toujours collectivement) levé :

Catherine Bousquet, Jean Deutsch, Geneviève Gonzy, Françoise Laborie, Michel Steinmetz, John Stewart sont les auteurs.

Comme il s'agit d'anonymat, nous ne pouvons connaître la participation de Françoise. Cependant, le chapitre 3 explique de façon très pédagogique ce que sont les "manipulations génétiques", avec un dialogue entre deux non-biologistes (dont une F. que l'on peut penser être Françoise), et deux biologistes.

Nous connaissons son souci de la clarté, de la didactique, et aussi du dialogue : nous avons vu, dans *Impascience,* celui avec son fils et ses camarades d'école sur les mathématiques modernes, et peut-être aussi, le dialogue pédagogique sur les manipulations génétiques que j'ai mentionné plus haut.

Voici reproduit le début ce dialogue :

Qu'est-ce que les manipulations génétiques ?
Agata Mendel (collectif)

Les manipulations génétiques, 1980, Paris, éditions du Seuil
Chapitre 3 (extrait) pp 53-55.

3. Qu'est-ce que les manipulations génétiques ?

Nous allons tenter ici de mettre à la portée du lecteur qui n'aurait pas de connaissances précises en biologie les informations nécessaires pour comprendre la technique des manipulations génétiques; c'est-à-dire à la fois son principe, les espoirs et les intérêts qu'elle suscite, les risques enfin qu'elle peut engendrer.

Essayant de renouveler le processus habituel de la vulgarisation scientifique, nous avons procédé en deux temps : d'abord en enregistrant une conversation à bâtons rompus entre quatre personnes, deux biologistes que nous nommerons J. et G. et deux non-biologistes, F. et B., sur la biologie moléculaire, la génétique et les manipulations génétiques proprement dites. Il nous a semblé intéressant de partir des questions des non-biologistes et d'écouter leurs commentaires (reformulés souvent sous forme de nouvelles questions) aux réponses des deux biologistes. Dans un second temps, à partir de cette bande magnétique, nous (biologistes) avons écrit un premier texte, en essayant de respecter « l'atmosphère » de la conversation. Cette réécriture, bien que non anodine, nous en sommes bien conscients, a surtout consisté à « resserrer » le texte, en éliminant les à-peu-près du langage parlé, les répétitions et les digressions trop longues. Le texte a ensuite été soumis pour critique aux non-biologistes.

F (une non-biologiste) : Pour commencer, j'ai une question à

53

vous poser. On va parler de gène, d'ADN, de manipulations génétiques, mais je voudrais d'abord que vous définissiez ce qu'est un chromosome. Pour ceux qui ne connaissent rien en biologie, ce qui est mon cas, c'est un des seuls mots qu'ils aient entendus à l'école. Alors, comment se raccroche cette notion avec l'ADN?

J (un biologiste) : Les chromosomes sont formés d'ADN et de protéines. Le nombre des chromosomes varie d'une espèce à l'autre; par exemple, pour l'espèce humaine, il y a 46 chromosomes groupés par paires, donc 23 paires.

F : Et les chromosomes se trouvent à l'intérieur des cellules?

G (une biologiste) : Oui. Plus précisément à l'intérieur du noyau de chaque cellule. Les cellules qui composent notre corps sont formées d'un noyau entouré d'un cytoplasme, le tout enfermé dans une membrane. Chez un individu, les chromosomes sont les mêmes dans toutes les cellules.

F : Donc, les molécules d'ADN sont les mêmes dans tous les chromosomes. Mais je ne comprends pas : toutes les paires de chromosomes sont identiques ou pas?

G : La paire de chromosome n° 1 est semblable dans une cellule de foie, de cerveau, de peau, etc., du même individu; de même pour la paire n° 2...

F : Mais la paire n° 1 n'est pas semblable à la paire n° 2?

J : C'est ça. C'est toujours de l'ADN qui compose la paire n° 1 et la paire n° 2, mais ce sont des molécules d'ADN différentes.

B (une non-biologiste) : Et les gènes, alors? Qu'est-ce que c'est, par rapport à l'ADN et au chromosome?

F : Un gène, c'est un morceau d'un long bout d'ADN? On peut se le représenter comme ça?

J : Oui et non. La biologie moléculaire classique dit qu'il y a des gènes et qu'à chaque gène correspond une protéine qui est codée par ce gène. Cela veut dire que l'ADN dont est fait le gène a une composition (on dit une séquence) bien particulière, et qu'il contient l'information pour la synthèse d'une protéine particulière.

F : Quand les biologistes disent « séquence d'ADN » implicitement ça veut dire que c'est un gène?

J : Non, pas forcément, ça peut être plus ou moins long que le gène. Le gène, c'est un morceau d'ADN d'une certaine longueur. En fait ce n'est même pas aussi simple et un des aspects intéressants des manipulations génétiques c'est qu'elles révèlent que c'est beaucoup plus compliqué que cela. On a même découvert récemment qu'un gène pouvait être découpé en plusieurs morceaux répartis à des endroits différents sur le chromosome et séparés par des morceaux d'ADN qui ne semblent pas correspondre à des protéines. Mais enfin, pour ne pas trop compliquer les choses, on peut dire que les chromosomes sont des structures linéaires très longues. Les gènes sont placés les uns à la suite des autres et chaque segment correspond à une séquence d'ADN et contient l'information nécessaire à la synthèse d'une protéine.

F : Tu dis que c'est linéaire et en même temps on sait que l'ADN a une forme de double hélice. Ça veut dire que la double hélice, c'est un grand bout qui est quasi linéaire et que c'est ça le chromosome?

G : L'ADN au niveau moléculaire, c'est-à-dire au niveau du dix millionième de millimètre, est en double hélice. Bon! Mais,

2. Le "bon objet"

En 1981, Françoise prend acte des développements nouveaux de la biologie et dirige, avec Jean Deutsch, le numéro 30 de la revue *Autrement* sur le thème : "L'explosion du biologique".

Elle demande ensuite, avec Jean Deutsch, Jean Francfort, Colette Hoffsaes et John Stewart, dans un numéro d'*Esprit*, (Oct/Nov 1981), "une régulation démocratique des sciences et des technologies".

Elle explique dans ses Titres et Travaux de 1992 pourquoi travailler sur le "corps" lui semble particulièrement bien venu dans son itinéraire. (extrait page suivante)

Puis arrive, en 1982, le "coup de tonnerre" de la naissance d'Amandine, le premier "bébé éprouvette" français. Cette fois, Françoise a trouvé son "bon objet" de recherche, et va se consacrer à une réflexion et un engagement autour des Nouvelles Techniques de Reproduction.

Françoise Laborie
Pourquoi le corps ?

Textes et Travaux, 1992 p. 15-18

[15] Il m'était apparu ... que *centrer son intérêt sur le corps est un choix particulièrement judicieux pour mener une réflexion sur les relations entre logiques sociales et logiques scientifiques.*

Le corps est en effet le lieu où s'inscrivent santé, maladies, jouissance, souffrance, sexualité, procréation, naissance et mort. La longue histoire des "traitements" de ces éléments et fonctions du corps atteste que celui-ci se situe *au carrefour du biologique et du culturel.*

De tous temps, sources de savoirs, de croyances, de pratiques ritualisées ou religieuses, de discours savants et profanes, de normes, ces mêmes éléments et fonctions sont aussi ceux à partir desquels et sur lesquels s'élaborent connaissances, discours et pratiques médicales jusques en leurs formes les plus scientifiques et les plus technologisées ...

A ce stade de mon cheminement, je cherchai un domaine où mettre en pratique l'ensemble des acquis théoriques et expérimentaux que j'accumulais depuis quelques années en sociologie. L'acceptation par la revue *Autrement* d'une proposition de J.K. Stewart (ancien généticien devenu sociologue), J. Deutsch (chercheur et enseignant de génétique moléculaire) et moi-même, de confronter "biologies scientifiques et biologies profanes", me donna l'occasion d'une première ébauche.

[16] Le numéro de cette revue a donc cherché à analyser logiques sociales et logiques scientifiques dans le domaine du vivant ...

Il a été montré que les différents discours sur le vivant – les biologies – s'échappent à tout instant et renvoient en permanence à d'autres instances sociales où "l'affectif, le politique, l'économique, l'éthique reprennent la parole". Ce numéro concluait de la sorte : le "biologique" en nous, certes a de l'importance, mais il n'a pas finalement le dernier mot. Décidément, nous ne sommes pas exactement "faits comme des rats", écrivions-nous avec humour, en contre-point du succès qu'obtenait à l'époque un film : "Mon oncle d'Amérique", qu'Alain Resnais avait réalisé, en forme de vulgarisation de certaines des théories sociobiologiques du comportement, présentées par Henri Laborit.

[17] Dans le même temps, je collaborais régulièrement aux travaux du séminaire "Éthique et pratiques bio-médicales" ... animé par S. Novaes. En 1981 ce groupe proposa sous la direction de F. Isambert, un projet : "Enjeux sociaux de la biologie" en réponse à une ATP du CNRS intitulée "Sciences, techniques et sociétés". Ma contribution à ce projet portait sur un thème nouveau pour moi, il s'agissant du "*choix du sexe de l'enfant avant la conception*"....

Ce qui m'intéressait le plus dans cette recherche, résultait du fait qu'une [certaine] "technique", issue de travaux de biologie – ayant donc un label de scientificité et de modernité, d'une part, liait d'autre part *oralité et procréation* et imputait implicitement ... la *prédétermination du sexe de l'enfant à naître* à des *phénomènes advenant chez la future mère*. A mes yeux, cette "technique" se présentait comme syncrétiquement tissée de connaissances récentes issues de la biologie, de théories de la sexualité infantile et enfin de connaissances/croyances/doctrines qui – du Moyen-Âge à l'âge baroque et à nos jours – avaient traversé l'histoire, non sans avoir marqué également l'histoire mouvementée de la biologie et des connaissances sur l'hérédité ...

[18] [Cette étude] rencontrait ainsi plusieurs de mes intérêts cognitifs majeurs et me permettrait de faire fructifier mes travaux antérieurs.

Françoise Laborie
Le bon objet

Textes et Travaux, 1992, p 18-20

En 1982, la naissance d'Amandine, "premier bébé éprouvette français" autrement dit première fillette née après recours à la fécondation in vitro, à laquelle avaient participé J. Testart comme biologiste et R. Frydman comme obstétricien, sonna comme un coup de tonnerre et vint fortement perturber la réalisation de mon projet. [68]

En effet, travaillant à la bibliothèque de la Faculté de Médecine où j'approfondissais les connaissances historiques qui me semblaient nécessaires à ma recherche sur "la technique alimentaire", un minuscule escalier suffisait pour me faire passer du calme de la petite salle d'histoire de la médecine aux bruissements de la grande salle de lecture où je pouvais immédiatement consulter revues et ouvrages contemporains décrivant les recherches et essais qui s'effectuaient dans le domaine de la fécondation in vitro.

En sociologie aussi, les choix scientifiques impliquent quelques risques.

Comme les biologistes moléculaires que j'avais étudiés, j'étais placée dans une conjoncture où je devais choisir entre deux stratégies scientifiques. Ne pas travailler rapidement sur la fécondation in vitro risquait de me rendre les choses très difficiles étant donnée l'allure à laquelle son développement s'accélérait. D'un autre côté, je faisais l'hypothèse que, si les livres d'histoire de la médecine pouvaient, sur leurs rayonnages, m'attendre, la fascination généralement manifestée par les obstétriciens et le public pour la fécondation in vitro risquait de m'empêcher, quelques années plus tard, de trouver femmes et médecins encore intéressés par la "technique alimentaire". Je risquais donc de perdre – à jamais – l'occasion d'effectuer une recherche passionnante.

[19] Je décidai d'étudier la fécondation in vitro....

Plus fondamentalement je crois, je compris à quel point la fécondation in vitro était "*un objet parfait pour moi*".

[68] Il s'agit du "choix du sexe de l'enfant avant la conception", cf texte précédent.

En effet, j'y retrouvais :

- la biologie...
- des liens entre biologie et médecine
- la stérilité et la reproduction humaine dont l'histoire atteste qu'elles reçurent l'une et l'autre à la fois des traitements médicaux et des traitements symboliques. C'était donc des domaines où *savoirs et sciences se confrontaient* et dans lesquels les phénomènes de croyances, de méconnaissance, de production de symptômes d'origine psychique avaient leur importance : je pouvais donc postuler que j'y rencontrerai *les effets de l'inconscient sur le champ social.*
- des *embryons au laboratoire*, dont on examine la croissance – comme le faisaient les biologistes moléculaires que j'avais étudiés.
- On évoquait déjà – pour la souhaiter et la craindre – la possibilité d'accéder au génome des embryons, de l'analyser afin de le sélectionner selon leurs "qualités". Éviter la naissance d'enfant porteur de maladies génétiques d'une part, *choisir leur sexe* de l'autre, constituaient des projets clairement annoncés par le Dr Edwards qui, en Grande Bretagne, permit la naissance du "premier bébé éprouvette" au monde.
- Les médias évoquaient enfin, non sans effroi, la possibilité d'intervenir, grâce à la technique des *manipulations génétiques* sur le génome des embryons.

[20] Aurais-je pu rêver de construire un meilleur objet ?

3. Ceci est une éthique

Les NTR, problème aux multiples aspects, riches de science, de vie, de corps, d'imaginaire, d'éthique, lui conviennent en effet parfaitement.

Elle publie aussitôt deux articles importants, ou plutôt, un gros article en deux parties, dans deux numéros successifs des *Temps Modernes* :

Ceci est une éthique. Bon dos ? Bon ventre ? Les mères porteuses ...
Temps Modernes, Janvier 1985, 1215-1255
Ceci est une éthique (II). Des mères porteuses.encore ...
Temps Modernes, Février 1985, 1518-1543

Sans doute son meilleur texte : elle y montre une implication passionnée allant avec une maîtrise des différents thèmes abordés, de façon quasiment exhaustive, me semble-t-il, en même temps qu'une mise en garde contre cette même maîtrise, on a déjà rencontré cela. Il lui permet la réunion brillante et solide à la fois des thèmes qui lui sont chers, et de coller avec cette nouvelle étape importante de la société, et même plus encore, du développement de l'humanité, cette jonction nouvelle de la reproduction et de la science se confrontant au changement de statut des femmes.

Et d'abord ce titre étonnant, évocation du célèbre tableau de Magritte [69], où elle contourne les prétentions éthiques des experts – combattre l'infertilité des femmes – pour examiner les différents aspects éthiques de la situation.

Voici, dans la deuxième partie, comment elle présente les différentes optiques qu'elle utilise :

(1520) *A force d'avoir resserré l'objectif, posé des questions au ras des textes écrits par le comité d'éthique, n'en serais-je pas arrivée à ne voir les choses que par le petit bout de la lorgnette ? Je prends ici une certaine optique qui impose le grand angle et le risque à ouvrir quelques hypothèses ou pistes de réflexion. Feront-elles ombre ou lumière dans l'entrelacs des questions abordées ci-dessus ? Je voudrais simplement que soit considéré ce qui suit, comme une lecture possible, la mienne, de*

[69] Le tableau, qui date de 1929, représente une pipe avec écrit : "ceci n'est pas une pipe". Il met en garde le spectateur contre les illusions des interprétations premières.

ce qui me semble pouvoir se jouer/être joué dans le scénario dit "des mères porteuses" et dans ce qui en a motivé interdiction et son urgence.

Elle choisit alors nettement le point de vue des mères porteuses, plus généralement des femmes, contre le pouvoir des scientifiques ; des femmes qui se jouent de la technique pour revenir, avec les mères porteuses, aux bons vieux moyens d'aide aux femmes stériles ; elle met en scène la confrontation des spécialistes techniciens hommes et des femmes, dénonçant "l'ordre illusoire de la maîtrise" (1518) et réhabilitant, d'une certaine manière, la folie hystérique, ces "femmes qui détournent les règles du jeu" :

(1521) *Car voici l'Oeuvre, le Chef-d'Oeuvre, le Grand-Oeuvre, réduit à néant par des femmes qui détournent les règles de jeu.* "

Suit une énumération de qualificatifs concernant ces femmes, qui osent défier le progrès scientifique :

"*Impertinentes ... ingrates ... têtues ... concrètes et courtes de vue ... provocantes ... rétrogrades ... complices ... femmes entre elles ... inconscientes ... simulatrices ou menteuses ... dangereuses ...*"

PANIQUE, HORREUR...

L'hystérie est de nouveau là qui menace ...

Après cette scène de démonstration d'hystérie, Françoise montre qu'elle sait se calmer, que c'était un simple effet de dramatisation :

Je redis plus calmement, moins spe(cta)culairement ce qui constitue mon hypothèse : Et si les mères porteuses (le pluriel de la formulation me semble devoir être noté) constituaient une des formes modernes de l'hystérie ... ?

Et elle poursuit :

(1523) *Hystérie ai-je avancé. Ici, je dois marquer un léger temps d'arrêt et me risquer à faire détour par la théorie analytique, pour tenter de me faire comprendre, non sans craindre de susciter une illusion de clarté, ou un empressement à conclure.*

Toujours cette mise en garde où se rejoignent, me semble-t-il, son passé de scientifique attaché.e à donner les limites de son travail, et les précautions de la psychanalyse, qui se reconnaît d'abord interprétative.

Françoise a trouvé son bon objet, elle se lance, elle se lâche, c'est comme un feu d'artifice où, en particulier, elle devient historienne de la libération des femmes dans leurs rapports à la science et aux médecins (qu'elle fait partir de la pilule contraceptive de Pinkus :

(1215) *La contraception chimique, première intervention de la recherche en biologie sur le corps des femmes, fait "origine" à plus d'un titre.*

Elle mène aussi une analyse pointilleuse de deux textes : "*Document de travail sur les problèmes éthiques posés par le recours aux "mères de substitution*" et "*Avis sur les problèmes éthiques nés des techniques de reproduction artificielle*", rédigés par le Comité consultatif national d'éthique pour les sciences de la vie et de la santé" (1984) [70].

Logicienne, elle relève ses "glissements" – *de l'intérêt de l'enfant aux droits de l'embryon* (1237) -, les absences – on évoque très peu l'argent (1251) :

(1532) *Faut-il rappeler que la relation de l'appareil génital féminin à l'argent n'est pas chose nouvelle. Et que si certains s'offusquent - selon leurs termes, des locations ou ventes d'utérus – les sociétés organisent, laissent faire, voire taxent les locations de vagins, sous les diverses formes de la prostitution.*

Logicienne encore, elle construit le tableau de la "syntaxe nouvelle" de la reproduction.

Dans une note, elle fait état de sa propre histoire : elle a eu deux mères, la première travaillant, l'a confiée à une autre femme, histoire banale.

Et cette réaction de gros bon sens, au sujet des complications que pourraient entraîner le recours à une mère porteuse, argument de ceux qui sont contre :

(1537) *Je ne vois rien d'horrible à cela ! ça n'est certainement pas simple à vivre, mais y-a-t-il quelque simplicité à vivre tout court ?*

Oui, je pense que rarement un tel article a été écrit, qui ne pouvait que brusquer les attentes habituelles de la cité scientifique des sociologues, d'où sa demande, lucide et quelque peu ironique, dans ses Titres et Travaux, d'arriver à convaincre, après le public, ses collègues.

Dans ses remerciements de fin d'article, Françoise souligne l'importance d'un contexte de confiance :

---

[70] Wikipedia : le Comité consultatif national d'éthique pour les sciences de la vie et de la santé (CCNE) a été créé en 1983 après la première naissance par Fivete en 1982

(1543) *Je tiens enfin à remercier tous ceux et celles qui, à des titres divers, ont facilité l'accouchement de ce texte, que j'inscris sous mon nom. Outre les auteurs cités, au fil des pages, je fais référence à ceux, à celles dont non seulement les discussions, critiques, remarques, apports de documents, lectures en cours de travail, points de vue, mise en forme dactylographiée, mais aussi dont l'écoute, la tendresse et la diligence ont constitué "la matrice sociale" du corps du texte.*

Françoise Laborie
Ceci est une éthique (I)

Temps Modernes, Janvier 1985, 1215-1255

Françoise Laborie *

CECI EST UNE ETHIQUE

Bon dos ? Bon ventre ? Les mères porteuses...

En guise de préambule.

S'interroger sur les modes de production du champ de la science dans la société, son rôle, ses effets, dessine bien évidemment un immense territoire, déjà fort balisé. Je ne peux ici que resserrer fortement l'objectif, et examiner quelques aspects impliqués dans les liens nouvellement tissés entre science, éthique et reproduction humaine.

Peut-être vais-je d'abord partir d'un rappel historique en choisissant une origine : la contraception chimique (« la pilule »), première intervention de la recherche en biologie sur le corps des femmes fait « origine » à plus d'un titre.

— Cette découverte d'une molécule qui stoppe l'ovulation, fut la réponse d'un biologiste (Pincus) *à une demande posée par des femmes* américaines.

— Cette réponse inaugure l'ère d'une possible « maîtrise sur le corps », car il s'agit avec ce procédé, de bloquer l'ovulation d'une façon quasi certaine, et donc de *réaliser efficacement la rupture du lien entre sexualité et procréation.*

— C'est de ce point de vue que je considère, pour ma part, comme *décisive dans l'histoire des femmes, la découverte de ce mode de contraception.* Il ouvrit, en effet, tout un champ de possibles.

— Ce faisant, *éthique et politique furent immédiatement*

* Sociologue CNRS - Paris.

convoquées. D'une part, poser la contraception comme décisive dans l'histoire des femmes, renvoie à une prise de position qui ne limite pas l'analyse de l'oppression des femmes à celle de leurs places dans les rapports sociaux, mais la situe aussi et d'abord au niveau de la sexualité, de la reproduction, du corps.

D'autre part, il faut rappeler ici que l'information sur ce mode de contraception ne s'est en rien répandue comme une traînée de poudre, à la manière par exemple, dont on peut voir actuellement se généraliser dans le monde occidental les articles sur la fécondation in vitro.

La morale dominante jusque dans la seconde moitié des années soixante n'allait guère dans le sens d'une désaliénation des femmes à leur biologie en ce qu'elle les contraignait à la maternité. Parler de contraception se faisait à voix basse, et se procurer la pilule n'était possible que grâce aux médecins du Planning familial. Bon nombre d'autres la refusaient. Et si les médias à l'époque n'aidaient guère à faire connaître tout ce que fut le travail du « Planning familial », ils furent au contraire fort nombreux à produire articles et titres retentissants sur les risques qu'allait provoquer ce mode de contraception. Et même si la loi Neurwirth date de 1967, il fallut attendre 1973 pour qu'un quelconque médecin acceptât de donner l'ordonnance nécessaire à l'achat de « la pilule ». Il y eut jusqu'à cette date, des pharmaciens pour en refuser la vente au nom de leur éthique.

Tout ceci dans un contexte où par ailleurs, les avortements fort nombreux et encore très souvent mortels pour les femmes se pratiquaient clandestinement et contre la loi qui les interdisait et ceci pour encore plusieurs années.

Qu'il y fallût la pression des luttes de femmes, pour qu'enfin la loi de 1975 rendît l'avortement dépénalisé est aussi à rappeler, ainsi que la résistance et le refus qu'opposèrent certains médecins à le pratiquer à l'hôpital, selon la méthode dite d'aspiration ou Karman.

Et si, dans ces revendications, il s'agissait bien du rapport des femmes à la maternité, c'était sous la *forme nécessairement première de l'empêchement des inéluctables grossesses,* l'évitement de la maternité.

Ce sont ces acquis de la contraception et de l'avortement qui ont permis, entre autres choses et en un *troisième temps, l'ouverture à la question du désir d'enfant.* Car il me [1] semble vrai de dire que du côté du mouvement des femmes, il y eut toute une période (jusqu'à la fin des années soixante-dix ?) où cette question me paraît avoir été assez longuement évincée, évitée, voire censurée ou refoulée [2].

Comme si, alors que le discours dominant avait assigné « le féminin » à être, essentiellement, par essence, par définition, spécifié ou réduit à la maternité, des femmes cherchaient à se démarquer de cette position, en occupant une place que je dirai symétrique, ou en miroir. Dans ce temps où, des preuves étaient (sont) à fournir, encore, et toujours, que les femmes aussi pouvaient penser leur vie, pouvaient être « savantes », pouvaient faire « comme les hommes », ceci s'est fait au prix de « l'oubli » de la reproduction, de la maternité dont on ne voulait plus rien savoir [3]. Comme si la pensée des femmes dans sa multiplicité, et en quête d'une identité qui ne se résume pas à la question de l'oppression, mais pense celle de la différence, ne pouvait précisément, et en pleine contradiction, avancer qu'en niant, déniant, occultant une part de cette différence : celle qu'on ne pouvait affirmer sans la dévaluer, sans se sentir dévaluée. A être dans la passion du même, du maître, à vouloir faire aussi bien, aussi mâle que les hommes, des femmes ont exercé une autocensure sur la question de la maternité, territoire qu'on leur avait concédé, et ce faisant ont refusé de penser la différence.

Différence, non pas seulement anatomique ou biologique (les femmes et leur utérus, leur appareil reproductif...) mais aussi différence dans leur rapport symbolique et imaginaire à la mère, la maternité, la filiation ; le corps, la séduction, l'amour. Différence dans leurs rapports à la « production » non seule-

1. Je ne prétends pas ici — et ce n'est pas le lieu — brosser *l'histoire* du mouvement des femmes par rapport à ces questions, mais seulement en esquisser *mon* point de vue.

2. Et ceci, peut-être essentiellement dans les fractions du mouvement qui se disaient « féministes », à la différence de celles qui, comme « Psychanalyse et Politique » ou le groupe des « Femmes Mariées » soutenaient une réflexion dans ce champ.

3. Pour certaines féministes, il ne s'agissait pas d'un « oubli » mais d'une stratégie fondée sur l'analyse que la maternité n'est pas « fonction des femmes mais fonction des hommes opprimant les femmes ». Sur ce point, lire *Féminisme et philosophie,* thèse de 3e cycle de Rosi Braidotti, Paris I, 1981.

ment d'êtres vivants ou de parole, mais aussi de savoirs et savoir-faire, de concepts, de théorisation. Différence dans leurs modes d'approche ou d'exercice de la puissance, voire de la toute-puissance, et du pouvoir.

Et il me semble évident que pouvoir se poser ces questions, n'a été possible aux femmes qu'après s'être rendues libres par rapport aux contingences de la biologie. Et certes, ces questions sont fort vastes et fort complexes et l'exercice d'une liberté aussi nouvelle ne va pas sans difficultés ni contradictions ; d'autant plus me semble-t-il, qu'elle est placée sous l'ordre de la *maîtrise,* dont on peut voir après coup, ce qu'elle peut contenir d'illusions, voire de difficultés ou de pièges et notamment au titre de la rupture sexualité-procréation.

En effet, ce qui touche à la sexualité et à la procréation, est fort loin de ne relever que de la biologie et ce qui touche au désir (désir sexuel, non désir/désir d'enfant) fort éloigné de la maîtrise. Ainsi par exemple, ce qui du point de vue d'une rationalité simple aurait dû, en bonne logique, faire qu'une grande majorité des femmes accepte la contraception s'est révélé faux. Les demandes d'avortements sont encore fort nombreuses, et il semble bien qu'au registre des désirs, il faille aussi introduire le désir de grossesse non nécessairement subsumé sous le désir d'enfant. Et les choses sont encore probablement ici très schématisées.

Dire, comme je l'ai fait, qu'il y a eu oubli, ou censure d'une réflexion autour de la question, « Qu'est-ce que désirer ou vouloir un enfant ? » n'est pas faux. Cependant, formuler l'hypothèse suivante : n'est-ce point ce manque de réflexion ou de parole, ce refoulé de la question, qui semble faire retour sous forme de passages à l'acte, ou de demandes pressantes pour réaliser ce qui se présente comme *droit à l'enfant,* fût-ce sous les formes de « *l'enfant à tout prix* », est davantage risqué.

Car cette hypothèse, se soutient d'un implicite : la parole est ce qui permet d'y voir plus clair dans cet immense brouillard. Ouvrir une parole, n'est pas pourtant postuler quoi que ce soit d'une possible « maîtrise » — ceci est mon éthique — peut-être naïve, même si elle n'ignore pas la part d'inconscient qui préside au registre du désir.

Cependant, force est de constater que c'est dans le sens d'un imaginaire de la maîtrise que les choses évoluent. Du

« Faire un enfant si l'on veut, quand on veut » à « Faire un un enfant, malgré tout, à tout prix », se dessine un mouvement où l'on en vient à « programmer la maternité [4] » le plus « parfaitement possible [5] », où l'enfant est posé comme représentant d'un capital affectif et narcissique tel que s'impose la nécessité de le concevoir le plus soigneusement et minutieusement possible. Ce qui revient à faire une mise considérable sur l'enfant dont on attendra (avec quelles désillusions ?) qu'il tienne les promesses engagées sur lui — et notamment celle de restaurer le couple de ses parents en son essence de couple. Hier un couple faisait un enfant, en sommes-nous à l'ère où l'enfant fait le couple [6] ?

Ce mouvement en rencontre un autre : celui du déplacement des recherches des spécialistes de la fécondité vers des stades de plus en plus précoces de la procréation. La mortalité infantile ayant considérablement diminué dans les pays occidentaux, la médecine de la petite enfance laisse place à une obstétrique et à une médecine fœtale (diagnostic prénatal, échographie, amniocentèse). Depuis peu, se mettent en œuvre une médecine de la fécondation artificielle in utéro (IAD), des conceptions par fécondation in vitro et enfin une médecine qui, avec le choix du sexe de l'enfant, travaille aux stades antérieurs à la procréation. Ne s'agit-il pas d'un mouvement qu'on pourrait qualifier de dérive vers L'ORIGINE DES ORIGINES ?

Ce double mouvement s'alimente et fait flamber l'imaginaire du fantasme de maîtrise, voire de toute-puissance, fût-il masqué du côté des scientifiques sous la « couverture » [7] aux couleurs de l'utile ou du progrès lorsqu'on peut rabattre les recher-

4. Selon une expression de Laurence Gavarini, sociologue enseignante à Paris VIII dans une unité dénommée : « La maternité programmée. »

5. Non sans risque d'invite à l'eugénisme. Je pense ici, par ailleurs, à l'entreprise de constitution d'une banque de spermes des prix Nobel, où « le génie » est postulé d'origine génétique et transmissible directement à l'enfant.

6. Je renvoie ici à l'interview du Dr. A. Trounson, qualifié de « Père australien des enfants-éprouvettes » par le Dr Escoffier-Lambiotte (*Le Monde,* 18-19 nov. 84) : « Il y aura plus de couples avec enfant, stabilisant ainsi l'unité familiale. Nous avons vu en Australie que ces couples-là, divorçaient très peu. »

7. Selon une expression de Testard, spécialiste de la fécondation *in vitro,* dans une interview publiée dans *Libération* (26 mars 84).

ches dans le champ de la thérapeutique (dépistage de certaines graves maladies génétiques par exemple, ou liées au sexe, stockage de tissus pour greffes éventuelles).

Y a-t-il eu génération du second mouvement, celui des scientifiques, en réaction au premier, celui du mouvement des femmes qui, dans les années 70, clamait « Notre corps nous appartient [8] » ? Si génération il y a eu, peut-être faut-il aussi analyser quelle fut, quelle est, la part de la demande (teintée de refus) de prise en charge des femmes par la médecine, quand on a en mémoire la longue histoire du couple : médecin/femme, ou maître/hystérique, où la seconde ne cesse de tancer le premier à produire du savoir, de la maîtrise, pour conclure ou faire en sorte « que ça ne soit pas ça ».

Dire que, cependant, se poursuit le contrôle médical sur la sexualité, la reproduction, la fécondité des femmes, sera néanmoins répété. Après avoir éliminé les sages-femmes de l'accouchement, au début du xxe siècle, les médecins s'intéressent aux processus physiologiques de la reproduction qui, jusqu'à une période très récente restaient l'affaire, la propriété des femmes.

Continent noir, objet de mystère et de convoitise, territoire privilégié où battre en brèche la toute-puissance féminine (fantasmée ou non) le champ de la reproduction devient lieu d'exercices et de prouesses techniques et de promesses relayées par divers médias dans un assez large assentiment que n'éveillait certes pas la contraception ; lieu enfin, non seulement de compréhension, mais de manipulation active par les médecins des mécanismes de la reproduction humaine.

C'est, me semble-t-il, un des lieux de revanche possible d'une toute-puissance médicale et biologique masculine sur un territoire féminin. Qu'il s'agisse du contrôle technologisé et visualisé de l'utérus enceint et du fœtus (ce faisant quasiment toutes les grossesses deviennent « à risques ») ou du contrôle de la fécondation in utero ou in vitro, la lutte contre les maladies héréditaires liées au sexe ou contre la stérilité, ne servirait-elle pas d'alibi ? Alibi certes louable socialement, mais alibi néanmoins à des recherches qui pourraient bien viser à faire

---

8. C'est l'analyse que fait A. Fouque dans le n° 1045 du *Nouvel Observateur*, où elle avance que « la question désormais primordiale, c'est de savoir qui va gagner — les biologistes ou les femmes — la guerre de la production du vivant. »

que le médecin ou le biologiste soit celui (l'homme, le papa) qui assurera le développement complet de l'embryon in vitro, sous sa coupe, à son œil, à sa botte. Des scientifiques en mal de maternité [9]... Ne serait-ce pas un des fantasmes des biologistes et des médecins ? S'attaquer à ce qui est (était) spécifiquement terre des femmes, en mettant à mal la liaison jusque-là incontournable : sexe féminin/production du vivant ?

Et il est à remarquer que l'on sait déjà rendre « les femmes pondeuses » en faisant que plusieurs ovocytes soient produits simultanément ; on sait aussi extraire ces ovocytes du ventre des femmes, peut-être bientôt les congeler, les stocker en des banques comme cela se fait déjà pour le sperme, réaliser leur fécondation au laboratoire. Place forte (mais pour combien de temps ?) de « l'appareil génital » féminin : placenta et utérus ne peuvent encore pas être extraits du corps des femmes, ni mis en fonctionnement en leur absence, ni en l'absence de l'embryon.

Où les choses se compliquent, c'est que précisément cette liaison de l'enfant à l'utérus, est déclarée par les médecins, les juristes, et une large part du corps social comme étant celle qui fait LA MÈRE, si pas la FEMME, dans une définition univoque. Et l'on verra plus loin que c'est justement cette univocité qui est mise à mal, refusée dans le cas de figure dit « des mères de substitution », mais aussi dans certains relevant de la fécondation in vitro.

Se posent donc des questions essentielles, éthiques et politiques notamment, même si elles ont pu être masquées un temps sous la « couverture thérapeutique » qui promeut la notion de progrès pour l'humanité. Et même si le rythme de la course d'abord supposée puis « imposée » par la science, et enfin posée comme inéluctable, laisse peu de place et de temps à une réflexion, dont le rythme est beaucoup plus lent, sur l'immensité des problèmes ouverts.

Là-dessus, surgissent dans la hâte et la pression, les demandes de médecins et biologistes que des règles ou des lois définissent les territoires ou les frontières du licite. On convoque des « experts » de l'éthique et les réunit en comités locaux et nationaux pour formuler des questions, des remarques, faire

9. Selon une expression de C. Singer (*Le Monde*, 25-12-83).

des propositions et fixer les bornes de l'interdit et du permis, à la fois, dans le cadre des lois actuelles et dans l'éventuelle perspective de lois nouvelles. Mais il faut ajouter que les « usager(e)s » des technologies proposées par les scientifiques sont absent(e)s de ces comités [10].

Or dans le temps même où s'opère la double poussée d'un contrôle du corps des femmes et de la revendication du droit à l'enfant, les biologistes eux-mêmes, notent une augmentation des cas de stérilité féminine [11]. Comment entendre cette remarque faite presque en incidente ? Sans doute d'abord comme : « il y a davantage de stérilités qui se déclarent ». Car la « réalité » est ici aussi et d'abord (?) celle d'une dénomination, d'un étiquetage. Mais, ce qui se déclare à travers le symptôme de la stérilité, est fort peu envisagé comme une question, encore moins une mise en question et si c'est entendu comme une souffrance, il y est répondu comme à un besoin (d'enfant).

Je voudrais simplement (?) faire remarquer que si biologistes et médecins s'offrent à entrer au service du désir de l'autre, (le couple) ne parle-t-on pas de médecine du désir ? s'offrent à rendre imaginairement et concrètement *possible,* ce qui jusque-là relevait de *l'impossible* (après échec de tout traitement de la stérilité), c'est au prix de « ruses » et d'artifices qui s'inscrivent dans le droit fil de la coupure entre sexualité et procréation, et qui « en rajoutent » du côté de la coupure. On promeut, selon la méthodologie scientifique, la dissociation de chacune des étapes de la procréation et l'on propose concrètement en plusieurs cas, et théoriquement pour plus tard, que puisse être remplacé un quelconque organe défaillant, ou fournie par un tiers la matière manquante du fait de ce dysfonctionnement. Et les possibilités sont vastes !

Or, ce sont ces mêmes médecins et biologistes qui consta-

---

10. P. Thuillier, journaliste spécialisé dans la biologie, à la revue *la Recherche* et auteur de nombreux livres et notamment : *Les biologistes vont-ils prendre le pouvoir ?* (Ed. complexes 1981) faisait en un débat public à Beaubourg le 22-11-1984, à ce sujet une comparaison : tout se passe, comme si pour discuter de la qualité des produits offerts à la consommation, on ne convoquait que les industriels ou les vendeurs, en absence de toute représentation des consommateurs.

11. Testard : *Libération,* 26 mars 1984.

tent que bon nombre de cas de stérilité sont pour eux incompréhensibles, « idiopathiques » selon le discours médical, ne correspondent en rien aux anomalies observables ou mesurables à l'aune des connaissances actuelles de la biologie (comptage des spermatozoïdes, évaluation de leur vigueur ou leur mobilité, état de l'appareil génital féminin). Certains d'entre eux ne postulent-ils pas déjà qu'une meilleure connaissance des processus hormonaux ou cérébraux pourrait apporter une réponse ?

Ce sont pourtant les mêmes qui savent et disent (parfois) que des couples ayant demandé et obtenu une insémination artificielle avec donneur (IAD) font de la sorte un premier enfant, puis un second par les voies dites « naturelles », ce qui s'observe aussi chez des parents adoptifs. Les mêmes qui savent pour l'avoir rencontré qu'un donneur de sperme, célibataire et sans enfant, peut revenir quelques années plus tard déclarer sa stérilité à l'heure où il veut un enfant [12].

Redire que sexualité et génération mettent en jeu beaucoup plus que la biologie, et s'opposent en bien des points à toute maîtrise, me semble un euphémisme, un truisme, qu'il est pourtant utile de rappeler, à l'heure où les choses vont si vite qu'on se retrouve engouffrés dans le vortex des découvertes scientifiques, posées comme progrès, nécessités ou contingences irréversibles avec lesquelles, sauf à être « réactionnaire », il *faut* avoir à faire.

Non que je prône ici un retour à « La Nature » dont on sait par ailleurs qu'il n'y a que des définitions relatives, socialement et culturellement différentes et dont on sait aussi quels usages en ont été et en sont encore faits [13].

Je veux seulement faire remarquer que si la société occidentale me semble avoir fait le double pari et de l'éviction de la mort (et de sa ritualisation), et d'une mise à la raison de la vie, y compris dans ses origines, toutes sortes de phénomènes sont là pour rappeler que *quelque chose résiste à cette recherche de maîtrise.* Echecs de la contraception, avortements ou stéri-

12. Propos recueilli au cours du débat public à la BPI de Beaubourg le 22-11-1984 sous le titre : « Des bébés éprouvettes aux enfants de la science ».

13. Si je n'entre en rien ici, dans l'analyse des usages du concept de Nature, ce n'est certes pas faute de mesurer l'ampleur et l'intérêt de la question, mais il y faudrait beaucoup plus que ce préambule.

lités « incompréhensibles », voire baisse du taux de la natalité, n'en seraient-ils pas des exemples [14] ?

*
**

LES MÈRES PORTEUSES N'AURAIENT-ELLES PAS BON DOS ?

> Analyse du « Document de travail sur les problèmes éthiques posés par le recours aux " mères de substitution " », et du texte intitulé : « Avis sur les problèmes éthiques nés des techniques de reproduction artificielle » rédigés par le Comité consultatif national d'éthique pour les sciences de la vie et de la santé (23.10.84).

Je resserre encore un peu l'objectif, pour examiner divers points concernant les « mères porteuses » [15] non sans partir ici, de ce qui fut d'abord ma perplexité. S'il est, comme je l'ai dit, d'ores et déjà fort difficile de penser toutes les questions évoquées plus haut, je ne peux manquer d'être frappée de l'extrême urgence, et de l'extrême tranchant avec lesquels en France (mais c'était déjà le cas en Grande-Bretagne) le Comité National d'Ethique, le ministère de la Santé, le Conseil de l'Ordre ont dit aux « mères porteuses, c'est non [16] ».

Et je voudrais tout d'abord examiner un certain nombre d'arguments avancés dans ces textes, les analyser, pour formuler quelques hypothèses qui me paraissent devoir expliquer cette position.

---

14. Je voudrais signaler que le colloque « Maternité et féminisme » organisé en janv. 1984 à Paris par le groupe « La Millénaire » avait précisément pour visée d'aborder plusieurs des questions esquissées ici.

15. Parmi les diverses dénominations : mère d'accueil, maternité à bon marché ou par procuration ovaire mercenaire, location ou prêt d'utérus, ventres à vendre, mères de substitution, je choisis celle de « mère porteuse », qui me paraît ouvrir à la polysémie du mot mère et indiquer que s'il y a bien maternité du côté de celle qui porte l'enfant, il peut y en avoir une autre, selon une autre définition. Le terme « mère de substitution » utilisé par le Comité National d'éthique me paraît évoquer les substitutions (ou vols) d'enfants.

16. Titre en 1re page du *Quotidien du Médecin*, 2, 3 novembre 1984. — Dans le *Quotidien du Médecin* du 25 septembre 1984, en 1re page :

1) *Légitimité/illégitimité d'une prise de position ?*

Le Comité d'éthique, s'interroge lui-même (à la 15e des 28 pages du document) sur sa légitimité à se prononcer sur cette question. En effet, comme il le remarque « Aucune *indication liée aux impératifs de la recherche* ne pousse le Comité à formuler des règles éthiques pour encadrer cette pratique. » Et dans le texte (Avis, p. 2), il rappelle quel est le champ de sa mission : « Elle a pour point d'appui la science et la recherche, et sa composition en fait une institution d'abord faite pour se prononcer sur des questions proprement scientifiques. L'expérience de ses membres ne l'habilite que partiellement à trancher ces questions où il n'y a encore que peu de recherche et au contraire beaucoup d'interrogations éthiques et sociales — qui viennent d'être évoquées. » Concernant les mères porteuses, point de recherche, en effet, ni « d'acrobatie biologique » [17] ni de « procédé biologiquement lourd » [18].

Mais si le Comité prend position, c'est qu'il estime que « les problèmes posés ne se règleront pas d'eux-mêmes » et que « si la collectivité est appelée à prendre position, *elle mettra en jeu des questions éthiques dont la réponse importe au comité, et peut retentir fortement sur l'ensemble du contexte dans lequel se déploient les nouvelles techniques de la reproduction* » (souligné dans le texte — Doc., p. 16).

Ne peut-on s'étonner, si la réponse de la collectivité importe au comité, qu'il ait *par avance* pris position ?

« Georgina Dufoix au *Quotidien*, je ne peux pas laisser s'organiser un marché de location d'utérus. »

— Dans *le Monde* du 1er novembre 1984 : « La location d'utérus ne devrait pas être organisée. »

— Dans le *Bulletin de l'ordre des médecins* (nov. 1984) « Le découpage en deux de la fonction maternelle constitue une voix expérimentale certainement imprudente, et ce procédé, biologiquement lourd de conséquences (du fait des échanges intimes entre l'enfant et l'organisme maternel) est humainement anormal. Après la naissance, de graves risques sont à redouter, d'ordre moral, d'ordre psychologique... Quant à sa commercialisation, elle constitue une atteinte à la dignité de la femme. »

17. Formulation du Pasteur A. Dumas selon R. Clarke ; *in Les Enfants de la science*, Stock, 1984, p. 147.

18. Selon le Conseil de l'ordre des médecins.

Mais cependant, avançons et partons du fait, ici énoncé que cette prise de position retentira fortement sur le contexte dans lequel se déploient les nouvelles techniques.

Diverses considérations (que j'examinerai plus loin en détail) amènent le Comité d'Ethique à poser que l'intérêt de l'enfant est un des critères de réponse (Avis, p. 3) aux questions posées par les nouvelles techniques de la reproduction.

C'est donc une boussole qui devra le guider, non sans qu'il se réfère aussi au fait que « *l'embryon n'a jusqu'à présent aucun statut* » (Avis, p. 2).

Par ailleurs, le Comité d'Ethique passe d'un point de vue sur *l'intérêt de l'enfant* à celui du *droit des parents* (sans autre précision) et du droit des parents à une interrogation sur le *droit qu'ont les parents à avoir des enfants.*

Ceci me semble constituer de singuliers et dangereux glissements que je suppose être de deux types : glissement concernant d'une part le contenu des énoncés ; la place de l'énonciation du comité, d'autre part. Car il ne me semble pas que le droit des parents (sur l'embryon ou l'enfant) subsume le droit des parents à avoir des enfants. Et glisser de ce que le comité dit être « le champ de sa mission » à celui qu'il arpente, en s'instituant en instance légitimée à poser *ses* valeurs en des domaines où il ne semble pas avoir été convoqué, me paraît indiquer un élargissement du territoire d'où il s'autorise à énoncer sa position.

Concernant la forme ou la structure de son discours, je dirai que la dénégation, ou le désaveu en constitue, si pas la clé de voûte, du moins un pilier. J'en donne ici un exemple, mais ce ne sera pas le seul :

« Nos habitudes nous ont jusqu'à présent conduits à nous immiscer le moins possible dans cette liberté des libertés, qui est la décision d'un couple d'avoir ou non un enfant. Tout est organisé, pensé comme si les parents, avec leur médecin pour les conseiller, étaient seuls face aux décisions à prendre » (Avis, p. 1).

« Est-ce que toute personne a le droit, à toute condition, d'avoir un enfant ? » (Avis, p. 2).

Cependant, le comité estime que devrait être envisagée une « procédure plus ouverte et qui organise de façon plus solennelle la consultation et l'audition de tous les secteurs d'opinion.

Les citoyens dans leur diversité devraient y être associés », consultation que le comité serait prêt à organiser et animer si les moyens administratifs lui en étaient donnés (Avis, p. 2).

Examinons maintenant de quelle manière et selon quels arguments, le comité d'éthique a fondé son Avis, ainsi que les questions et conséquences qui peuvent en découler.

Ma boussole ici cherchera à mettre en évidence ce qui m'apparaît comme les contradictions, difficultés logiques ou incompréhensions inhérentes aux deux textes analysés et que je citerai sous les références « Doc. » et « Avis ».

Et peut-être vais-je d'abord partir de ce qui est présenté comme « nouvelles techniques de la reproduction », et dégager, afin de clarifier les choses ce que je nomme la :

2) *Syntaxe de la génération d'un enfant.*

Le Document (pp. 2-3) cite diverses possibilités issues des développements récents de la science et des techniques dans le champ de la reproduction humaine : insémination artificielle avec sperme du conjoint (IAC) ou d'un donneur (IAD), fécondation in vitro (FIV) c'est-à-dire : prélèvement d'ovocyte, fécondé au laboratoire par un spermatozoïde qui produit un embryon, lequel est alors réimplanté en un utérus. Dans le cas de cette dernière technique (FIV) il est envisagé qu'une femme « dans l'incapacité de produire elle-même l'ovocyte en reçoive un, issu d'une autre femme, ou reçoive un embryon fécondé par ailleurs. Et aussi qu'une femme « acceptant que soit réimplanté chez elle un embryon résultant d'une fécondation in vitro, porte jusqu'à terme un enfant, destiné dès sa naissance à être élevé par d'autres parents, qu'il s'agisse du père génétique de l'enfant ou de toute autre personne » (Doc., pp. 2-3).

Je représente schématiquement et pour y voir plus clair, les diverses possibilités ici évoquées, ainsi que celles impliquées, dans les situations suivantes : conception « traditionnelle » d'un enfant, mère porteuse et adoption d'un enfant.

Je veux cependant faire remarquer que le point de vue scientifique oblige ici à passer d'une considération des personnes humaines à celle de leurs organes impliqués, ce que le comité d'éthique nomme : les « trois *agents* (qui) interviennent dans le processus de reproduction » (c'est moi qui souligne) (Avis, p. 3).

Le tableau présenté ci-après, et qui, je crois représente la « Syntaxe de la génération d'un enfant », sera ici commenté brièvement : On peut voir que, de la conception qualifiée de « traditionnelle » à l'adoption, s'opère un glissement des « éléments » en jeu, de la gauche vers la droite du tableau. Autrement dit de la place de ceux que j'intitule « parents demandeurs d'enfant » (en ce qu'ils se nommeront du terme de parents à l'heure où l'enfant s'élèvera chez eux), vers celle désignée par « sujets donneurs ou de substitution » en ce qu'ils se placent en position de donner/abandonner tout ou partie de ce qui « biologiquement » fait l'enfant.

Semblent y faire exception, les cas de l'IAD et celui de la mère porteuse. Il n'en est rien, car ce n'est que pour la clarté du tableau que j'ai choisi de représenter, groupés, les divers cas de fécondation in vitro (les quatre derniers sont numérotés de un à quatre). Le cas de la mère porteuse, identique au cas n° 3 de la FIV, eût du s'inscrire entre les cas n° 3 et n° 4. Quant au cas de l'IAD, il pourrait logiquement être aussi réalisé avec la technique « fécondation in vitro » (fécondation par le sperme d'un donneur, d'un ovocyte prélevé chez une femme ayant une stérilité « tubaire » et dont le conjoint est, lui aussi, considéré comme stérile).

On remarquera aussi, que les six premiers cas situés dans la partie supérieure du tableau sont ceux où l'utérus de la mère demandeuse est engagé, à la différence des six autres.

Et si j'entre plus avant dans la présentation faite par le comité d'éthique des situations qu'il envisage, c'est que j'y relève quelques contradictions logiques concernant ce qui m'apparaît être un des points centraux de la question : le concept de *mère*.

3) *De quelle mère s'agit-il ?*

Dès le second paragraphe du Document, il est rappelé « qu'il est devenu possible de prélever chez une femme, quelques jours après la fécondation, un embryon non encore dépendant de

PARENTS DEMANDEURS D'ENFANTS			SUJETS DITS DONNEURS ou DE SUBSTITUTION				
MÈRE		PÈRE	FEMME		HOMME		
Utérus	Ovocyte	Sperma-tozoïde	Utérus	Ovocyte	Sperma-tozoïde		
X	X	X					Conception « traditionnelle »
X	X	X					IAC
X	X				X		IAD
X	X	X				FECONDATION IN VITRO	Prélèvement d'ovocytes
X		X		X			Don d'ovocyte
X				X	X		Don d'embryon
	X	X	X				1
	X		X		X		2
		X	X	X			3
			X	X	X		4
		X	X	X			Mère porteuse
			X	X	X		Adoption

l'utérus maternel et de le réimplanter chez une autre femme » (Doc., p. 2).

S'évoque alors la possibilité oubliée (?) par la suite d'une fécondation in utero (A) puis réimplantation de l'embryon in utero (B).

Ici est mis en avant le primat d'une maîtrise technique sans que soient précisés ni la forme de la demande de cette opération, ni si elle a été faite par Mme A ou Mme B, ni si le spermatozoïde fécondant sera celui du conjoint de Mme A ou Mme B. Laissons ce dernier point de côté pour l'instant, et examinons ce qui se passe pour les femmes. On ne sait pas :

1) si Mme A a demandé qu'après fécondation d'un de ses ovocytes et réimplantation de l'embryon chez Mme B, l'enfant conçu lui soit confié. Ici Mme B ne serait que porteuse ;

2) ou si Mme A a demandé qu'un de ses ovocytes ayant été fécondé, l'embryon obtenu et réimplanté chez Mme B, devienne l'enfant de Mme B.

Dans le premier cas, l'enfant serait donc génétiquement issu de Mme A, après avoir été porté par Mme B, et déclaré « enfant de Mme A ». Dans le second, l'enfant génétiquement issu de Mme A, porté par Mme B, est déclaré « enfant de Mme B ».

Le seul point qui me paraisse clair est que peut s'envisager le *don d'embryon,* lequel, à ce stade du raisonnement, diffère du *don d'enfant* puisque l'embryon réimplanté chez une autre femme, y deviendra *son* enfant bien qu'il ait été conçu en un utérus déclaré « maternel ».

On voit donc déjà que l'implicite de cette position est de distinguer embryon/enfant.

Mais examinons de plus près les possibilités inscrites dans la phrase suivante, qui soudain, contre toute logique de la rigueur scientifique, en sa méthodologie de la division des étapes, me semble fort condensée, en vérité. Une femme « acceptant que soit réimplanté chez elle un embryon résultant d'une fécondation in vitro, porte jusqu'à son terme un enfant, destiné dès sa naissance à être élevé par d'autres parents, qu'il s'agisse du père génétique de l'enfant ou de toute autre personne » (Doc., p. 3).

Seul point clair :

— L'enfant obtenu par *fécondation in vitro* (je souligne) sera élevé par une femme qui ne l'aura pas porté.

— Rien n'est dit sur l'origine de l'ovocyte.

— Le spermatozoïde fécondant pourra être (ou ne pas être) celui de l'homme qui élèvera l'enfant.

Il me semble que 4 cas de figure peuvent correspondre au territoire dessiné par la formulation ci-dessus. Ce sont ceux que sur mon tableau j'ai nommés 1, 2, 3, 4, où l'on peut voir que l'utérus de la future mère, demandeuse d'enfant, n'est jamais « utilisé », à la différence de tous les autres cas de figure. Et je redis ici que le cas n° 3 reproduit exactement la situation des mères porteuses, à la différence essentielle près qu'il est réalisé par fécondation in vitro, laquelle nécessite évidemment l'intervention des biologistes ou des médecins.

Par ailleurs, dans son « Avis », le comité d'éthique se contente (page 3) de préciser que le cas des mères porteuses sera très différent du cas n° 1 où l'enfant aura le patrimoine génétique de ses parents, certes ! ; (cas n° 1 sur lequel il ne se prononce pas pour l'instant, et qui sera envisagé avec l'ensemble des problèmes liés à la fécondation in vitro).

Cependant et toujours dans ce texte (« Avis », p. 3), du cas n° 1 sur mon schéma, on dit que l'enfant aura une « mère ovulaire » et une « mère utérine ». L'éclatement ou la dislocation de la notion de mère est ici évoquée sans autre commentaire. Mais des enfants nés par « mère porteuse », il est dit qu'ils n'auront qu'une mère, n'introduisant pas ici le doublon « mère utérine/mère sociale » qui, dans le cas de l'adoption pourtant, fonde la reconnaissance des « parents adoptifs ».

Autrement dit, si le bastion qu'est le concept de mère est en train de voler en éclats, ne serait-ce supportable ici qu'au profit des définitions biologisantes ? Et faudrait-il donc qu'une femme pour être mère y engage au moins un de ses ovocytes, si pas son utérus ?

Revenons au document de travail dans lequel il est précisé qu' « il n'entre pas dans la mission d'un comité d'éthique *destiné à étudier les conditions du développement scientifique* (c'est moi qui souligne) d'aborder sa tâche avec un *a priori* de méfiance à l'égard de ce qui serait artificiel, comme opposé aux lois de la nature » (Doc., p. 8).

Et s'il précise plus loin que « l'artifice vient ici de ce que la reproduction, processus complexe, est dissociée » (p. 8), la phrase suivante que je cite in extenso, si elle permet d'envisager très « libéralement » toutes sortes de possibilités, essentiellement au plan social (naissance d'enfant après la mort du père, ou chez un seul parent et si elle pose en particulier la distinction des parentés génétique, de gestation, d'éducation ou d'affection), est par ailleurs fort confuse en ce qui concerne le lien de la mère à l'embryon ou à l'enfant.

La reproduction... « Accomplie et décidée de concert par un homme et une femme, *menée à bien par l'association de l'embryon et de cette femme,* elle peut ne plus être décidée ensemble et en même temps. Elle peut être décidée mais différée dans le temps. Les parents génétiques peuvent n'avoir aucune obligation à l'égard de l'enfant à naître ; *la mère peut limiter sa responsabilité à la gestation.* Des enfants peuvent naître longtemps après la mort de leur père. Parenté génétique, parenté de gestation, parenté de l'éducation et de l'affection prennent des voies séparées » (Doc., pp. 8-9) (c'est moi qui souligne).

Dirai-je que le flou des formulations est tel, qu'il m'a fallu m'y arrêter, sans arriver à y introduire de véritable clarté.

Comment entendre les phrases suivantes ?

1) « *La reproduction* (est) *menée à bien par l'association de l'embryon et de cette femme.* » De quelle femme s'agit-il ? Le contexte laisse supposer qu'il s'agit de celle qui décide de la reproduction. Mais pour comparer avec la mère porteuse, chacune des deux femmes n'a-t-elle pas décidé de la reproduction ? Celle qui ne portera pas l'enfant l'a décidé aussi, et pourtant elle ne sera pas « associée » à « l'embryon » mais élèvera l'enfant, y sera associée.

2) « *La mère peut limiter sa responsabilité à la gestation.* »

a) Est-ce à entendre comme, ayant accouché, la mère peut accepter que l'enfant né « ne soit plus sous sa responsabilité » autrement dit, soit élevé par une autre femme. C'est ce que le contexte de la phrase immédiatement précédente laisse entendre. Dans ce cas, il s'agit d'une mère porteuse dont le comité d'éthique envisage donc la possibilité (mais serait-ce seulement dans le cadre de la fécondation in vitro ? et si oui : pourquoi ?).

b) Mais ceci peut s'entendre aussi de cette façon : le minimum des minimorum nécessaire pour qu'une mère soit mère est qu'elle ait été en gestation, autrement dit qu'elle ait porté l'enfant qu'elle élèvera ensuite.

Et dans ce cas, la logique de cette position, est la suivante :

Sachant que du point de vue de la biologie, diverses dissociations de la reproduction sont réalisables, il y en a une et une seule qui ne peut l'être : c'est celle de l'enfant à la mère qui l'a porté et qui l'élèvera.

C'est ce qu'affirme actuellement la loi française qui déclare mère la femme qui accouche.

Si donc il faut entendre la phrase de cette seconde façon, mes commentaires seront :

1) Si la mère *peut* limiter sa responsabilité à la gestation, le *doit*-elle ? Y a-t-il obligation à cela ?

2) Si oui, à quels critères se réfère-t-on ici ?

3) Et pourquoi rappeler ici la mère à sa responsabilité ?

Mais pour tenter de poser ici un repère : il me semble que le point essentiel de toute cette élaboration vise à :

1) permettre en l'état actuel des choses que s'échange un embryon entre deux femmes,

2) envisager, pour le futur, que s'échange un enfant. A condition : que tout ceci soit fait après fécondation in vitro.

4) *L'intérêt de l'enfant.*

Cette notion, essentielle aux yeux du comité d'éthique, a pouvoir de référent pour questionner à partir d'elle « la vocation des parents à accueillir l'enfant » (Doc., p. 25).

J'examinerai cette question ci-après, mais je veux, d'ores et déjà indiquer que cette notion de première grandeur, redouble d'importance dans le cas de la mère porteuse car elle ouvre à celle :

a) *de l'anonymat*

« Les problèmes font partie d'un ensemble commun à tous les couples qui recourent aux techniques nouvelles, mais ils se posent plus vite dans le cas des mères de substitution en raison de *l'obligation de définir ouvertement les relations entre les parents potentiels et la mère qui porte l'enfant.* » (C'est moi qui souligne) (Doc., pp. 12-13).

Obligation, on le sait qui n'existe en rien dans le cas de l'IAD, où le père génétique, le donneur, *doit être* laissé dans l'anonymat, et où ne sont jamais questionnées les éventuelles difficultés ou conséquences que peut entraîner pour un enfant, le trou noir de l'anonymat sur une partie de sa filiation. Là encore, l'implicite ne revient-il pas à poser que l'incertitude du côté du père, inscrite dans la structure, n'est plus à questionner, le père étant alors celui qui reconnaît l'enfant et l'inscrit sous son nom ? Alors que la certitude doit être assurée du côté de la mère, à entendre comme celle qui a porté l'enfant. Et c'est de ce point de vue aussi, qu'en symétrie avec les règles éthiques des CECOS, ou banques de sperme (non questionnées par un quelconque comité, ni opinion publique [19] depuis la dizaine d'années qu'ils existent), on pose la nécessité de garantir l'anonymat de la mère porteuse. En effet le comité (qui parle alors à la place d'une entité « les candidats parents » supposée homogène, et dont on connaîtrait par avance l'opinion sans l'avoir consultée) affirme :

« Les candidats parents comptent bien sur le secret de la naissance, mais il a pour seul point d'appui le secret entourant l'accouchement. Or ni la mère qui met au monde l'enfant, ni l'intermédiaire ne sont juridiquement tenus au secret. Et, s'il devait être envisagé de légiférer pour donner une base juridique à cette obligation, cette démarche irait à contre courant de l'évolution qui conduit *l'enfant véritablement abandonné à réclamer le droit de connaître ses origines*, et notamment d'avoir la possibilité de connaître grâce à cela certains éléments de son patrimoine génétique » (Doc. pp. 23-24) - (c'est moi qui souligne).

Encore une fois d'une part, le droit pour l'enfant de connaître ses origines n'a jamais été postulé, ni posé, ni imposé dans le cas de l'IAD, fut-ce dommageable pour lui.

D'autre part, on voit ici se profiler un élément qui amènera le refus aux mères porteuses... (ce ne sera pas le seul).

Le raisonnement du comité est le suivant :

---

19. Ne peut-on pointer une certaine mauvaise foi dans la remarque suivante : « Il est certain cependant que tous les patients n'ont pas un égal accès à toutes les techniques, même les mieux éprouvées comme *l'insémination artificielle. Mais la collectivité n'est pas suffisamment choquée pour réclamer avec insistance une définition juridique du statut de ces services* (Doc. p. 1). A-t'on donc attendu, que la collectivité fut choquée, pour se prononcer sur le cas dit « des mères porteuses » ?

Un enfant doit connaître ses origines, c'est-à-dire sa mère ; or il faut garantir l'anonymat de la mère porteuse, donc ce cas de figure est impossible.

b) *du lien mère/enfant.*

Je cite le document de travail :

« De plus, ce que l'on sait des influences réciproques de la mère et de l'embryon pendant la période de gestation laisse penser qu'il est particulièrement léger d'envisager une coupure systématique entre l'enfant et celle qui l'a porté. Enfin cet enfant qui comme tout enfant adopté aura probablement à connaître, en vertu des idées actuelles, la vérité de sa naissance, devra s'accommoder de l'idée que sa mère l'aura porté pour le donner, ou se séparer de lui. Ici encore les recherches psychologiques ne sont pas à la hauteur des questions que l'on peut imaginer, notamment en cas de difficultés ultérieures de cet enfant dans ses rapports avec les parents qui l'auront élevé » (Doc. p. 24).

Le comité se réfère à ce qu'il en est des influences réciproques de la mère et l'enfant pendant la gestation. Elles existent, semble-t-il, en effet, et surtout à penser comme bain de paroles mais qui, si elles existent et ont leur importance, ne me semblent pas « peser aussi lourd » (ce n'est qu'une hypothèse) que tous les liens d'amour, parole, échanges, regards qui se tisseront, dès sa naissance, des parents à l'enfant. Une remarque incidente ici, mais qui a son importance, car elle postule le primat du biologique sur le social :

Si les *recherches psychologiques* ne sont pas à la hauteur des questions que l'on peut imaginer concernant les rapports parents/enfants ou mère/fœtus pendant la période de gestation, faut-il se référer aux progrès de la connaissance des mécanismes hormonaux ? En l'état actuel des choses, ce n'est *« pas encore possible, loin de là »*, mais ne sent-on pas une attente de ce côté-là ?

Je cite :

« Cet embryon peut être réimplanté artificiellement dans l'utérus et subir une gestation normale, il en est ainsi grâce aux progrès de la connaissance des mécanismes hormonaux. Mais ces progrès, n'ont pas encore, loin de là, permis de cerner la relation d'interdépendance qui naît entre l'embryon et la mère pendant cette période de gestation. » (Doc. p. 3).

Et ne s'agit-il pas de faire flamber l'imaginaire de la peur lorsque le comité pose d'abord que la mère porteuse en tant que « femme enceinte n'a rien de particulier », puis évoque l'éventualité d'une maladie chez elle, ou celle d'un « accident ». Faut-il ici redire, que du point de vue du discours de la science, et notamment des connaissances biologiques et statistiques, la probabilité de maladie ou d'accident est ici la même que dans la population globale. Les mères porteuses pourraient-elles n'être pas « bien portantes » [20] ?

Je voudrais maintenant reprendre ici certains éléments d'une analyse fine et fort bien documentée, de l'implicite et des conséquences de « La référence à l'intérêt de l'enfant » telle que l'a développée Irène Thery en sa thèse [21], où elle s'interroge :

« Qu'entend-on par « intérêt de l'enfant » ? Comment est-il apprécié ? Indéfini et peut-être indéfinissable, s'agit-il d'un concept juridique ? » ajoutant aussitôt : « De plus en plus nombreux, les praticiens du droit de la famille et les experts auxquels ils font appel s'interrogent sur la signification et la validité d'une telle référence » (page 5).

Je la cite à nouveau :

« Parce que " l'intérêt de l'enfant ", comme critère de décision, traduit de la façon la plus claire l'évolution du droit de la famille vers l'abandon d'un modèle familial unique et transcendant, au profit de la reconnaissance de la diversité sociale et de la « gestion » des situations individuelles, parce que son indéfinition semble le signe le plus évident d'une dilution de la norme, étudier ce que, dans la pratique judiciaire, il signifie concrètement, quelles représentations lui donnent corps et quelles décisions il légitime, est un moyen privilégié d'analyse des images dominantes de la famille et de leur lien à l'évolution des pratiques familiales contemporaines » (page 6).

Elle montre que la référence à l'intérêt de l'enfant comme critère de décision est à situer comme conséquence d'un dou-

20. L'éclat du jeu de mot m'a été donné par Rosi Braidotti au cours d'une lecture de ce texte. Je l'en remercie ainsi que des remarques ou idées suggérées par elle.

21. Irène Thery : « La référence à l'intérêt de l'enfant dans la modification du droit de garde après le divorce. » Thèse de 3ᵉ cycle, Paris Vᵉ, 1983.

ble mouvement « de protection - contrôle de l'enfance par l'Etat au nom de l'intérêt général, et de « spécification » d'un champ familial privé où l'enfant surgit comme personne » (page 18).

Et je la cite encore pour conclure cette partie :

« L'intérêt de l'enfant ne s'est constitué comme *référence juridique* et critère de décision judiciaire qu'en relation avec l'apparition de la notion comme *référent social,* comme valeur, dont on a pu constater l'évolution permanente, et les sens multiples. Qu'y a-t-il de commun à cet intérêt vu dans une perspective politique, médicale, éducative, psychologique, psychanalytique ? Chacun des « savoirs » est spécifique sans être totalement autonome, et leurs conjugaisons variées forment le tout, indéfinissable et changeant, qui traduit et modifie à son tour la place concrète de l'enfant dans la société, et des enfants dans les familles. « L'Intérêt de l'Enfant », c'est à la fois le consensus social à son propos, et l'arme avec laquelle on peut remettre en cause et transformer ce consensus » (page 22).

Mais, par ailleurs, le comité amorce un *autre glissement, de l'intérêt de l'enfant au droit de l'embryon* en posant la nécessité que « l'enfant à naître, personne concernée au premier chef » soit représenté dans le débat. Je le cite : « Or, de même que l'intérêt de l'enfant est le seul motif qui justifie l'intervention de la collectivité dans le cas où l'autorité parentale est défaillante, de même que la législation de l'aide à l'enfance et de l'adoption prend appui sur l'intérêt de l'enfant, il est une personne, l'enfant, qui est concernée au premier chef par un processus qui conduit à la fois à sa naissance et à sa séparation, dès sa naissance, de sa mère naturelle. *Cet enfant à naître, qui n'est pas représenté dans le débat, doit l'être* et il nous apparaît très vite, dès cette toute première analyse, que les problèmes éthiques naissent justement du fait que, revendiquant un droit à l'enfant ou à la libre disposition de leur corps, les personnes en jeu doivent composer avec l'intérêt de cet enfant futur. Et s'il y a lieu de choisir, et que le choix incombe à la société, celle-ci ne peut que mettre en avant et en première ligne l'intérêt de l'enfant. » (Doc. pp. 14-15) - (C'est moi qui souligne).

Ceci m'amène à examiner alors :

5) *Le statut de l'embryon.*

Ayant posé (ainsi que l'avait fait la commission britannique dite « commission Warnock ») que la stérilité fait, dans nos sociétés, l'objet de thérapeutiques (nous verrons plus loin quels en sont les implicites et les conséquences), c'est dans ce cadre que la question du statut de l'embryon est d'abord envisagée : je cite le document :

« Toujours dans cette optique thérapeutique, il n'a pas été jusqu'à présent indispensable de donner un statut à l'embryon pendant les quelques jours qui séparent conception et implantation. Si cette implantation n'est pas faite, il ne se développe pas, et l'interruption de son développement n'est qu'un aspect de la stérilité de sa mère. L'échec d'une thérapeutique n'apparaît pas comme un problème éthique. » (Doc. pp. 17-18).

Mais, ainsi que le dit fermement le Comité éthique, « les choses n'en resteront pas là pour deux raisons essentielles » qui amènent le comité d'éthique « à suggérer que dès à présent *les thérapeutiques modernes de la fécondation in vitro ne puissent être pratiquées que par des équipes agréées et sans but lucratif.* » (souligné dans le texte).

Limiter la fécondation *in vitro*, à des équipes agréées, telle était la demande formulée (entre autres) par J. Testard en son livre [22], je le cite :

« A la fin de 1984, il existera en France plusieurs dizaines de centres Fivette [23], publics ou privés, ne faisant l'objet d'aucune habilitation autre que celle qui s'applique à tous les établissements médico-chirurgicaux comme si la Fivette était déjà banalisée »... « Vouloir créer un centre Fivette avec un biologiste d'analyses médicales plutôt qu'avec un biologiste de la reproduction, c'est comme vouloir faire pratiquer une intervention gynécologique par un chirurgien cardiologue. La plupart des médecins qui s'impliquent dans la Fivette ignorent qu'il existe autant de spécialités en biologie qu'en médecine. Certainement les résultats seront la preuve de cette légèreté, mais

22. Testard : *De l'éprouvette au bébé spectacle,* Ed. Complexes, Paris (p. 123).
23. Fivette : Fécondation In Vitro et Transplantation d'Embryon.

qui connaîtra exactement les performances de tel ou tel centre Fivette, puisque le fameux secret médical interdit tout contrôle ? Il devrait être aussi dans les attributions du Comité National d'éthique de s'informer des résultats obtenus ici ou là pour les faire connaître aux consommateurs potentiels. »

On voit bien ici que se profile une « guerre » de concurrence, ou une lutte d'influence au titre de la légitimité, au sein (!) d'équipes qui se déclarent aptes à pratiquer la Fivette. L'intérêt des « consommateurs » est évoqué, dont on craint qu'il ne se perdent dans le réseau des institutions « offreuses » de service, s'ils n'ont pas de viatique, bien que les résultats obtenus ici et là puissent permettre de faire la preuve d'une relative incompétence. Les biologistes et pères de la mise au point de la méthode (preuve faite par Amandine et quelques autres) sont ceux qui, de ce fait, sont légitimés à poser au comité d'éthique une demande de reconnaissance en légitimité de certaines équipes, d'illégitimité de certaines autres.

Mais au fait, s'agit-il du statut ou de l'intérêt de l'embryon ? C'est ce qui est rappelé finalement plus loin, non sans qu'implicitement, et au nom de l'intérêt de l'enfant, « les équipes agréées, et sans but lucratif » aient aussi à se prononcer sur ce qu'est le *droit d'avoir un enfant.* Faut-il y voir l'ouverture de centres d'eugénisme ? Je cite *in extenso* :

« ... Mais quel que soit le désir de ne pas s'immiscer dans cette liberté des libertés, qu'est le droit d'avoir un enfant, la société est inévitablement conduite à traiter du droit des parents. Est-elle prête à affirmer que toute personne a le droit d'être parent, qu'elle fasse partie d'un couple ou qu'elle vive seule, sans condition touchant à sa capacité d'élever l'enfant ? On sent bien que la nécessité de parler au nom de l'enfant s'impose, mais la distinction entre l'intérêt d'un enfant futur et celui de ses parents est tellement grave que la plupart de ceux qui se sont posé ces problèmes en diffèrent la solution. Ces considérations justifient largement que, *premièrement, les techniques nouvelles de fécondation ne puissent être pratiquées qu'au sein d'équipes agréées, et sans but lucratif et qu'en second lieu une vaste consultation organisée et structurée s'ouvre sur les problèmes de société qu'implique la fécondation artificielle.* » (Doc. pp. 20-21). Souligné dans le texte.

Mais revenons aux deux raisons essentielles avancées pour

justifier « que les choses n'en restent pas là » concernant le statut de l'embryon.

J'examine d'abord, celle qui, dans le texte, est présentée (en second) comme l'obligation où se trouve la société de devoir combler un vide juridique, concernant plusieurs questions, parmi lesquelles : le statut de l'embryon.

Je cite le texte :

« La société doit combler le vide juridique qui concerne la filiation des enfants nés par les procédés de fécondation artificielle, le statut de l'embryon et les droits des parents qui recourent à ces diverses techniques. Ce sont des questions redoutables qui ne peuvent pas mûrir uniquement au sein d'un comité d'éthique à vocation d'abord scientifique, et appellent, comme il en a été dans d'autres pays, une vaste consultation de l'opinion » (Doc. p. 18).

Voyons-nous se dégager ici une « raison essentielle » ou se répéter la première proposition : « Il est désormais nécessaire de définir le statut de l'embryon ? » Ne s'agirait-il pas, finalement, d'un mode de raisonnement circulaire ?

L'autre raison, la première selon diverses logiques, mérite qu'on s'y arrête davantage : elle concerne la possibilité d'ouverture à la recherche scientifique :

« Le passage de la thérapeutique à la recherche, cheminement tout naturel de l'esprit du savant pose très vite des problèmes éthiques » (Doc. p. 18).

Sur ce point, le comité éthique estime lui aussi, que le rythme imposé par la recherche dans le domaine de la fécondation *in vitro,* l'oblige à se prononcer rapidement, alors que dans le cas de l'IAD (qui se pratique déjà depuis plus de dix ans) « on aurait pû imaginer que le problème d'une réglementation mette encore quelque temps à mûrir dans les esprits ». (Doc. p. 18).

Il se sent donc tenu de définir le statut de l'embryon *par rapport* :

— aux parents « biologiques »,

— aux chercheurs qui peuvent :

1) le réimplanter chez la mère biologique ou une autre,
2) le conserver par congélation,
3) l'utiliser pour des recherches,
4) Mettre un terme à sa conservation (Doc. p. 19).

Si le comité éthique n'a encore donné aucun avis sur l'ensemble des possibilités d'ores et déjà évoquées par les biologistes (congélation d'embryons, coupure de l'embryon précoce en deux parties identiques, etc.) son *premier avis* (22-5-84) « porte sur les problèmes éthiques soulevés par les prélèvements de tissus d'embryons ou de *fœtus humains morts* à des fins thérapeutiques, diagnostiques et scientifiques » (c'est moi qui souligne) et, bien que dans le corps du texte, le comité prenne soin de préciser « Les termes " embryon " et " fœtus " visent tous les stades du développement du zygote depuis la fécondation de l'ovule jusqu'au stade de la maturation permettant une vie autonome ; ces termes sont utilisés en raison de la difficulté de déterminer scientifiquement le passage du stade embryonnaire au stade fœtal. *Ce choix terminologique ne préjuge en rien une prise de position du Comité d'éthique sur le statut de l'être en gestation.* » (Premier avis, p. 1) (je souligne).

Il ouvre son avis par des considérations préalables :

« Ayant considéré :

1) l'utilité thérapeutique, diagnostique et scientifique des prélèvements de tissus embryonnaires ou fœtaux, en l'état actuel des recherches et des thérapeutiques,

2) *la qualité de personne humaine potentielle* de l'*embryon ou du fœtus dès sa conception* (c'est moi qui souligne).

3) le pluralisme des opinions qui s'expriment, sur le plan éthique à propos des prélèvements de tissus embryonnaires ou fœtaux, et les conflits de valeurs qu'ils provoquent.

4) les aspects juridiques du problème ».

Ne peut-on qualifier de dénégation la proposition « ce choix terminologique ne préjuge en rien une prise de position du Comité d'éthique sur le statut de l'être en gestation » ? Car enfin, la seconde considération préalable me semble précisément constituer une prise de position sur ce point : l'embryon ou le fœtus a qualité de personne humaine dès sa conception. Si l'idée de potentialité la situe dans le futur, le respect qu'on lui doit la ramène au présent (voir infra).

Par ailleurs, le texte se poursuit en formulant des recommandations relatives

1) Aux conséquences résultant de l'utilisation de tissus humains ;

2) aux conséquences éthiques et médicales des prélèvements

de tissus d'embryons ou de fœtus compte tenu de la provenance de ceux-ci (interruption de grossesse) ;

3) à la définition des embryons et des fœtus susceptibles de faire l'objet de prélèvements ;

4) aux consentements à requérir... »

Je cite *in extenso,* tout ce qui concerne le premier point :

« 1) *L'embryon ou le fœtus doit être reconnu comme une personne humaine potentielle qui est ou a été vivante et dont le respect s'impose à tous.*

« Il en résulte que :

1) L'embryon ou le fœtus vivant ne peut être en aucun cas l'objet d'expérimentation *in utéro. Seules sont légitimes les actions thérapeutiques destinées à favoriser le développement et la naissance de l'enfant.* Le maintien artificiel de la vie de l'embryon ou du fœtus en vue de la recherche ou de prélèvements à fins thérapeutiques est interdit.

2) L'utilisation commerciale ou industrielle d'embryons ou de fœtus humains est interdite. Les prélèvements de tissus effectués sur l'embryon ou le fœtus mort, lorsqu'ils sont légitimes, ne sauraient donner lieu à rémunération.

3) Seuls sont légitimes, dans les conditions définies ci-dessous (II - III - IV) les utilisations et prélèvements effectués dans un but thérapeutique, diagnostique ou scientifique. » (C'est moi qui souligne).

Bien dans que ce premier avis, le Comité d'éthique n'ait étudié que ce qui concerne les prélèvements de *tissus humains morts,* je crois important de répéter que malgré sa dénégation, il donne statut à l'embryon, dans un sens qui me paraît ouvrir la voie à une remise en cause de la loi de 1975 sur l'IVG. Et ceci notamment lorsqu'il écrit « seules sont légitimes les actions thérapeutiques destinées à favoriser le développement et la naissance de l'enfant », même si cette phrase est censée se situer dans le cadre de « l'expérimentation *in utero* » laquelle me semble plus fermement précisée et contrôlée par la phrase suivante « le maintien artificiel de la vie de l'embryon ou du fœtus en vue de la recherche ou de prélèvements à fins thérapeutiques est interdit ». Car au fond, ne suffirait-il pas de qualifer « d'expérimentation *in utero* », l'aspiration du fœtus pratiqué dans l'IVG, pour que celle-ci devienne à nouveau illégale ?

Crainte que je sens redoubler lorsque le Comité examine le statut de l'embryon sous l'angle des droits des parents.

Le paragraphe qui concerne ce point est ainsi introduit :

« Cette personne humaine potentielle, quelles que soient les conceptions sur le moment où elle naîtra à la conscience, mérite en tant qu'élément du patrimoine humain le respect. *Ceci signifie que l'on ne peut laisser faire* » (page 19). Et ici, je questionne : qu'est-ce qu'on ne peut laisser faire ? D'une part, il est aussitôt rappelé que la décision de l'IVG appartient à la femme enceinte, d'autre part est pointé un paradoxe (p. 19) à savoir que la femme (là aussi il faudrait préciser s'il s'agit de celle qui a donné son ovocyte, ou de celle qui verra l'embryon réimplanté en son utérus) « n'a pas *a priori* de droits aussi étendus sur un embryon qui n'est pas implanté. Du moins en est-il ainsi si le père revendique sa paternité » (p. 18).

Posant comme principe que « des obligations naissent au profit des parents de l'embryon », le comité en déduit la nécessaire obligation de poser une limite à la durée de conservation de l'embryon. Puis il ajoute : « *Mais c'est une question ouverte que de savoir s'il suffit de définir ces droits des parents, ou si ceux-ci ne sont pas eux-mêmes limités, au nom de principes supérieurs, par une situation juridique de l'embryon qui reste à définir.* » (C'est moi qui souligne). Cette dernière phrase me semble remettre absolument en question le principe sur lequel est fondé la loi de 1975 concernant l'IVG, à savoir : le statut d'être humain n'est accordé à l'embryon que si le désir de la mère (ou des parents) est tel, autrement dit *la potentialité de vie humaine n'est qu'intentionnelle et non ontologique.*

Le paragraphe suivant, clôturant le questionnement sur ce point, me semble construit sur le modèle : Personne ne soutient que... mais quand même... [24]. Je le cite *in extenso :*

« Personne ne soutient qu'il soit possible de tourner ce droit des parents pour entreprendre des recherches sur l'embryon. Mais, ici encore, la question primaire, celle du principe de telles recherches, suscitera sans doute des oppositions passionnées entre ceux qui voudraient rendre les recherches impossibles et ceux qui n'ont aucune objection à ce qu'elles

24. Formule qui rappelle le : « Je sais bien, mais quand même... », dont Octave Mannoni fait le type du désaveu qui signe la croyance ; *in Clefs pour l'Imaginaire ou l'Autre Scène.* Ed. Seuil, 1969, pp. 9 à 33.

soient menées avec l'accord des personnes qui ont donné vie à l'embryon, par des équipes connues et sérieuses qui en garantiraient la destination. » (Doc. p. 20).

6. *La vocation des parents.*

L'intérêt de l'enfant, ai-je dit, est central dans l'abord des questions éthiques. « Cette question prend le pas sur les autres qui concernent la vocation des parents à accueillir cet enfant. Cette vocation peut difficilement être discutée s'agissant du père génétique de l'enfant. » (Doc. p. 25).

Je fais ici une première remarque : affirmer que *l'intérêt de l'enfant* prend le pas sur « *la vocation des parents à l'accueillir* », sans même s'interroger sur ce qui pourrait être un lien logique entre les deux notions, me paraît pour le moins curieux. Car on peut tout aussi fortement postuler que la dite « vocation » — je dirai le désir — d'accueillir un enfant, est tout à fait primordiale et décisive sur ce que seront les soins qu'on accordera à l'enfant, l'intérêt qu'on lui portera, l'amour qu'on lui dispensera. Bref, l'intérêt de l'enfant.

Par ailleurs, si la vocation du père génétique est ici pointée, c'est en référence au « cas mère porteuse », où les « vocations » des autres personnes concernées — même pas évoquées sont donc discutables mais pas discutées.

Et si celle du père génétique, nous est donc présentée comme ne faisant pas l'objet d'un doute ou d'une interrogation, c'est parce qu'elle s'origine des gènes qui, avec le sperme, ont circulé jusqu'à la future « mère porteuse ». Ne faut-il pas entendre ici que se profile quelque chose qui n'ose plus se nommer et qui serait « l'instinct » ? Instinct paternel, indiscutable, de celui qui donne son spermatozoïde pour qu'un ovule soit fécondé.

Mais dans quel cas, et chez quels sujets, peut-on présupposer sans discussion possible qu'il y a « vocation à accueillir l'enfant » ? De fort nombreux faits attestent que l'instinct maternel n'existe pas [25]. De fort nombreuses études montrent que, du désir de grossesse au désir d'enfant, il y a un pas [26] ; que le désir d'enfant est protéïforme, et qu'enfin, du fantasme

25. Je renvoie ici à l'ouvrage d'Elizabeth Badinter : *L'amour en plus.* Ed. Flammarion, Paris, 1980.

26. Michèle Fellous, notamment, s'est interrogée sur « ce que pourrait symboliser l'enfant à travers un désir de grossesse ». A partir d'une

« Vouloir faire un enfant » à la réalité « Avoir fait un enfant », il peut y avoir un monde.

Encore un dernier point de logique : le cas de figure « mère-porteuse » tel qu'il est évoqué ici, oblige à inférer que le père d'un enfant fécondé par IAD, ne saurait avoir, avec la même évidence, vocation à accueillir l'enfant. Et pourtant, comme tout autre père, il le reconnaît, lui donne son nom (sachant — encore que ceci lui soit parfois plus ou moins masqué et qu'on laisse traîner un doute — qu'il n'est pas le père biologique de l'enfant)[27]. Et sauf ultérieur désaveu en paternité (qui existe, mais rarement semble-t-il), il s'engage ni plus ni moins qu'un autre homme à devenir père ; ou encore, à entrer, ainsi que « sa femme » dans ce qui constitue « la matrice sociale » de l'enfant, selon une expression d'O. Thibault[28].

recherche sur les avortements d'adolescentes, elle a pû montrer qu'avorter peut vouloir signifier tout autre chose qu'une séparation d'avec un enfant et par exemple un arrachement ou une séparation interne d'avec un homme, la mère, ou la famille. Sur ces points, Michèle Fellous : *Contraception risquée et risques de la contraception ; in* Culture Technique. *Risque. Sécurité. Techniques.* n° 11, septembre 1983 (pp. 152-159), et « La demande d'avortement chez les adolescentes et filles d'immigrées », *in,* revue *Synapse,* n° 3 (mars 1984) (pp. 33-38).

27. Je renvoie ici à la recherche effectuée par Simone Novaes et F. Fougeroux. Notamment « Le don de sperme vu par les donneurs de sang » in *Aspects psychologiques de l'insémination artificielle* par C. Manuel et J.C. Czyba. Ed. Villeurbanne, Simep, 1983, pp. 68 à 76.

28. La revue *Autrement* publia, dans son numéro (nov. 1981) intitulé : « Un enfant ? » (sous le titre « Ventre à louer »), la reproduction (!) d'une interview d'Odette Thibault dans la revue *Choisir* (mars 1981) concernant les mères porteuses. Après avoir évoqué « les problèmes juridiques et financiers », elle avance plusieurs points de vue fort intéressants.

— Elle postule que dans l'imaginaire des parents, il y aurait trois stades concernant les liens de parenté :

— 100 % biologique (conception « classique ») ;

— { 50 % adoptif / 50 % biologique } (IAD, mère porteuse) ;

— 0 % biologique : (adoption).

et que « Au nom des sacro-saints " liens du sang " les parents préfèrent être des parents biologiques à moitié que pas du tout !... » et (ajoute-t-elle) : « Même en permettant aux couples stériles d'adopter plus facilement des enfants, vous ne satisferez pas l'aspiration inconsciente de chacun à se prolonger au-delà de la mort, qui correspond à un désir d'immortalité. »

— Avançant la notion de « matrice sociale », elle précise : « les féministes n'ont pas une conscience claire et nette du rôle qu'elles ont à jouer par rapport à la dimension sociale de la maternité... Même les féministes, dans leur ensemble n'ont pas perçu cette notion de maternité sociale, de fonction sociale, bien plus importante que la

7. *Menace sur le médical.*

Mais la distinction de l'embryon et de l'enfant, ouvre par ailleurs à la définition de deux champs qui s'excluent l'un l'autre.

L'embryon (je ne me réfère ici qu'à la définition chronologique et biologique du développement qui, de la première cellule fécondée va jusqu'au stade de la morula où il est réimplanté) est ce qui pour sa conception, relève de la sphère du médical ou de la recherche scientifique : c'est lui qu'on peut fabriquer *in vitro,* manipuler, congeler, prélever, réimplanter, dans des opérations qui supposent l'hôpital et le laboratoire.

La conception « traditionnelle » de *l'enfant* ne les suppose en rien, mais se situe dans la sphère du privé.

Autrement dit, de ce point de vue s'opposent deux couples :

embryon/enfant

hôpital-laboratoire/sphère privée

C'est pourquoi *poser la stérilité* (prise comme incapacité à produire l'enfant) *comme relevant de la thérapeutique* relève d'un implicite : *le « traitement »* de la stérilité, qui doit aboutir à la conception d'un enfant, *se doit de se situer dans l'ensemble hôpital-laboratoire-embryon* et exclure celui défini par enfant-sphère privée.

Ces deux ensembles renvoient bien évidemment non seulement à des lieux, mais à des rapports sociaux différents puisque (notamment) le premier ensemble suppose l'existence de « tiers » : médecin, biologiste, « paillasse » du laboratoire, hospitalisation, argent, Sécurité sociale, etc.

Se retranchant derrière la prise de position identique de la commission britannique (Warnock), le Comité national d'éthique pose : « *Il faut tenir pour acquis que la stérilité fait objet dans les sociétés modernes de thérapeutiques, et tenter le plus longtemps possible de traiter du problème comme de toute thérapeutique.* » (Doc. page 16) (souligné dans le texte).

Ainsi donc, puisque la stérilité fait l'objet de thérapeutiques, le fait est acquis, immuable. L'acquis est donc du côté

---

fonction biologique, à mes yeux... C'est la notion de maternité qu'il faudrait élargir. »

des médecins et biologistes, qui le revendiquent dans son immuabilité. Ceci étant posé, le comité semble opérer un léger recul en se référant au « libre choix des consciences », mais... ce libre choix est à exercer dans « la relation discrète qui lie les patients au médecin ». Je le cite :

« Il faut tenter le plus longtemps possible de faire trancher les problèmes par le libre choix des consciences et dans la relation discrète qui lie les patients au médecin. L'accès aux possibilités nouvelles et leur libre choix doivent être admis avec pour première préoccupation l'intérêt du patient. Jusqu'à présent, en raison même du développement limité des techniques, cela a été possible. » (Doc. p. 17).

Reste au Comité à établir un plaidoyer pour le premier ensemble puisqu'il est patent que le cas de figure « mère porteuse », s'il bouscule la conception classique de ce qu'est la sphère du privé, se pose néanmoins et radicalement hors de la sphère du médical-biologique.

Le Comité avance donc d'abord l'idée, qu'à se situer sous le registre de la thérapeutique, les choses sont plus simples du point de vue éthique : « Les règles éthiques sont celles de toute thérapeutique. Elles impliquent *essentiellement des garanties techniques,* et se règlent entre le médecin et ses patients. Apparemment le médecin fait tout ce qu'il faut faire, avec pour seule limite l'intérêt de ses patients. Il n'a pas été obligatoire pour lui de dire si et dans quel cas, il juge le traitement peu judicieux. Cette abstention ne lui sera en tout cas pas reprochée, compte tenu de *l'aléa qui tient à des techniques qui sont encore d'avant-garde.* » (Doc. p. 17).

Cependant, le Comité est bien obligé d'avouer, que même dans le cadre thérapeutique, les règles éthiques ne sont pas exclusivement fondées sur des garanties techniques puisque :

« Il est certain cependant que tous les patients n'ont pas un égal accès à toutes les techniques, même les mieux éprouvées comme l'insémination artificielle. » (Doc. p. 17).

Et là, il se réfère probablement à ce qui constitue les règles éthiques des CECOS, à savoir que seuls les *couples mariés* peuvent être demandeurs légitimés à recevoir un don de sperme, excluant notamment les couples non mariés et les femmes seules.

Et, je l'ai déjà dit, le Comité national d'éthique avalise

après coup, la légitimité de l'éthique des CECOS en se retranchant derrière le silence de la collectivité depuis de nombreuses années. Ne peut-on lui faire remarquer, que s'agissant des mères porteuses, en l'état actuel des choses, on ne peut guère dire qu'un mouvement d'opinion se soit manifesté, ni pour, ni contre. Et ainsi qu'il le remarque lui-même :

« Leur démarche (celle des femmes qui se proposeraient à être mères porteuses) n'a pas été tellement critiquée par l'opinion. Nous pourrons nous en étonner. »

Sachant, comme je l'ai déjà fait remarquer, que le Comité désire connaître l'opinion de la collectivité puisqu'il propose une consultation à ce sujet, ignore-t-il le fait suivant ? Qu'une instance honorable et légitimée donne par avance son avis, n'est pas sans conséquence sur la suite des débats. Certes, donner son avis, peut faire partie des éléments nécessaires à une réflexion. C'est aussi la visée de ce texte, où l'on aura pu voir que les mères porteuses, sont aptes à faire parler et occasion à aborder un certain nombre de forts vastes problèmes qu'elles n'ont certes pas directement suscités. Occasion dont on « profite » pour avancer des propositions, suggestions, très contestables me semble-t-il, et *possiblement* plus « dangereuses pour la collectivité » que ne le sont (ou seront) les difficultés certes prévisibles ou existantes dans le recours au cas envisagé ici.

Mais, si déjà avec l'évocation du point précédent (menace sur le médical) on entrait plus spécifiquement dans ce qui relève des mères porteuses, je voudrais maintenant examiner quelques points plus particuliers qui concernent ce « cas ».

8. *Le tiers ? Le quart ? L'intermédiaire ? Le parasite ? Le garant ?*

Au titre des difficultés inhérentes à cette « forme particulière de réponse à l'infécondité » que constitue la mère porteuse, le comité d'éthique désigne « les aléas supplémentaires qui viennent du recours à *des tiers* » (Doc. p. 21).

De quel tiers s'agit-il ?

Est-ce la femme qui s'offre à porter un enfant pour un couple demandeur ? Est-ce l'intermédiaire (le quatrième personnage qui, faisant se rencontrer la future mère porteuse et les parents demandeurs, établit un contrat où sont stipulés l'engagement de la mère porteuse à donner, dès sa naissance, l'enfant, et le montant de l'argent perçu par elle à cette occasion ? Ou les deux ? Qui sont considérés alors comme étant à la *même* place : celle de tiers ?

Mais si c'était le cas (ce qui paraît être difficile à poser, à penser), on ne voit pas pourquoi le « thérapeute » qui indique l'adresse du CECOS où du sperme est déposé, ou le CECOS lui-même, qui fait (bons) office(s) de rencontre entre des parents demandeurs d'enfant et ce qu'il leur manque pour le réaliser ; on ne voit pas pourquoi cette catégorie ne serait pas à situer dans l'espace flou du « tiers ».

Et pourtant, réaffirmant : « qu'il est souhaitable que le désir d'enfant soit traité dans l'intimité d'un couple, le thérapeute s'en tenant à son rôle, cette formule oblige la société à définir les nouvelles activités des tiers impliqués dans l'opération » (Doc. p. 25), le Comité semble exclure, que « s'en tenant à son rôle », le thérapeute occupe cette place de tiers-intermédiaire.

Les tiers évoqués dans le cas des mères porteuses, désignent donc selon les jeux de mots ou de places, tantôt la mère porteuse, tantôt l'intermédiaire. Aux deux, sont imputés par ailleurs (Doc. p. 21) « les aléas supplémentaires qui viennent s'ajouter au contexte déjà difficile. »

Cependant, et alors que selon la législation actuelle [29], le contrat n'a aucune validité juridique, le comité estime que « l'intermédiaire est nécessaire à la réalisation de l'opération. Son rôle est de s'assurer que l'enfant sera donné aux parents candidats, donc de couper les liens avec la mère naturelle. A lui également de faire que se concilient lorsque tout se passe normalement ou en cas de difficultés, le désir d'enfant des uns et la protection de l'autre. L'opération ne peut se faire sans

29. « Le contrat passé entre le couple dont la femme est stérile et la mère est nul en ce qu'il porte sur un objet illicite. Réalisant une cession d'enfant ou ayant pour objet l'engagement de concevoir et de porter un enfant pour le compte d'autrui, un tel accord ne peut en aucun cas avoir une valeur juridique donc être susceptible d'exécution forcée, qu'il soit rendu à titre gratuit ou à titre onéreux (art. 1128 Code Civil) » (*in* Aspects juridiques de la maternité par substitution. Texte de C. Labrusse, joint au document de travail du comité d'éthique, 23-10-1984).

intermédiaire, point sur lequel nous reviendrons au moment de nous prononcer sur le principe de l'intervention de la collectivité » (Doc. p. 14).

Le rôle et les obligations de l'intermédiaire, selon le comité seraient les suivants (Doc. p. 22) :

— « couper les liens (de l'enfant) avec la mère naturelle » et en particulier

- lorsque la mère naturelle désire conserver l'enfant,
- lorsque le couple d'accueil le refuse.

— « exercer une responsabilité (non précisée) pendant la longue période de la gestation.

— « par hypothèse, ne tirer aucun profit de l'opération. »

Or, on le sait, rien n'oblige, en effet la mère qui a porté l'enfant, à ne pas vouloir le garder avec elle et l'élever — c'est le « sien ». Il me semble donc patent, que l'opération peut, en effet, ne pas se réaliser « comme convenu » ; si « tout se passe bien », ce n'est qu'au prix d'une confiance en la parole donnée, en sa parole donnée par avance : et on ne voit pas en quoi l'intermédiaire serait nécessaire, encore moins obligatoire. Encore une fois, le contrat passé, n'a, en l'état actuel de la législation, aucune validité.

« Qui peut bien être cet intermédiaire qui par hypothèse ne tire aucun profit de l'opération ? Certains médecins se voient dans ce rôle : mais ils n'ont à aucun moment envisagé les soucis que causerait l'échec de tel ou tel placement », nous dit le document (p. 25).

Au passage, il tance les médecins (irréalistes ?) qui se mettant à cette place, n'auraient pas envisagé les difficultés et notamment celle « de se retrouver en charge d'enfants dont personne ne veut » (Doc. p. 23).

Mais, sauf à se placer dans le cas où l'enfant conçu serait « anormal »[30] est-il fort vraisemblable de postuler que les parents demandeurs n'accepteraient pas l'enfant ainsi conçu ? Là aussi, point de maîtrise. Il est vrai, que de l'enfant rêvé à l'enfant né, il y a de la distance. Mais pourquoi serait-ce ici plus fréquent que dans les cas des conceptions « traditionnelles » ?

30. Un enfant microcéphale est né aux USA ; mais j'ai déjà dit que la situation n'est pas, par essence, génératrice d'anormalités physiques. J'ajoute que les contrôles médicaux et biologiques pendant la grossesse tels qu'ils sont actuellement pratiqués, devraient permettre d'éviter ceci.

Est-ce que la possibilité du refus inscrite dans le fait que la mère demandeuse d'enfant, doive après la naissance demander d'adopter l'enfant, serait ici, une invite à ce refus ? Le contexte en France est celui, d'une relative impossibilité à adopter des enfants. Et le couple demandeur, du fait de la stérilité de la femme, fait partie de ces fort nombreux candidats à l'adoption.

Revenons au texte, qui évoque aussi « cet intermédiaire (qui) peut, s'il n'est pas une personne de confiance faire courir de grands risques soit aux mères, qui seraient exploitées, soit aux candidats parents, qui pourraient ne pas se retrouver avec l'enfant attendu ou être placés dans des situations personnelles ou juridiques déplorables ». (Doc. p. 23).

L'exploitation des mères est ici évoquée. Et il est vrai que l'on peut imaginer des scénarios où une femme se déclarerait candidate mère porteuse, afin de gagner de l'argent ; où un « intermédiaire » pourrait aussi trouver en cette position, moyen de gagner (beaucoup) d'argent. Ceci ouvre à la question suivante :

9. *De l'argent.*

Paradoxalement, le comité d'éthique évoque fort brièvement la question de l'argent reçu par la mère porteuse au moment où elle remet l'enfant au père.

Seules, deux mentions y sont faites dans le texte pour dire que même si on exclut la rémunération de la mère porteuse, « le problème de son entretien, qui conditionne le bon développement de l'enfant est posé » (Doc. pp. 22-23). Et, bien que le comité évoque la possibilité d'une nouvelle loi, qui organiserait le « recours aux mères de substitution » en en interdisant le caractère lucratif :

« Certes il suffirait d'une loi pour lever ces obstacles juridiques et organiser le recours aux « mères de substitution », en interdisant notamment qu'il prenne un caractère lucratif et en exigeant certaines garanties des intermédiaires. Mais si elle devait être un jour rédigée, il serait difficile de passer sous silence les problèmes liés à l'entretien de la femme pendant la grossesse, et de légitimer le contrat sans qu'il soit à aucun moment question d'argent. » (Doc. p. 24),

il reprend plus loin cette question en affirmant que :

« Toute mesure qui cherche à résoudre les problèmes intermédiaires laisse entière la difficulté de principe devant laquelle l'éthique ne peut être que très réservée. » (Doc. p. 26).

Et si c'est ainsi qu'il s'interroge sur la proposition qu'il a évoquée ci-dessus, (du recours à une nouvelle loi) :

« Faut-il alors à l'inverse aller jusqu'à proposer une législation spécifique pour interdire le recours aux « mères de substitution », en renforçant le code pénal pour traiter non seulement de l'abandon d'un enfant mais aussi du « don d'enfant » ? (Doc. p. 26),

il conclut, en disant : « La réponse paraît devoir être, en l'état de la question, négative. » (Doc. p. 26).

Reste donc à s'en remettre aux textes de lois déjà existants, d'autant plus que « l'opinion peut en outre être heurtée par les formules coercitives, parce qu'elle mesure très bien que la question est évolutive, et que le progrès technique peut très vite priver cette procédure complexe de tout intérêt pour les couples qui auraient accès à d'autres procédés » et qu' « une maturation des esprits est nécessaire et toutes les personnes concernées par la lutte contre la stérilité n'ont rien à gagner à voir le problème abordé au Parlement par son aspect le plus controversé » (Doc. p. 26).

L'aspect le plus controversé est-il celui qu'ont inventé les mères porteuses ? Il semble bien puisque « Mieux vaut *consacrer plus de moyens à la recherche sur l'infécondité* pour que les couples stériles aient à leur disposition des solutions moins hasardeuses » (Doc. p. 26. Je souligne).

Mais pourquoi le Parlement ne serait-il pas tout autant habilité à traiter de la question, que la collectivité à laquelle pense le comité d'éthique à plusieurs reprises, afin de connaître son opinion ? Rien n'est dit là-dessus. S'agirait-il d'une tentative d'éviction du juridique au profit de l'éthique ?

Cependant le comité conclut en estimant qu' « une prise de position réservée ou négative du comité d'éthique à l'égard du recours aux mères de substitution ne saurait toutefois être envisagée sans réflexion sur ses conséquences. Elle pourrait, parce qu'elle serait la première à se mêler à ce qui touche de si près à l'intimité, heurter les esprits, et parce qu'elle aurait été insensible à certains traits de leur évolution, être plus provocante que convaincante. Elle peut aussi trancher par avance, ou paraître trancher, à partir d'un cas très particulier et donc dans un contexte orienté, des problèmes communs à toutes les techniques nouvelles de reproduction. » (Doc. pp. 26-27).

Plus provocante que convaincante, n'est-ce pas le cas, en effet ? [31]

10. *De la loi.*

Reste donc à s'en remettre à la loi qui, en l'état actuel des choses interdit ce recours. Très brièvement :

« 1) Le contrat passé est nul en ce qu'il porte sur un objet illicite (cf. note 29).

2) l'intervention d'un tiers visant :

a) à provoquer *les parents ou l'un d'eux* à abandonner leur enfant ou à naître. (Je souligne).

b) à faire souscrire par les futurs parents ou l'un d'eux, un acte par lequel ils s'engagent à abandonner l'enfant à naître, à détenir un tel acte ou à en faire usage.

c) à apporter dans un esprit de lucre, son entremise pour faire recueillir ou adopter un enfant, constitue un délit sanctionné par l'article 353-1 du Code pénal.

A supposer qu'un tel délit ne soit pas constitué compte tenu des circonstances de chaque espèce, le seul procédé juridiquement valable pour réaliser une cession d'enfant, si ce dernier est effectivement abandonné par la mère est l'adoption, or celle-ci est subordonnée :

1) à la remise de l'enfant au service de l'aide sociale s'il a moins de deux ans (article 348-5 du Code civil),

2) en tout état de cause, à l'appréciation judiciaire de l'opportunité de l'adoption dans l'intérêt de l'enfant.

En conséquence, le procédé de la maternité par substitution est illicite par son objet et sa cause. Il réalise en outre une fraude à la loi sur l'adoption. » — in « Aspects juridiques de la maternité par substitution — C. Labrusse. Annexe du Document de Travail (23-10-84).

Peut-on dire qu'il y a abandon d'enfant lorsque l'enfant ainsi conçu est remis à son père ? Reste qu'il doit être adopté

31. Ce paragraphe ne se réfère qu'aux déclarations du Comité d'éthique, je reprendrai la question de l'argent dans la seconde partie à paraître.

par la femme candidate à être mère et que l'opportunité d'adoption est abandonnée à « l'appréciation judiciaire ».

Juridiquement l'enfant est donc « enfant naturel » du père, « adultérin » précise C. Labrusse si le père est marié. N'est-on pas alors dans une situation voisine du scénario suivant ? Un homme et une femme ayant fait un enfant, décident de se séparer. La femme déclare ne pas vouloir garder ni élever l'enfant, mais le donner à l'homme qui désire s'en occuper et vivre avec lui. Cet homme va alors vivre avec une autre femme qui se déclare désireuse d'élever l'enfant avec lui...

Mais il est vrai que je ne suis pas juriste et que ceci doit être naïf...

11. *Et pour conclure cette analyse...*

Je voudrais simplement ici reprendre ce que le Comité d'éthique affirme lui-même, tout en le déniant par ailleurs à savoir que la « solution » mère porteuse, s'inscrit en droite ligne de ce que la science et la technique ont promu au titre des traitements de l'infécondité.

1) Sachant que l'IAD vise à remplacer, en allant le chercher chez un autre, ce qui manque à un homme (le sperme) pour faire un enfant.

2) Sachant que de cette façon (mais c'est aussi le cas avec la fécondation in vitro) la science a permis de légitimer et rendre possible le projet de conception d'un enfant avec une femme qui l'élèvera et sera sa mère, et un homme qui ne sera pas son père.

On ne peut manquer d'être frappé du fait que la « solution mère porteuse » se situe en symétrie par rapport à celle de l'IAD.

En effet :

— la mère porteuse vise à offrir à une autre femme ce qui lui manque pour faire un enfant ;

— et de cette façon, naît un enfant d'une femme qui ne l'élèvera pas, et d'un homme qui sera son père.

A ceci, les scientifiques objectent aussitôt que l'échange de sperme, s'il a un équivalent, une symétrisation possible, c'est du côté de l'échange d'ovocyte qu'il faut regarder ; car sperme et ovocytes sont tous deux des gamètes. L'enfant c'est autre chose. Certes ! Mais je reviendrai plus loin sur ce point...

Je cite ici pour clore cette partie, ce qui me semble être encore un déni dans le discours du Comité National d'Ethique :

« On ne peut se dispenser d'avoir une opinion sur le recours aux mères de substitution parce que, *comme tous les problèmes liés à la fécondation artificielle, celui-ci naît dans un même lieu, et au même moment.*

« Le contexte commun est celui du traitement de la stérilité. Le recours aux mères de substitution apparaît comme une des solutions à un problème thérapeutique, qui naît dans les consultations de lutte contre la stérilité » (Doc., p. 16. Je souligne).

A mettre en regard avec :

« Le problème précis dont nous traitons (il s'agit des « mères de substitution ») ne s'est posé que depuis peu, *sans que ce mode de procréation soit la conséquence directe des développements techniques les plus récents.* » (Je souligne.)

Et je laisse au comité le soin de conclure...

« Le recours aux thérapeutiques de lutte contre la stérilité répond à un désir profond, persévérant ; il est entretenu par l'aspect spectaculaire des découvertes et l'intérêt des médecins concernés par ces perspectives de progrès nouveaux qui apparaissent. Il peut être alimenté par la levée de certains tabous. La « mère de substitution » apparaît à la fois comme un dernier recours lorsque tous les traitements ont échoué, et comme la solution la plus rapide et la moins astreignante pour le couple qui cherche un remède. » (Doc., p. 11.)

(à suivre)

***

Je proposerai, dans une seconde partie à paraître dans le prochain numéro, ce qui me semble pouvoir être une explication du refus opposé aux mères-porteuses. Puis, je réexaminerai, entre autres, les questions de l'abandon, de l'argent, de l'anonymat et de la dislocation du concept de mère, et ceci à partir d'interviews déjà publiées de mères-porteuses.

Françoise Laborie.

Françoise Laborie
Ceci est une éthique (II)

Temps Modernes, février 1985, 1518-1543.

Françoise Laborie

CECI EST UNE ETHIQUE (II)

Des mères porteuses encore...

Dans une première partie (Temps modernes, n° 462, p. 1215), *j'ai tenté de repérer historiquement quelques-uns des liens tissés entre science, éthique et reproduction humaine. La contraception chimique a été choisie comme origine, qui, pouvant réaliser efficacement la rupture du lien entre sexualité et procréation, inaugura l'ère d'une possible « maîtrise ».*

Demande des femmes, cette possiblité d'éviter les grossesses non désirées, ne se réalisa pas sans difficultés. Elle permit cependant, après coup, l'ouverture à la question du désir d'enfant, non sans ouvrir aussi à de nouvelles contradictions et résistances. Ceci d'autant plus qu'elle était placée sous l'ordre illusoire de la maîtrise, et qu'un certain nombre de femmes, féministes en particulier, tentaient de critiquer le concept de féminité, notamment dans sa dimension d'assignation à la maternité et « oubliaient » ou se refusaient à penser cette question du désir d'enfant.

Or, il semble bien que l'évolution des demandes aille dans le sens d'un imaginaire de la maîtrise où l'on glisse du désir d'enfant au droit à l'enfant, voire à l'exigence de « l'enfant à tout prix ». Dans le temps même où les recherches des spécialistes de la fécondité évoluent vers des stades de plus en plus précoces de la procréation, s'offrent à rendre possible ce qui jusque-là relevait de l'impossible, notamment en promouvant des procréations sans rapports sexuels, où tout ou partie de ce qui fait l'enfant peut être remplacé ou manipulé in vitro dans le cas de défaillances « naturelles ». J'ai, à cette occasion, dressé un tableau qui représente « une syntaxe de la génération d'un enfant » telle qu'elle est pensable aujourd'hui, à partir des techniques existantes qui permettent la dissociation, chez différents sujets, des divers éléments biologiques (spermatozoïde, ovule, utérus) nécessaires à la réalisation d'un bébé.

Qu'au titre de la stérilité, médecins et biologistes notent une augmentation du nombre, non seulement des demandes de traitement, mais des cas de stérilités « inexplicables », pourrait indiquer que quelque chose résiste à cette volonté de maîtrise.

C'est dans ce contexte, que des comités d'éthique, locaux et nationaux, ont été créés, afin de dégager les frontières de l'acceptable et du licite dans le cadre des recherches et thérapeutiques et en particulier sur les reproductions artificielles.

A cette occasion, le comité consultatif d'éthique pour les sciences de la vie et de la santé, a pris position sur le cas dit des mères porteuses, en le déclarant irrecevable, ainsi que la loi française l'y autorise. C'est à une analyse du discours du comité à ce sujet, qu'est aussi consacrée la première partie de mon article.

Le fait que le comité situe le cas des mères porteuses, au même niveau que celui des procréations artificielles réalisées au laboratoire ou à l'hôpital, permet de s'interroger sur sa légitimité à se prononcer sur cette question où nul appui de la science ou de la recherche n'est impliqué, et amène à conclure que le comité glisse du champ de sa mission à un territoire beaucoup plus vaste où il s'estime légitimé à énoncer sa position au nom de ses valeurs.

Qu'au passage, il utilise une réflexion sur les mères porteuses pour réouvrir la question du statut de l'embryon d'une façon qui semble pouvoir remettre en cause la loi de 1975 sur l'IVG, mais aussi évoquer le droit des parents à avoir des enfants, ou « la vocation des parents » à accueillir l'enfant, me semble constituer de singuliers et dangereux glissements.

Par ailleurs, guidé par « l'intérêt de l'enfant », le comité semble se refuser en l'état actuel des choses, à penser la dislocation de la maternité-explicitement posée dans le cas de la mère porteuse — sauf si cette dislocation est impliquée par le traitement hospitalier de la stérilité où l'on peut alors distin-

guer mère ovulaire, mère utérine; l'implicite de sa position étant, me semble-t-il, que ne pourra élever un enfant, que la femme qui l'aura porté au cours de la gestation.

Interpellée par l'extrême tranchant et la virulence avec lesquels le comité d'éthique, mais aussi le Conseil de l'ordre des médecins, le ministère de la Santé ont dit aux « Mères porteuses, c'est non ! », je propose en cette seconde partie, une hypothèse qui me paraît pouvoir expliquer ce refus.

DES MÈRES PORTEUSES, ENCORE...

A force d'avoir resserré l'objectif, posé des questions au ras des textes écrits par le comité d'éthique, n'en serais-je pas arrivée à ne voir les choses que par le petit bout de la lorgnette ? Je prends ici une certaine optique qui impose le grand angle et me risque à ouvrir sur quelques hypothèses ou pistes de réflexion. Feront-elles ombre ou lumière dans l'entrelacs des questions abordées ci-dessus ? Je voudrais simplement que soit considéré ce qui suit, comme une lecture possible, la mienne, de ce qui me semble pouvoir se jouer/être joué dans le scénario dit « des mères porteuses » et dans ce qui en a motivé l'interdiction et son urgence.

***

Et c'est d'un regard sur le regard, du mien sur celui (supposé) des médecins et biologistes, que s'esquisse la perspective.

Ainsi donc, voici que contre toute raison, et alors qu'on pensait avoir mis les « femmes stériles » au pas de la Raison, raison scientifique, raison médicale ; alors qu'on croyait, disait, revendiquait pouvoir restaurer sous contrôle leur maternité, leur féminité ; alors qu'on avait enfin, non seulement cerné, mais réussi à comprendre et maîtriser rationnellement, raisonnablement cet oméga de la science, par lequel elles participent de la Création ; alors qu'on pensait avoir enfin abordé aux rives du continent noir de leur ventre, fut-il infécond ; alors que morceaux du corps, pièces détachées, visibles, et expérimentables, leurs ovules pouvaient enfin s'examiner, matières premières, se manipuler ; alors qu'au microscope, pouvait enfin se voir *croître et multiplier* la cellule originaire d'une genèse dont on était le Créateur ; alors qu'on travaillait au bien des femmes, et qu'au prix de leur docilité, obstination, courage, déception, mise à disposition de leurs corps à la science, patientes et complices, elles s'inscrivaient nombreuses aux portes de l'hôpital pour se soumettre à l'expérience, soudain, et contre toute attente, l'*horreur !*

Car voici l'*Œuvre,* le Chef-d'Œuvre, le Grand-Œuvre, réduit à néant par des femmes qui détournent les règles du jeu.

Impertinentes, elles donnent un pied de nez, un coup de pied de l'âne à toute la machinerie scientifique, médicale, bureaucratisée ; ingrates, elles gardent à leur profit ce qui, du système de la science leur paraît bon : têtues, elles refusent toutes ces complications sophistiquées, aseptisées, hospitalières ; concrètes et courtes de vue, elles simplifient outrageusement les choses ; provocantes, elles mettent à mal l'injonction médicale et sa conception scientifique de la reproduction et de l'ordre du monde ; rétrogrades, elles inventent un système effrayant où science, technique, médecine ne sont plus convoquées ; complices, femmes entre elles, l'une « abandonne » à l'autre son enfant, et se fait payer pour cela ; inconscientes, elles se font manipuler par un tiers qui, faisant circuler, sperme, argent, enfant, ne saurait manquer de les exploiter ; simulatrices ou menteuses, elles parlent de don, d'échange, d'amour ; comédiennes, elles rendent les choses publiques et battent la scène non sans la complicité fascinée des médias ; dangereuses, elles se mettent hors la loi...

PANIQUE, HORREUR...

L'hystérie est de nouveau là qui menace, se donne à voir, se répand, risque de faire tache, ombre ou contagion. Il faut arrêter l'épidémie !

Aurais-je ici réussi à provoquer la surprise ? Je redis, plus calmement, moins spe(cta)culairement ce qui constitue mon hypothèse : Et si les mères porteuses (le pluriel de la formulation me semble devoir être noté) constituaient une des formes modernes de l'hystérie, l'une de celles dont on pourrait craindre la contagion et dont les exemples jonchent l'Histoire ?

Sorcières endiablées au Moyen-Age, convulsionnaires de Saint-Médard au XVIIIe siècle, possédées de Morzine au XIXe [1]; ne faudrait-il donc pas que devant l'éventualité du retour de ces spectres, l'ordre social intervienne, réagisse au plus tôt et dise : *non !*

Ce faisant, on n'aura manqué de le remarquer, on interpelle l'opinion, fait effectuer des sondages [2], écrit des articles, convoque des colloques. Les producteurs de savoir et de législation sont encore une fois interpellés. Mais sauf à inscrire en tête d'une loi : « Il est interdit d'être hystérique », on ne voit guère ce que le législatif pourrait faire ici.

*
**

> *Ni du côté de la nature, de sa splendeur ou de sa méchanceté, ni du côté du destin, la psychanalyse ne fait de l'interprétation une herméneutique, une connaissance, d'aucune façon illuminante ou transformante* [3].

Hystérie ai-je avancé. Ici, dois-je marquer un léger temps d'arrêt et me risquer à faire détour par la théorie analytique, pour tenter de me faire comprendre, non sans craindre de susciter une illusion de clarté, ou un empressement à conclure.

Si, comme je l'ai déjà dit, le désir dont les formes ou les modalités pour chaque sujet, sont nécessairement singulières,

---

1. Je pense ici aux exemples qu'analyse Gérard Wajeman dans *le Maître et l'hystérique*, Navarin/Seuil. Paris, 1982.

2. Sondage SOFRES réalisé pour *Femmes d'aujourd'hui - Modes de Paris* ainsi présenté dans le *Quotidien du Médecin* (20-11-1984) : « Mères porteuses : 51 % des français désapprouvent dont 54 % de femmes ; insémination artificielle avec donneur : 47 % favorables dont 50 % de femmes... A propos des mères porteuses, les plus de trente-cinq ans y sont le plus hostiles. Entre dix-huit et vingt-quatre ans, elles sont une sur deux à dire « oui » et 47 % entre vingt-cinq et trente-quatre ans. Pour l'IAD les « oui » s'élargissent aux trente-cinq/quarante-neuf ans (54 %), ainsi qu'aux dix-huit/vingt-quatre ans (59 %) et vingt-cinq/trente-quatre ans (61 %).

Sondage IPSOS (17-20 nov. 84) auprès de 1 005 femmes âgées de quinze ans et plus, constituant un échantillon national représentatif de la population féminine française : 35 % des femmes sont pour les mères porteuses, 54 % contre, 11 % ne se prononcent pas. Paru dans *Elle* (24-12-84).

échappe à la maîtrise, c'est qu'il s'origine de l'inconscient, de cette Autre scène, où la réalité psychique, mène la danse, est en cause. Chez le sujet parlant le désir ne peut que s'habiller de la demande. Le sujet demande, se plaint, attend d'un autre qu'il vienne y répondre. Cependant quelque chose toujours lui manque, qui relance désir et demande et ne peut être comblé. Aucun objet ne vient jamais boucher ce vide, ce trou irreprésentable, autour duquel tournent et se formulent ses demandes « opacité sans remède [3] », objet, cause innommable du désir, l'impossible à atteindre : c'est le Réel chez Lacan.

Qu'avec ses scénarios réglés, le fantasme soit là pour connecter le sujet à cet objet cause du désir, et déterminer le ou les symptômes [4], figures d'une vérité du sujet dans sa jouissance, où la vérité trouve à résister au savoir, c'est ce que fonde la théorie lacanienne, posant le sujet comme divisé [5].

Dans cette théorie, Réel, Imaginaire, sont à penser « noués », et aussi avec le Symbolique qui introduit le registre de la logique du langage, celle à travers laquelle le sujet parle, formule ses demandes, dans la grammaire du fantasme, masque de la réalité psychique.

La clinique repère des types de symptômes qui signent des structures psychiques, s'inscrivent dans des structures de discours qui fondent le lien social. L'une d'elles, l'hystérique, est précisément celle qui, posant une question, se pose en énigme, appelle l'attention de l'autre (le savant, le médecin) qu'elle interroge, pousse à produire du savoir, de la Science, presse de répondre à sa question : « Dis-moi qui je suis ? Suis-je un homme ou une femme ? » Ce faisant, elle est aussi [6] celle qui, par sa contestation, présentifie l'inanité d'un savoir sur le sexe, et ne cesse de faire parler [7].

---

3. Jacques Lacan : « De la psychanalyse dans ses rapports avec la réalité » *Scilicet*, n° 1 (pp. 52 et 54). Editions du Seuil, Paris, 1968.
4. Ce qui, chez Freud fut ainsi théorisé : « Le symptôme hystérique est la réalisation d'un fantasme inconscient servant à l'accomplissement du désir ». S. Freud : *Les fantasmes hystériques et la bisexualité* (1908) *in :* « Névrose, psychose et perversion », Paris PUF, 1973.
5. Jacques Lacan : *op. cit.* (p. 58).
6. Le féminin ici utilisé, ne devrait pas masquer que l'hystérie se rencontre aussi chez des sujets « masculins », à entendre ici comme « porteurs de pénis ».
7. Je renvoie ici à la remarquable « présentation » qu'en fait Gérard Wajeman en son ouvrage, *op. cit.*

Autre source, autre formulation de la même chose, concernant plus précisément ce que peut être le rapport des sujets à l'enfantement. Si je cite ici longuement des extraits de l'ouvrage *Partage des femmes* d'Eugénie Lemoine-Luccioni [8] c'est qu'ils me paraissent être fort à propos.

La femme enceinte jouit d'un savoir refusé à l'homme, qui à son tour se plaint « de ne point participer à la création comme les femmes, par l'enfantement... ... Donc, la femme participe à la création ; et c'est en quoi elle est divisée, étant aussi bien créature. C'est là son partage et sa souffrance... L'homme est de son côté créature et créateur, mais la ligne de partage ne passe pas *en* lui ; elle passe *entre* la femme et lui. La femme est la vérité qu'il interroge pour trouer le secret de la création (et je garde volontiers la faute de frappe : trouer pour trouver)... L'homme et la femme naissent l'un comme l'autre sous le régime du manque. Ils se distinguent toutefois aussitôt par la dérive que le manque à être emprunte à l'avoir chez l'homme, qui s'en tient à l'avoir du fait qu'il a un pénis. La femme s'en tient, elle, au manque à être ; l'avoir ou pas restant pour elle du registre de l'imaginaire [8]. »

Ne peut-on ainsi estimer, que si une femme stérile dit redoubler de souffrance, c'est peut-être qu'à ne pouvoir utiliser l'enfant comme bouchon qui viendrait imaginairement colmater la blessure, la division, donner réponse (même provisoire) à la question : « Suis-je un homme ou une femme ? », elle se sente privée de quelque chose qu'une autre femme a, et donne à voir à l'heure de la grossesse, et qui la signe, l'assigne elle aussi, comme femme ?

Car « ne sachant plus, en bonne hystérique, si elle était homme ou femme, elle a *choisi de se forcer* à être femme, en faisant un enfant. Ainsi la question, pensait-elle, ne se posait plus [9] » (c'est moi qui souligne).

Et de ce point de vue, il me semble pouvoir avancer que la mère porteuse, volant au secours de celle qui souffre et manque (trait de l'hystérique) s'offre à être « une mère-père » qui fasse l'enfant, au couple, à l'autre femme. Autre femme à la

8. Eugénie Lemoine-Luccioni : *Partage des femmes*. Editions du Seuil, Paris, 1976 (pp. 8-9).
9. Eugénie Lemoine-Luccioni, *op. cit.* (p. 25).

place de laquelle, par ailleurs, elle peut très bien imaginer se mettre.

Ainsi, elle est de ceux — il y a aussi les médecins — celles qui entrent au service du désir de l'autre, le couple, posé comme entité blessée. Elle s'offre à venir combler ce qui manque à l'autre, sachant que ce qui lui manque, c'est un enfant. Elle est donc, elle aussi, en position double :

— se mettre à la place de la mère défaillante,
— être celle qui a ce qu'il faut (le bon organe) pour lui faire un enfant.

Que ce faisant, et en tant que mère porteuse, elle soit aussi dans son symptôme, sa jouissance, n'est ni plus ni moins vrai que pour chaque sujet. Et ça peut s'énoncer de bien des manières [10].

Ici aussi, il y a « ménage à trois » : un homme et une femme ne faisant pas l'amour, font l'enfant [11], enfant que l'homme donnera à celle qui « seule » l'attend. Scène primitive en acte ? Fantasme ? La clinique recueille des « fables » qui peuvent être les suivantes : une petite fille imagine sa mère frigide, donc non épouse, et reçoit du père un enfant. Ou encore une petite fille, enceinte du père, donne à sa mère un enfant et devient mère de la mère. L'homme, lui aussi, imagine sans doute que l'enfant viendra combler la faille. Mais, en l'affaire, faisant l'amour avec une femme, l'enfant avec une autre, avec laquelle « il ne couche pas », ne serait-il que mari complaisant ? Là aussi, les scénarios sont assez courants et connus pour que je ne fasse que les évoquer, où les femmes se classent en vierges-mères ou putains.

Chacun peut donc y être dans son symptôme.

Et l'enfant dira-t-on ?

Qu'ici, dans la réalité, une femme soit épouse et non mère biologique ne me semble devoir ni empêcher, ni favoriser l'organisation des fantasmes (et notamment ceux de l'enfant). La « réalité » a peu à voir avec l'imaginaire, lequel, ai-je dit, est noué avec le symbolique où s'écrit la filiation.

---

10. Et pas nécessairement seulement me semble-t-il sous le registre du masochisme comme le fait Julia Kristeva dans un article à ce sujet : « Un christianisme à l'envers ». *Libération*, 9-2-1984.

11. Je garde, moi aussi, le lapsus de ma plume : « font l'enfant », au lieu de « font un enfant ».

Reste, qu'au titre de la filiation, il y sera inscrit. Racontera-t-on à l'enfant l'histoire de sa venue au monde ? Désiré par un couple qui « paya pour l'avoir », élevé dès sa naissance chez des parents (biologiques et d'adoption), devrait-il ignorer qu'il a deux mères : celle qui l'a porté et échangé avec une femme contre de l'argent, et celle qui l'élève ?

Si elles en sont d'accord, si elles le supportent, le parlent, savoir qu'on a deux mères serait-il dommageable à l'enfant ? Combien ont eu, combien ont encore « nourrice », ou « bonne [12] » qui, en plus de la mère, dispensent soins, amour, langage, de « l'amour en plus [13] » ?

ET POURTANT ELLES PARLENT

Je voudrais ici, me référer maintenant, même si elles sont encore fort peu nombreuses, aux déclarations qu'ont déjà faites l'une ou l'autre de ces mères porteuses. Car ces femmes parlent, et il me semble (comme dans le cas des hystériques, au temps de Charcot) qu'on ne les écoute guère, soit qu'on considère leurs propos comme n'ayant aucune importance, soit qu'implicitement on les suppose mensongères, insincères, simulatrices ou

---

12. Je ferai ici un aveu. Je suis l'une de ces enfants-là, lorsque j'eus trois semaines vint habiter à la maison de mes parents, une femme qui, en plus de ma mère au travail dans la journée, m'aima et m'éleva comme si elle était ma 2e mère et ceci jusqu'à mes quatorze ans.

13. J'ajouterai encore une remarque incidente mais non négligeable. Tenter de situer, comme je l'ai fait dans une première partie l'émergence des mères porteuses à la fois par rapport à deux mouvements et leurs effets dans le champ social : celui du « mouvement des femmes » d'une part ; de l'évolution du médical à travers le territoire de la reproduction humaine d'autre part ; et à ce qui, de l'inconscient se joue dans ces affaires, est une des formes de ce qui me paraît aujourd'hui constituer l'émergence d'un questionnement épistémologique important en sciences humaines : Comment penser *Champ social et inconscient ?*

Tel fut l'intitulé et l'objet du colloque organisé au CNRS à Paris (juin 1983) par des membres de l'unité de recherche « Santé et société » du Centre d'Etudes Sociologiques. Certains d'entre-eux poursuivent la réflexion en un séminaire public « De l'expérience freudienne à la recherche scientifique », Paris, 1985.

dissimulatrices. Je donnerai donc ici une large place à leurs paroles [14] non sans laisser encore parler un homme...

Clarke, lui-même, fait ce commentaire : « Les interviews montrent, semble-t-il, que la motivation essentielle n'est pas l'argent, contrairement à ce qui semblerait. Sont-elles sincères en disant cela ? Jacques Gauchery, qui les a interrogées longuement en Californie, l'affirme » (*op. cit.*, p. 119).

Et l'auteur indique un certain nombre de points qui me paraissent pouvoir constituer aussi quelques-unes des raisons pour lesquelles des femmes s'offrent à être mère-porteuse. S'il s'agit de leurs « symptômes », ceci prouve en tout cas qu'elles sont engagées dans cette affaire en tant que sujets.

Certaines de ces femmes américaines sont mariées avec des hommes qui après avoir « fait des enfants » se sont faits stériliser. Autrement dit, si ces femmes disent « aimer être enceintes », ou encore avoir un désir de grossesse (et non pas nécessairement un désir d'enfant), « avoir un gros ventre », « se sentir pleine », il ne leur est plus possible de le vivre dans le cadre de leur couple. Devenir mère-porteuse serait donc aussi, pour elles, réaliser ce désir-là.

D'autres ayant « mal vécu une grossesse antérieure, veulent se prouver — et prouver à leur mari — qu'elles peuvent en vivre une autre dans de bonnes conditions. Pour quelques-unes c'est là une manière d'intervenir, d'une façon décisive dans la vie d'une autre femme, d'un autre couple. Des mères de substitution ont très mal vécu un avortement et veulent se racheter en portant jusqu'au bout un enfant, même si ce n'est pas le leur [15] ».

Là-dessus, Clarke conclut en reprenant le point de vue des psychologues américains, qui admettent que « beaucoup de ces jeunes femmes ont des problèmes affectifs. Le fait de porter un enfant qui n'est pas le leur n'est peut-être pas le meilleur moyen de les aider à résoudre ces problèmes [15] ».

Je ferai ici plusieurs remarques :

Pour ma part, je ne me risquerai pas à diagnostiquer à la

---

14. Je me réfère essentiellement aux deux interviews de femmes américaines parues dans le livre de Clarke, *op. cit.*, pp. 121-126, et à l'interview de la mère porteuse « Patricia » parue dans la revue *Parents*, oct.-nov. 84.
15. Clarke, *op. cit.*, p. 119.

place de ces femmes ce qui est le meilleur pour elles ; je ferai simplement remarquer que les problèmes affectifs ne me semblent être l'apanage ni des femmes ni de ces femmes. D'autre part, si devenir mère-porteuse, les aide à trouver des « bénéfices secondaires » au titre d'une réparation ou de leur désir de grossesse, je ne pense pas que ça leur soit spécifique. Qui peut dire ce qui se joue pour une femme qui décide de faire un enfant par les voies traditionnelles ? Je ne pense pas non plus que ceci indique a priori quoi que ce soit de dommageable pour l'enfant.

Mais écoutons ce que ces femmes disent.

1) *Se mettre à la place de l'autre femme, ou du couple demandeur d'enfant.*

JILL : « Notre but était réellement de venir en aide au couple stérile. J'ai trois enfants, mais j'ai vécu le drame de ma belle-sœur, qui a attendu 6 ans avant son premier enfant. J'étais enceinte à cette époque et j'ai ressenti très intensément sa douleur de ne pouvoir enfanter. »... « J'ai 3 enfants, plus j'avance dans ma grossesse, plus je suis certaine de ne pas en vouloir d'autres. »

PEGGY : « J'ai toujours été frappée de l'ironie des situations qui font que certaines femmes sont enceintes par accident et le regrettent, alors que d'autres veulent désespérément un enfant et ne peuvent l'avoir. Je voulais donc aider les mères stériles. »

PATRICIA : « J'ai dit à mon mari : " Imagine que nous n'ayons pas pu avoir de bébé. Imagine que quelqu'un ait bien voulu en faire un pour nous. " Mon mari ne parle pas beaucoup. Mais je savais déjà qu'il ressentait la même chose que moi. Finalement, si je ne le faisais pas, j'aurais l'impression d'être égoïste, d'être indifférente vis-à-vis des autres. Puisque je peux le faire pourquoi ne pas le faire ? » Ce serait « leur refuser un bonheur qu'on peut leur donner. Maintenant je suis jeune, je suis en bonne santé, j'ai tout pour le faire. Cela ne me retire rien à moi, et puis à eux ça leur donne tellement. C'est ce qu'on s'est dit : Nous, ça ne nous retirera rien. ... Ma décision vient du fait que je me suis imaginé ce couple. Puis

Pascal (c'est son mari) et moi, nous nous sommes mis à sa place : si c'était nous. »

2) *Abandon ou don ?*

Bien que du point de vue de la loi américaine aussi, la mère soit la femme qui porte l'enfant, la question du don/abandon n'est pas évoquée dans les interviews rapportées par Clarke. Au contraire, Patricia s'exprime abondamment là-dessus. Je reproduis longuement son interview effectuée par *Parents :*

PATRICIA : « Non, je ne l'abandonne pas. Dès le départ, dès la conception, je sais que c'est un enfant et pas « mon » enfant. Je l'ai déjà dit, je le répète, abandonner un enfant, j'en serais incapable. Je donne un enfant, je ne l'abandonne pas. Il y en a qui, évidemment, feront semblant de ne pas voir la différence. Moi, lorsque je donnerai l'enfant, je le donnerai, je ne l'abandonnerai pas. Je donnerai l'enfant avec tout l'amour que je lui porte. Une femme qui doit abandonner un enfant, enfin celle qui doit le faire, je me mets un peu à sa place : elle ne doit pas donner d'amour à son enfant. Tandis que moi, j'espère qu'au-delà du don que je ferai, l'enfant sentira l'amour que je lui ai porté. Un enfant abandonné, c'est un enfant qui est nu, un enfant qui n'a rien, qui est vraiment abandonné... Tandis que là, c'est un enfant qui est offert. C'est un enfant qui, plus que tous les autres enfants, a un bagage avec lui, un bagage d'amour.

« Et plus tard, lorsqu'il sera adolescent, il faudra qu'il fasse la différence entre « donner » et « abandonner ». Ses parents, dès qu'il sera en âge de comprendre, lui diront qu'il a été fait par amour, de ma part et de la leur. Car il faut se mettre à la place du couple stérile, il faut beaucoup d'amour à un couple pour demander à une autre femme de faire un enfant pour lui. J'imagine que cela doit être très dur. Je crois que, pour cela, ils sauront très bien donner l'amour à leur enfant et lui dire l'amour que je lui porte. »

Si donc on écoute ce que dit cette femme, elle se met dans la position d'effectuer un don, d'offrir un enfant et non pas de l'abandonner, nu, sans destination, « exposé » seul sur la voie publique ou confié à une institution ; non, elle le donne à un couple qui l'attend et à qui il a aussi fallu beaucoup d'amour pour demander à une femme de le faire pour lui. Car de l'amour, il lui en faut, à elle aussi.

Et Patricia dit encore : « J'ai franchi le cap en me disant simplement : C'est sûr, il y a des malheurs partout, des enfants qui meurent de faim dans le tiers monde. Au point de vue individuel, on est impuissant, on n'a pas les moyens. C'est sûr, il y a l'Unicef, des tas d'organismes : on peut faire des dons. Mais des dons c'est vague. Mais ça ne me touche pas autant que la détresse d'un couple stérile. Un couple stérile, ce sont des gens comme vous et moi : c'est la fatalité : ça peut tomber sur n'importe qui... Là, je participe concrètement, je donne quelque chose de moi-même : c'est un enfant ! Un enfant, ce n'est pas rien du tout. Un enfant, c'est tellement merveilleux : un petit enfant qu'on donne à un couple qui, sans nous, n'aurait rien. Sans nous, pour ces couples-là, la vie est terminée. Il n'y a pas d'héritier, il n'y a pas de descendance. »

Patricia donc, donne quelque chose d'elle-même, un enfant, et un enfant ce n'est pas rien du tout, dit-elle. En effet.

J'en arrive maintenant à la question de l'argent, car elle me semble directement liée à cette position.

3) *De l'argent.*

Je cite d'abord ce que disent les femmes, je dirai par la suite comment *je* vois les choses.

Peggy : « L'aspect financier de la question est certainement agréable, mais ce n'est pas la raison principale qui a motivé ma décision. La somme d'argent, si importante qu'elle paraisse, est négligeable par rapport à ce que je dois faire. J'ai déjà, sans succès, subi des inséminations pendant 7 mois pour un autre couple. Cette fois, j'effectue une nouvelle tentative. »

Sur ce point, du « prix à payer » pour devenir mère porteuse, j'ajoute ces citations de :

Jill : « Nous avons dû interrompre, en effet, nos relations sexuelles jusqu'au jour de la confirmation de la grossesse. Mon mari avait subi une vasectomie ce qui a facilité les choses pendant cette période d'insémination, qui a duré 5 mois. Mais je ne sais pas si beaucoup d'hommes apprécieraient cette longue abstinence. »

PATRICIA : « Pendant que je correspondais avec le docteur Geller, j'ai décidé quand même d'écrire à l'Anias (Association nationale pour l'insémination artificielle de substitution), pour savoir la différence. Bien sûr, le docteur Geller me paraissait sérieux, mais je ne le connaissais pas vraiment. A l'Anias, ils m'ont tout de suite demandé de fixer un prix ! Cela m'a surprise. On ne fixe pas un prix pour un enfant. Ce n'est pas possible ! Dans l'autre cas, il n'y avait qu'une indemnité de cinquante mille francs, mais cinquante mille francs, ce n'est pas le prix d'un enfant, c'est le prix d'un cadeau. Si on considère que l'enfant a un prix, à ce moment-là, ça n'a pas de limite. Etant donné que, de toute façon, ce n'est pas une affaire, ce n'est pas au plus offrant. Un enfant, c'est un enfant. Je ne le ferais pas pour rien non plus. Cet argent me motive un peu, mais ce n'est pas pour cela que je le fais, ce n'est pas pour l'argent... Si on le faisait pour l'argent, on aurait pu demander dix, quinze, vingt millions. C'est pour cela que la lettre de l'Anias m'a surprise. A ce moment-là, les milieux les plus favorisés pourraient avoir un enfant et les moins favorisés, bien entendu, n'auraient rien. Et, c'est pour cela, je crois, que le docteur Geller veut justement que soit fixée une indemnité. Pour qu'il n'y ait pas d'abus et pour que ce soit fait au grand jour. Si on refuse ça au docteur Geller, je suis persuadée qu'il y aura des enfants qui se feront dans la clandestinité. Ça, il n'y a pas de doute, ça se fera. La détresse n'a pas de prix et surtout un enfant n'a pas de prix. Ces couples-là donneraient leur chemise pour un enfant. »

Je pars donc de l'hypothèse qu'il n'y a pas abandon mais don d'enfant et j'essaye à partir de là, de penser la question de l'argent.

Peut-être vais-je d'abord rappeler quelques faits qui ne semblent guère venir à l'esprit de bon nombre de ceux qui s'avancent à parler du lien des mères porteuses à l'argent.

1) L'Etat lui-même paye pour que des enfants soient « donnés » à la société. Face à la baisse de la natalité dans les pays occidentaux, les Etats — et c'est le cas de la France — ver-

sent des allocations pour encourager les couples à faire un troisième enfant. Il ne me semble pas, que dans ce cas, on questionne énormément la lucrativité de cette conception d'enfant.

2) Tous ceux qui, condamnant les mères porteuses, plaident pour l'adoption ne peuvent ignorer qu'actuellement l'adoption est, en France, fort difficile, l'attente très longue et que de nombreux couples se décident à aller chercher des enfants du Tiers Monde pour les adopter. Et ceci moyennant de très fortes sommes d'argent. On parle, dans ce cas aussi, de « trafics d'enfants », ou de « marché noir d'enfants », sans qu'on s'interroge davantage sur ce que j'appellerai la division internationale des conceptions d'enfants. Celle-ci fut pourtant évoquée à propos des mères porteuses, où l'on envisagea que des femmes fort pauvres, du Tiers ou du Quart Monde, pourraient se mettre à faire des enfants pour de l'argent.

3) Dans les cas de procréation artificielle, certes l'insémination artificielle avec donneur est gratuite ou remboursée par la Sécurité sociale, mais la fécondation in vitro coûte de l'argent et même assez cher (15 000 F par tentative de réimplantation. La réussite de l'opération pouvant nécessiter dix tentatives, le coût est donc de 150 000 F environ ; intégralement pris en charge par la Sécurité sociale).

4) Faut-il enfin rappeler [16] que la relation de l'appareil génital féminin à l'argent n'est pas chose nouvelle. Et que si certains s'offusquent — selon leurs termes, des locations ou ventes d'utérus — les sociétés organisent, laissent faire, voire taxent les locations de vagin, sous les diverses forme de la prostitution.

Mais, revenons aux mères-porteuses.

Mon opinion est que l'argent qui circule ne correspond pas à l'achat ou à la vente d'un enfant. Car, en effet, un enfant n'est pas un objet ou une marchandise qu'on achète. Je ne pense pas non plus qu'il s'agisse d'une simple *rémunération pour un service* (ce qui me semble être la position du Dr Geller) ni d'un *salaire.*

Cette façon de voir me paraît centrer les choses sur la *fabrication* d'un enfant et renvoyer aux métaphores, d'ailleurs utilisées, de l'économie marchande. Et en effet, l'on parle de

16. Ainsi que le fit une femme qui assistait à un débat télévisé sur les mères porteuses, et dont j'ai oublié le nom.

production (du vivant) ou de *reproduction* (des corps), du *travail* de l'accouchement. Tout ceci me semble réduire ce qui se passe, au bon fonctionnement d'un organe : l'*utérus,* qui effectuant correctement son *travail,* mériterait *salaire.* Patricia, elle-même, refuse de considérer l'argent reçu comme un salaire. Je la cite : « Non, je ne considère même pas ça comme un salaire, parce qu'un salaire, c'est un travail. Tandis que pour moi, une grossesse ce n'est pas un travail, c'est le déroulement normal de la vie d'un couple. »

Concernant la métaphore de l'économie capitaliste, je rappelle qu'on nomme banques les lieux où sperme, sang, organes sont stockés, dont l'utilisation est, par ailleurs et non sans déni, posée et imposée comme gratuite.

On pourrait cependant s'interroger sur cette gratuité qui semble faire exception à l'éthique occidentale du paiement généralisé, qu'il s'agisse de la force de travail (où le corps et son usure sont impliqués) ou d'un quelconque service ou échange de marchandises : tout se paie.

Mais penser le don d'enfant en se guidant sur le fait que dons de sang, de sperme ou d'organes doivent, en France, à la différences d'autres pays, être gratuits [17], ne *me* semble pas devoir indiquer le bon chemin. Car un enfant ne peut être considéré comme l'équivalent ni d'un organe, ni d'une « humeur ». Une équivalence rigoureuse du point de vue scientifique peut s'établir entre don de sperme et don d'ovule qui sont tous deux des gamètes. Mais, donner un enfant, c'est autre chose, et ainsi que le dit Patricia : « Un enfant, c'est un enfant, je ne le ferai pas pour rien. »

Je fais ici un détour vers ce qu'élabora Marcel Mauss dans son ouvrage *Essai sur le don* [18] où il montre que, certes, l'enfant comme « bien utérin » peut être envisagé comme l'un des nombreux cadeaux que s'échangent les populations polynésiennes. Mais, dans le système qu'il étudie, donner installe une dette,

17. C'est ce que firent nombre d'orateurs aux Journées du Comité national d'Ethique. Paris, 6 et 7 décembre 1984.

18. *in* Marcel Mauss, *Sociologie et anthropologie,* PUF 1968, pp. 143-279.

oblige celui qui reçoit le cadeau à rendre, et même davantage qu'il a reçu. On peut donc dire que la logique de l'éthique occidentale et celle qui guide les échanges en Polynésie ont un point commun : l'enfant est à considérer comme tout ce qu'un donateur abandonne de lui. L'opposition radicale des deux systèmes est donc que, dans le premier cas, tout don impose l'absence de contrepartie ; dans le second, tout don oblige à un retour.

Je cite ici des extraits de ce texte où l'enfant, comme « bien utérin » peut faire partie des cadeaux échangés — mais il y en a beaucoup d'autres — dans les populations de Polynésie qu'il étudie :

« Ce qui, dans le cadeau reçu, échangé, oblige, c'est que la chose reçue n'est pas inerte. Même abandonnée par le donateur, elle est encore quelque chose de lui. Par elle, il a prise sur le bénéficiaire comme par elle, propriétaire, il a prise sur le voleur... Présenter quelque chose à quelqu'un c'est présenter quelque chose de soi... On comprend clairement et logiquement, dans ce système d'idées, qu'il faille rendre à autrui ce qui est en réalité parcelle de sa nature et substance. Car accepter quelque chose de quelqu'un, c'est accepter quelque chose de son essence spirituelle, de son âme ; la conservation de cette chose serait dangereuse et mortelle et cela non pas seulement parce qu'elle serait illicite, mais aussi parce que cette chose vient de la personne, non seulement moralement, mais physiquement et spirituellement, cette essence, cette nourriture, ... ces femmes ou ces descendants, ces rites ou ces communions donnent prise magique et religieuse sur vous. » (*Op. cit.*, pp. 159-161.)

Si je cite encore le passage suivant, c'est qu'il me semble devoir permettre de réfléchir aussi aux questions de la séparation et de l'anonymat que j'aborderai plus loin : « Les présents forment une parenté entre les deux couples de parents. Ils donnent aux deux « côtés » même nature, et cette identité de nature est bien manifestée par l'interdit qui dorénavant, tabouera, depuis le premier engagement de fiançailles, jusqu'à la fin de leurs jours, les deux groupes de parents qui ne se voient plus, ne s'adressent plus la parole, mais échangent de perpétuels cadeaux. En réalité, cet interdit exprime et l'intimité et la peur qui règnent entre ce genre de créditeurs et ce genre de débiteurs réciproques. » (*Op. cit.*, p. 173 à propos des Pygmées.)

Pour ma part, si je ne me prononce pas sur les dons d'organes, je considère qu'en ce qui concerne le don d'enfant, la dette du côté des receveurs, les oblige à rendre quelque chose, sauf à devoir payer ultérieurement, sous des formes où l'inconscient saura trouver son compte...

Je pose donc que pour la mère qui a porté l'enfant, il y a perte, il y a don et donc dette du côté des receveurs qui lui sont obligés. Et je pose la question : Qu'aurait-on dit ou pensé, si elle avait donné l'enfant pour rien ? La gratuité ne serait-elle pas aussi « suspecte » ?

Je ne vois donc pas pour ma part, comment cette femme pourrait faire un enfant, sans qu'il lui revienne quelque chose. Et comme dans nos sociétés, l'équivalent généralisé des objets échangés est l'argent, il doit lui revenir de l'argent. Ceci pour le principe.

Maintenant combien ? comment ? est une question difficile.

Du point de vue que je viens de soutenir ci-dessus, la position de l'Anias qui demande à la mère porteuse de *fixer son prix* ne me paraît pas mal pensée. L'Anias en effet, pose à la future mère la question : « Qu'est-ce qu'il vous en coûtera ? »

Mais comment y répondre par avance ?

A cette question, Patricia a refusé de répondre car, dit-elle, « on ne fixe pas le prix d'un enfant. Un enfant est sans prix ». Et cependant, elle-même sait bien et dit que faire un enfant et le donner ne lui coûte pas rien. Mais elle préfère recevoir une indemnité fixée par le Dr Geller à 50 000 F pour le prix du cadeau, le règlement de la dette.

Par ailleurs, elle pense que seront ainsi évitées de possibles discriminations entre futurs parents pauvres et riches. Peut-être a-t-elle raison sur ce point.

On voit donc que les questions, même difficiles, ne sont certes pas ignorées ni des mères porteuses, ni apparemment des associations « intermédiaires ».

Sur ce point, je veux redire que (à la différence du comité d'éthique) je ne vois pas vraiment la nécessité des intermédiaires. Il me semble en effet (et l'exemple américain semble confirmer ce que je vais dire) que c'est à ce niveau que peuvent se réaliser des profits « scandaleux », justifiés par la « responsabilité » de l'organisation de l'affaire. Ce sont en effet, les intermédiaires qui, aux USA, éliminent 95 % des femmes candidates à être mères porteuses, après les avoir soumises à divers entretiens psychologiques, tests et examens et justifiant ainsi l'argent qu'ils perçoivent [19].

Position de maîtrise qui me paraît pouvoir aussi s'alimenter de ce que Patricia note fort justement à savoir que « la détresse n'a pas de prix » et ajoute-t-elle « Ces couples-là (ceux dont la femme est stérile) donneraient leur chemise pour un enfant. »

Biais par lequel peuvent s'engouffrer certainement et le chantage à la détresse [20] et nombre d'occasions de se faire de l'argent. Et pourtant, je pense que ce n'est qu'au prix d'un contrat de confiance réciproque entre la mère porteuse et les parents demandeurs, que l'échange d'enfant pourra se réaliser comme il aura été convenu par avance.

4) *De l'anonymat.*

Ici encore, je cite d'abord ce qu'en disent les femmes :

JILL : « Lorsque tout sera terminé, nous resterons en contact avec le couple demandeur. Ils nous enverront des photos de l'enfant tous les deux ou trois ans et nous donneront régulièrement des nouvelles par téléphone. »

Et sur la question de savoir si l'enfant connaîtra son origine, Jill ajoute : « Celui-là, certainement. Je ne sais pas ce qu'il en est des autres qui naissent de la même façon... Ma porte restera ouverte bien entendu. Il est évident qu'il pourra venir me voir quand il voudra. Il saura qui nous sommes et où nous nous trouvons. Il pourra voir et entendre les cassettes des interviews faites avant sa naissance. Mais je crois que s'il est heureux, ce que je souhaite profondément, son seul motif pour chercher à me voir sera la curiosité. »

PEGGY : « En ce qui me concerne, je ne tiens pas à avoir de contacts avec l'enfant après sa naissance. Cela pourrait créer des problèmes au niveau de notre couple. J'estime que tout le monde devrait être honnête avec cet enfant, lui dire

19. Interview de Maître W. Handel, directeur d'un réseau américain de mères porteuses *in* Clarke, *op. cit.*, p. 127.

20. J'ai lu et ne retrouve pas la référence, qu'une mère porteuse américaine aurait exercé un chantage à l'avortement.

la vérité sur les conditions de sa naissance. Mais lui faire comprendre aussi combien il était désiré par le couple de ses parents et quels efforts nous avons faits pour qu'il naisse. Si à dix-huit ans, il veut me voir, je déciderai alors. »

Il apparaît donc que ces femmes envisagent que l'enfant n'ignore pas les conditions de sa naissance. Chacune à sa façon imagine et se prépare par avance à l'idée que l'enfant, un jour, pourrait désirer la connaître, sans peut-être oser postuler quelles raisons (autres que la curiosité pour l'une d'elles) pourraient animer ce désir.

Patricia, de son côté, dit, qu'elle aimerait connaître les parents qui vont élever l'enfant qu'elle porte. Elle ajoute qu'elle aimerait même qu'ils puissent devenir amis. Cependant, elle estime que s'ils préfèrent rester anonymes, c'est à eux de le décider car « ils ont un petit handicap vis-à-vis de nous. Quelle que soit leur décision, je saurai les comprendre ».

Elle ouvre de ce fait une question intéressante, me semble-t-il : *de quel anonymat s'agit-il ?* Car, il est patent que dans son cas, son visage, son histoire ne sont plus du tout inconnus, anonymes. Elle en a parlé à ses parents, ses sœurs, ses amis. La presse a été convoquée, le grand public en parle, les professionnels de l'éthique aussi. Moi aussi... L'anonymat est donc du côté des parents demandeurs d'enfant. Et de ce fait, on peut se demander si poser l'anonymat comme une nécessité (dans le cas de l'IAD par exemple) ne revient pas à préserver l'anonymat des parents demandeurs d'enfant.

Par ailleurs, aux USA, il y a des cas où le couple qui attend l'enfant connaît, reçoit, est reçu par le couple de la mère porteuse. Qu'y aurait-il d'anormal à cela ? Qu'y aurait-il donc d'étrange, ou de suspect, à ce que la mère qui a porté l'enfant attende et reçoive de temps en temps des nouvelles, ou des photos de l'enfant ? Ou encore qu'elle espère que seront dites à l'enfant les conditions de sa naissance, l'histoire tissée d'amour de sa venue au monde ? Et qu'ainsi, elle puisse envisager de le recevoir, plus tard, si il est curieux de voir et connaître cette mère-là.

Je ne vois rien d'horrible à tout cela ! Ça n'est certainement pas simple à vivre, mais y a-t-il quelque simplicité à vivre tout court ?

Le temps de la séparation d'avec l'enfant, notamment, ne

sera pas plus simple que le reste. Et s'il faudra stopper, comme dans bien d'autres cas, la venue du lait, le geste de la séparation pourra se soutenir car il s'agira de donner — c'est Patricia qui parle — un enfant à une femme « mère légitime par adoption et par le cœur »... « Ce ne sera pas elle qui l'aura porté, mais je suis sûre que pendant ma grossesse, elle pensera autant que moi à l'enfant. C'est elle qui tiendra la première l'enfant dans ses bras. C'est elle qui va vivre avec lui ses premières joies, ses premières dents, ses premiers rires. C'est elle qui va l'aimer. La mère, c'est celle qui aime, ce n'est pas seulement celle qui porte. »

5) *Il y a donc deux mères.*

PATRICIA : « Je suis la mère sur le plan génétique ; je ne suis pas la mère sur le plan du cœur. Sur le plan du cœur, ce sera la mère, la maman. C'est celle qu'on appelle « maman », la mère. Et quand un enfant dit « maman », il sait bien à qui il parle, ça sort du cœur. Un enfant, ça n'a pas de préjugés. Donc cet enfant, s'il voulait me voir lorsqu'il sera en âge de comprendre, j'accepterais très volontiers. Je lui dirais : « De toute façon, je t'ai porté mais je ne suis pas ta mère... Ta mère, c'est celle qui t'a pris dans ses bras. Ce n'est pas moi qui t'ai donné tes biberons, ce n'est pas moi qui t'ai consolé : c'est ta mère. Moi, je t'ai porté, parce que ta maman ne pouvait pas le faire. » J'essaierais de lui expliquer, avec des mots qu'il saura comprendre, qu'il ne doit pas oublier que la mère, c'est celle qui aime, ce n'est pas que je ne l'aime pas, bien sûr, il a tout mon amour cet enfant ; mais l'amour que je lui porte va partir avec lui, avec ses parents. Il a sa vie à faire, moi, j'ai la mienne. Je donne un petit coup de pouce à la nature et c'est tout ce que je fais. Mon œuvre s'arrêtera là. Tout ce que je souhaite à cet enfant, c'est qu'il soit heureux et je le fais dans ce sens-là. »

Ainsi donc, par avance, cet enfant est-il ici situé à l'intersection de deux flots d'amour venant de deux femmes. Et même si celle qui le porte, commence par nier *être aussi* « la mère sur le plan du cœur » — celle qui dans son optique, définirait LA MERE — elle convient aussitôt après, qu'elle aussi, porte de l'amour à l'enfant. Cet enfant n'aurait-il donc pas par avance, deux mères ? Peut-être est-il encore trop tôt, pour que puisse se dire une telle chose, de la place de celle qui précisément, conjoint en son sein les deux définitions ?

C'est de ce point de vue, me semble-t-il que les mères porteuses viennent le plus directement heurter l'ordre social.

Certes les sociétés ont, depuis la plus haute Antiquité, pensé et juridiquement reconnu l'existence d'une famille d'adoption, dans le cas du recueil d'un enfant abandonné.

Mais, ainsi qu'il est remarqué [21], la loi de 1956 tente d'éviter le terme d'abandon, puisque sont adoptables :

1) Les enfants pour lesquels les parents ont signé un consentement à l'adoption depuis trois mois au moins.

2) Les enfants recueillis par un particulier, une œuvre privée ou l'aide sociale à l'enfance, dont les parents se sont manifestement désintéressés pendant un an au moins et que le magistrat a la possibilité de déclarer « abandonnés ».

Il s'agit donc de « chercher à instituer entre parents adoptifs et enfant, des relations qui se rapprochent autant que possible de celles qui règnent entre parents et enfant légitime » (OMS 1953).

De ce point de vue a donc été promu le concept de mère adoptive ou adoptante pour désigner une femme qui ne devient mère que du fait de son désir d'enfant — reconnu légitime au plan judiciaire — et de sa fréquentation avec l'enfant qu'elle a adopté. Ce sont donc le juge et l'enfant qui font la mère en ce cas. Et l'enfant préexiste à cette mère-là.

Ce qui, par rapport à l'adoption est bouleversé avec les mères porteuses, c'est que, *par avance,* deux femmes se déclarent mères, chacune selon l'une des deux définitions déjà existantes : celle « naturelle », mère génétique, qui portera l'enfant, et celle « d'adoption » qui le recueillera [22].

---

21. Voir notamment : « Contribution à l'étude des problèmes psychologiques posés par l'adoption ». Thèse de médecine. Paris, 1970. Josette Comet.

22. La dislocation — a priori — du terme de mère est cependant ici limitée à deux termes, à la différence de ce qui peut être réalisé avec la fécondation *in vitro,* où l'on peut distinguer plusieurs cas :
— une mère (génétique, porteuse, sociale) ;
— deux mères (génétique/porteuse, sociale) : don d'ovule ;
(génétique, porteuse/sociale) : don d'embryon ;
— trois mères (génétique/porteuse/sociale).

Et c'est, me semble-t-il, cette *dislocation de la maternité, décidée par les mères* et inscrite dans le projet d'enfant, qui est « irrecevable » pour ceux qui interdisent l'existence des mères porteuses.

Ces femmes viennent donc donner un nouveau coup de butoir à LA MATERNITE, et à ce qui traîne encore de L'INSTINCT MATERNEL. Et il est à remarquer, que selon le livre de Clarke, les organisations de « surrogate mothers » se réfèrent abondamment au livre d'Elizabeth Badinter qui se conclut sur l'idée que « L'amour maternel n'est qu'un sentiment et comme tel, essentiellement contingent. Ce sentiment peut exister ou ne pas exister ; être ou disparaître. Se révéler fort ou fragile. Privilégier un enfant ou se donner à tous. Tout dépend de la mère, de son histoire et de l'Histoire. Non ; il n'y a pas de loi universelle en cette matière qui échappe au déterminisme naturel. L'amour maternel ne va pas de soi. Il est " en plus [23] " ».

Est donc ici menacée la certitude d'existence de LA Mère, car il est désormais évident, que dans le cas de la « conception » d'un enfant né d'une mère porteuse, deux mères existent ; et chez celle qui élèvera l'enfant, rien de biologique ou génétique où raccrocher le fameux « instinct ».

Et pourtant, par ailleurs, l'ordre social pourrait trouver à se satisfaire, en prenant la mesure de l'importance ici accordée à ce que sera le rôle d'élevage puis d'éducation de l'enfant. Certes ces rôles ne se seront pas originés dans « l'instinct » ou la procréation biologique, mais ils se soutiennent de L'AMOUR, L'AMOUR MATERNEL qui se retrouve ainsi promu, autre roc intouchable...

UN DÉTOURNEMENT DE SCIENCE ?

Où l'ordre social est aussi menacé, c'est dans ce qui se présente à la fois comme détournement, élimination et raillerie du médical.

Détournement : Je redis que la solution « mère porteuse » me semble s'inscrire en symétrie par rapport à celle de l'insémi-

23. Elizabeth Badinter ; *op. cit.*, p. 369.

nation artificielle avec donneur de sperme. Il suffit de remplacer (du point de vue du raisonnement, évidemment) dans le cas dit IAD, ce qui concerne les hommes par ce qui concerne les femmes pour « inventer » les mères porteuses (voir *T.M.*, n° 462).

Et que les scientifiques viennent expliquer que la symétrie exacte devrait faire correspondre don d'ovule et don de sperme, ne me paraît pas devoir modifier le point de vue sur la démarche des mères porteuses : elle se situe en miroir de celle que les scientifiques ont inventé pour subvenir aux stérilités masculines.

En effet, la réalité biologique, ou même la réalité des connaissances scientifiques que ces femmes peuvent parfaitement avoir sur ce que sont, et comment fonctionnent « les appareils génitaux », n'a rien à voir avec ce que véhicule — je dirai pour paraphraser Freud — la physiologie imaginaire [24].

Car ici, me semble-t-il, à l'heure de faire un enfant selon le procédé « traditionnel », celui où l'acte sexuel est impliqué, il y a, de l'homme vers la femme, éjaculation, sortie du sperme — partie séparable du corps de l'homme —, et neuf mois plus tard, accouchement, parturition d'un enfant — partie séparable du corps de la mère —, qu'il faut détacher en coupant le cordon ombilical.

Il peut donc y avoir ici, équivalence structurelle imaginaire du sperme et de l'enfant [25].

Se promeut donc une pratique, inspirée, voire même engen-

24. Freud a montré et compris que les symptômes de paralysie ou anesthésie qu'il observait sur le corps des hystériques, correspondait non pas à la réalité des circuits nerveux, mais à ce qu'il a appelé une anatomie imaginaire.

25. Et je ne suivrai pas Monique Bydlowski, qui aux journées annuelles du Comité d'éthique les 6-7/12-1984 proposa une autre interprétation de la même idée : à savoir que pour les femmes, don d'ovule et don de sperme ne s'équivalent pas. Elle pense, à partir d'entretiens avec des femmes sur la question des dons d'ovule que le fait de savoir « limité » et « donné une fois pour toutes, dès l'enfance » le nombre des ovules, empêche de les faire équivaloir aux spermatozoïdes, toujours renouvelés, et quasi infinis en nombre.

Pour ma part, il me semble — mais ce n'est qu'une hypothèse —, que même si dans la réalité, le nombre des ovules est fini, dans l'imaginaire des femmes, il est quasi infini, puisqu'il ne peut se mesurer qu'aux potentialités de grossesses — extrêmement nombreuses —, qu'il pourrait lui fournir, ou à l'écoulement sanguin menstruel et mensuel pendant de nombreuses années.

drée par la science mais qui, tout en ignorant radicalement le discours scientifique et se soutenant d'un « savoir » qui, à l'intérieur des bornes du champ de la science, ne vaut rien, s'offre plutôt sous la tournure du fac-similé, de la contrefaçon, voire de la monstruosité.

Elimination : Je l'ai déjà dit, le recours aux mères porteuses ne suppose en rien l'intervention du médical ou du scientifique.

Raillerie : La sphère du médical et du scientifique réussissent donc à réaliser force « prouesses » impensables il y a encore moins de dix ans : prélèvement d'ovules, fécondations *in vitro,* congélation d'embryons, etc., mais il y a *une chose* sur laquelle bute — encore — la toute puissance de la maîtrise ainsi affichée, c'est la nécessité absolue, à l'heure de la gestation, du recours à une femme pour ce qui est de l'utérus et du placenta.

Et que vient faire la mère porteuse ?

Précisément donner à voir et pointer de son ventre enceint, la « faille » du système médical. Qu'il ne sache pas encore séparer femme et utérus, c'est précisément ce qu'elle vient « mettre en avant » ; exhibant, donnant à voir publiquement *où* le système médical défaille [26].

ET POUR NE PAS CONCLURE MAIS RÉSUMER PROVISOIREMENT.

Je redirai qu'à mettre à mal l'ordre social en imposant une redéfinition du concept de mère dont l'Histoire attestait qu'il était nimbé d'une sorte d'immortalité qui lui avait permis de traverser quelques bousculades ; détournant, éliminant et raillant le discours de la science d'une part, le discours courant et juridique d'autre part (qui prenait en compte le brouillage de la filiation paternelle), les mères porteuses viennent donner à voir et exhiber publiquement, notoirement, une figure de L'INSUPPORTABLE, vis-à-vis de laquelle il convient de mettre bon ordre.

Elles font parler, fascinent, inquiètent, interpellent, risquent

---

26. Sur ce point, notamment, je voudrais remercier ici F. Jandrot-Louka et J.M. Louka, psychanalystes, chercheurs CNRS pour les nombreuses discussions que nous avons eues ensemble à ce sujet et les idées « qu'ils m'ont données ».

de se multiplier, menacent d'ébranler le bel édifice patiemment et rigoureusement construit, des procréations artificielles ; bref, elles dérangent...

Je pense avoir indiqué, par ailleurs, que l'émergence de « la mère porteuse » peut se repérer au croisement de l'histoire d'un mouvement social (les mouvements de femmes), de l'histoire des connaissances et pratiques scientifiques (sur la reproduction humaine), l'histoire des idées sur maternité, paternité, dissociation de la sexualité et de la procréation (qui d'abord pensée pour que la sexualité n'entraîne pas la procréation, s'avère permettre que la procréation n'implique pas la sexualité) désir ou non désir d'enfant, filiation, etc.

Et que, de ce point de vue, elle vient chuter, buter, hystériquement, historiquement, sur quelques rocs de l'ordre social.

Françoise LABORIE.

Je tiens enfin, à remercier tous ceux et celles qui, à des titres divers, ont facilité l'accouchement de ce texte, que j'inscrit sous mon nom. Outre les auteurs cités, au fil des pages, je fais référence à ceux, à celles dont non seulement les discussions, critiques, remarques, apports de documents, lectures en cours de travail, points de vue, mise en forme dactylographiée mais aussi dont l'écoute, la tendresse et la diligence ont constitué « la matrice sociale » du corps du texte. Je les cite :

Jean-Pierre Basclet, Oristelle Bonis, Rosi Braidotti, Marie Jo Dhavernas, Jacqueline Feldman, Laurence Gavarini, Evelyne Guedj, Françoise Jandrot-Louka, Jean-Michel Louka, Denise Marcadet, Joachim Marcus-Steiff, Ariane Pouzner, Marie-Hélène Royer, Fethi Ben Slama, Annick Soyer, Anne-Marie de Vilaine.

Le tableau des possibilités

La même année, paraît dans la revue L'Homme, (**25,** n°95, p.5-38) un autre article, plus condensé. Elle le signe avec Joachim Marcus-Steiff, sociologue, et Josyane Moutet, avocate féministe.

Josyane est une des grandes figures du MLF, morte dramatiquement, et dont on ne retrouve actuellement que peu de traces sur Internet. Remercions donc Martine Storti qui, dans un blog récent[71], rappelle sa participation active aux combats contre le viol.

Marcus-Steiff, qui sera le compagnon pendant plusieurs années de Françoise - très admiratif de sa grande intelligence - va travailler avec elle à dénoncer les "taux de succès" annoncés par les gynécologues dans les techniques de fécondation in vitro et de transfert d'embryon, en en soulignant tout au contraire les échecs et les difficultés. Cf Vignette Marcus-Steiff.

Dans la 1ere partie de son article des Temps Modernes, Françoise avait publié ce qu'elle nommait la "syntaxe" de la génération d'un enfant, qui détrônait le schéma habituel de l'accouplement entre un géniteur et une génitrice auquel nous étions habitués. C'était peut-être la première fois qu'un tel schéma était fait, c'était en tout cas la première fois que je le voyais, et cela me sembla tout à fait simple et nécessaire.

Ce schéma était repris dans l'article dans L'Homme, en l'améliorant, me semble-t-il : aussi c'est celui que je propose de mettre ici.

---

[71] https://blogs.mediapart.fr/martinestorti/blog/260917/propos-de-la-lutte-contre-le-viol-dans-les-annees-70

QUI «FOURNIT» QUOI ? COMMENT ?

	QUI ?							QUOI ?	FILIATION	COMMENT ? (38 manières d'avoir un enfant)				
	parents qui élèveront l'enfant			« donneurs »				ce qui est « donné » ou « prêté »				LABO-HÔPITAL		
	F_1		H_1	H_2	F_2		F_3		l'enfant aura :	RS	IA	FIV	TOT	IATE
	U	O	S	S	O	U	U			A	B	C	D	E
1	×	×	×					« RIEN »	1 mère 1 père	+	+	+	+	•
2	×	×		×				SPERMATOZOÏDE	1 mère 2 pères	+	+	+	•	•
3	×		×		×			OVULE	2 mères 1 père			+	•	+
4	×			×	×			OVULE + SPERMATOZOÏDE	2 mères 2 pères			(+)	•	•
5		×	×			×		UTÉRUS DE GESTATION	2 mères 1 père			•	•	•
6		×		×		×		UTÉRUS + SPERMATOZOÏDE	2 mères 2 pères			•	•	•
7 1			×		×	×		OVULE + UTÉRUS DE GESTATION	2 mères 1 père	+	+	•	•	•
7 2			×		×		×		3 mères 1 père			•	•	•
8 1				×	×	×		« TOUT »	2 mères 2 pères	+	•	•	•	•
8 2				×	×		×		3 mères 2 pères			•	•	•

Pour faire un enfant, il faut : 1 spermatozoïde (S), 1 ovule (O), 1 utérus de gestation (U). Chacun de ces 3 éléments (figurés par un × dont l'emplacement indique l'origine) peut provenir soit de la personne qui élèvera l'enfant, soit d'un « donneur ».

RS rapports sexuels
IA insémination artificielle
FIV fécondation *in vitro*
TOT transfert d'ovule dans la trompe
IATE insémination artificielle et transfert d'embryon

• théoriquement possible
+ réalisé

Tableau des possibilités, *L'Homme,* 1985, 25, n°95, p. 11

Mais au fait, comment se construit l'éthique ?

Françoise aborde cette question une dizaine d'années plus tard, en 1994, dans un article écrit pour un colloque organisé par le Centre de Sociologie de l'Éthique, qui replonge l'éthique dans la société. Outre les sociologues, y participent des juristes et des politiques. Françoise y pose la question : "Qui construit la "distinction éthique" ?

Construction sociale de la "distinction éthique"
dans le domaine de la procréation médicalement assistée
Colloque Ethique et société
Cahiers du Centre de Sociologie de l'Ethique,
2ème série, cahier n°2, 1994
Publié avec le concours de l'IRESCO,
CNRS

La même année, ressort en collection de poche, un livre collectif, publié avec Jacques Testard, un des "pères" scientifiques d'Amandine, qui, depuis, lutte contre les dangers et dérives des PMA (Procréation médicalement assistée). C'est encore un bien joli titre :

Le magasin des enfants
Éd. François Bourin, 1990. Rééd. Gallimard coll. Folio, 1994.
(eds. N. Athéa, M-M Chatel, F. Laborie, A-M de Vilaine, M G Wagner P. Saint Clair, L. Vandelac, L. Gavarini, J. Testard)

Le sujet se prête aux jeux de mots et jolis titres :
Citons : *Les intérims-mères (à propos des mères porteuses)*, dans un numéro d'*Autrement* intitulé : *"Objectif bébé : une nouvelle science, la bébologie"*, 1985, p. 201-217 ; *"ovaire-dose"*, 1988, dans le titre d'un colloque MFPF...

Françoise Laborie

Construction sociale de la "distinction éthique"

Colloque *Éthique et société*
Cahiers du Centre de Sociologie de l'Éthique
2ème série, cahier n°2, 1994

CONSTRUCTION SOCIALE DE LA "DISTINCTION ETHIQUE" DANS LE DOMAINE DE LA PROCREATION MEDICALEMENT ASSISTEE

1- Qui construit la "distinction éthique"?

On entend souvent -et je l'ai encore entendu dire en janvier 1994 par Simone Veil au Sénat- que les débats sur ces questions ont été nombreux, vifs, longs, sérieux etc.. Ceci me semble très largement erroné ainsi que de parler de débat public. En effet, le plus souvent les débats, à la télévision ou -et c'est peut-être encore plus grave- dans les assemblées représentatives de notre démocratie (Assemblée Nationale ou Sénat) ont été limités à la consultation d'"experts". L'examen de la composition de cette population d'experts montrerait probablement une sur-représentation des médecins, biologistes, généticiens d'un côté, en tant que porteurs d'une compétence technique, des "religieux" d'un autre côté, en tant que porteurs d'une "compétence morale", et enfin, une part très faible de chercheurs ou praticiens des sciences sociales.

Le débat -comme je l'ai dit ailleurs- est *encadré* par les points de vue scientifique et religieux. Force est de constater qu'aux yeux des organisateurs des "débats", le sérieux ou la compétence sont du côté des spécialistes des sciences ou techniques biologiques ou médicales. Si l'on ajoute à ceci que ces experts sont le plus souvent les praticiens des pratiques examinées, on comprendra qu'il n'est pas abusif de dire qu'ils sont en position d'être juge et partie.

Comme l'a souligné Simone Novaes, les praticiens justifient leur poids dans les choix effectués et les décisions prises en avançant le concept de "responsabilité médicale". A mes yeux de sociologue, le fait qu'ils occupent cette position de juge et partie devrait obliger à renforcer la nécessité d'examiner quels sont les intérêts des praticiens et en quoi leurs intérêts influencent les arguments qu'ils développent, les choix qu'ils proposent et parfois imposent. La nécessité de cet examen me paraît relever de l'éthique.

La réflexion est donc organisée dans des cénacles plutôt restreints dans lesquels le poids et l'autorité des praticiens s'exercent très fortement. Autrement dit, font cruellement défaut les éléments d'information et de réflexion issus de sources indépendantes et plus objectives.

Et ceci d'autant plus qu'il faut rappeler quelques évidences, à savoir que les problèmes dont on discute concernent les questions de structures familiales, de rapports entre les sexes, entre les générations, les liens de filiation. Si l'on ajoute qu'aux yeux de certains, les NTR (Nouvelles Technologies de Reproduction) non seulement introduisent une technicisation de l'engendrement mais modifient certains de nos repères anthropologiques fondamentaux, voire même le statut de l'être humain, on conviendra que l'incidence sociale des choix effectués est évidente.

Une réflexion éthique qui ne s'articule pas à un véritable processus d'évaluation sociale des technologies, qui n'interroge pas les présupposés, les soubassements idéologiques et les enjeux socio-économiques qui orientent la "technicisation de l'engendrement" -forme du bio-pouvoir-, peut-elle éviter de n'être qu'une légitimation sociale?

Effectuer un tel travail constitue évidemment une tâche énorme, il faut ici resserrer l'objectif et choisir quelques questions.

2- Glissements sémantiques

La dénomination du domaine des techniques destinées à pallier l'infertilité fait l'objet d'enjeux -idéologiques- non nécessairement explicites. Si, le plus souvent, les pays anglo-saxons et les féministes choisissent de parler de "nouvelles technologies de la reproduction humaine" (NTR ou NRT), les praticiens français préféraient, depuis plusieurs années, parler de "Procréation Médicalement Assistée" (PMA).

Nommer PMA ce domaine constitue déjà à mes yeux une euphémisation visant à masquer tout à la fois que la procréation a lieu en l'absence de relations sexuelles et grâce à une (ou des) intervention technico-médicale (parfois lourde et risquée dans le cas de la fécondation *in vitro* ou FIV).

Avec la PMA, la technicisation de l'engendrement se cache derrière le fait que cette procréation aurait à peine changé de nature puisque le qualificatif de "médicalement assistée" suffit à la définir.

Cette tendance me paraît encore être renforcée avec le choix récent d'un nouveau nom de baptême: AMP -Assistance Médicale à la Procréation. Cette fois, la procréation est la procréation, sans autre qualificatif, elle a seulement besoin pour advenir d'un léger coup de pouce sous forme d'assistance médicale. Qu'on ne vienne pas m'accuser de couper les cheveux en quatre: ce n'est pas moi qui cherche à imposer la nouvelle dénomination de cet ensemble technique. La chose étant faite, on peut, on doit, me semble-t-il, s'interroger sur la logique qui sous-tend cette démarche.

Mais, sans être excessivement provocante, on pourrait tout aussi bien, avec la sociologue Louise Vandelac, plaider pour un nouveau nom de baptême: APM -Assistance Procréatique à la Médecine. Et ce ne serait pas pur jeu de rotation des lettres car on peut, en effet, montrer en quoi le développement phénoménal du champ de la reproduction technologique a eu des effets sur une vaste partie de la médecine.

Il a, en effet:

- dynamisé, valorisé et médiatisé la gynécologie et l'obstétrique,
- ouvert une nouvelle spécialité médicale "la périconceptologie",
- accru le recours aux techniques de visualisation du corps,
- développé de nouvelles techniques chirurgicales,
- et surtout fourni gratuitement un matériel humain: ovocytes, spermatozoïdes et embryons, particulièrement intéressant pour effectuer des recherches en liaison théorique et pratique avec l'immense champ des recherches et développement en génétique: décryptage du génome humain, thérapie génique, génétique animale et végétale, dont les liens avec les industries biotechnologiques et leurs intérêts économiques (prise de brevet, recherche de profits etc..) sont nombreux; ainsi que la possible ouverture à des pratiques eugénistes.

Autrement dit, derrière les discours emphatiques centrés sur le développement des PMA comme victoire de la médecine sur la stérilité, les véritables enjeux médicaux, scientifiques et industriels tournent autour de la production de tissus et organes reproducteurs, où l'ovaire devient producteur d'une matière fort recherchée, les ovocytes, qui d'une part peuvent entrer dans le flux d'échanges de gamètes, et sont d'autre part essentiels à la production d'embryons en grand nombre et stockables au froid.

Ce développement technologique a ainsi fait passer la médecine d'un art du soin à un art de la fabrique (en partie industrielle) du vivant: ce qui ne manquerait pas de questionner l'éthique.

Mais loin de susciter des questionnements, il faut ajouter qu'à en croire Noelle Lenoir (*Le Monde des débats*, janv. 1994) l'invocation de l'éthique constitue désormais "un élément incontournable de la stratégie des industries de biotechnologie".

3- Choix, ségrégation et exclusion parmi les questions relevant potentiellement de l'éthique

En ce qui concerne la définition et la délimitation du champ de l'éthique, on peut observer que:

a) L'absence d'évaluation objective et sérieuse de ces technologies, et notamment de leur efficacité, de leurs risques médicaux et sociaux, ainsi que de leur coût, ne semble pas faire problème éthique alors qu'il s'agit pourtant là de questions d'ordre éminemment éthique.

Malgré un grand nombre de colloques, articles, émissions dans les médias, il reste que la demande plusieurs fois formulée qu'une véritable évaluation soit effectuée *préalablement* à toute décision d'ordre législatif ou réglementaire n'a pas été satisfaite. Et même si divers travaux ont en partie comblé la carence d'évaluation sur quelques points précis, il n'y a eu ni vulgarisation suffisante des résultats obtenus, ni moyens dégagés pour poursuivre, ni prise en compte du caractère expérimental -y compris au plan social- des procédures engagées et de leurs conséquences.

Cette négligence vis-à-vis du caractère expérimental des PMA, tout particulièrement pour les femmes, est d'autant plus étonnante que depuis 50 ans environ le débat en éthique médicale a été largement orienté autour des questions d'expérimentation humaine. D'autre part certaines voix, en France et à l'étranger, se sont élevées pour dénoncer ce qu'elles qualifient de transgressions multiples à l'égard de plusieurs articles du Code de Nuremberg.

Or, d'une part le Conseil consultatif national d'éthique (CCNE) n'est jamais intervenu pour que s'effectue une évaluation, ce qui peut se traduire par: *cette carence d'évaluation n'est pas considérée comme relevant de l'éthique*. D'autre part, la reconnaissance de ce caractère expérimental au plan social n'aurait-elle pas dû conduire une instance comme le CCNE -au lieu de donner tel ou tel avis sur des points précis- à proposer d'évaluer l'incidence sociale de différents scénarios.

b) La non prise en compte, le silence quasi total vis-à-vis en particulier *des risques pour la santé des femmes*, aussi bien de la plupart des praticiens que des médias et du CCNE est flagrante et me paraît particulièrement grave au plan éthique.

Ces pratiques montrent qu'il y a pour le moins désintérêt pour les enjeux réels des femmes et mensonge vis-à-vis d'elles. Elles témoignent d'autre part du fait qu'est ainsi occultée la très forte différentiation sexuelle de ces technologies: les risques médicaux, sociaux, psychologiques sont infiniment plus importants pour les femmes que pour les hommes. Enfin, ce désintérêt pour les femmes non seulement s'appuie mais, me semble-t-il, reproduit l'idéologie de l'habituelle et inévitable souffrance des femmes prêtes à tout, y compris à mettre leur vie en danger, pour être mères.

c) Faute d'informations sur les risques pour les femmes, *le sacro-saint principe du consentement libre et éclairé n'est pas ici respecté*. Comment peut-il y avoir "consentement libre et éclairé" alors que l'essentiel de l'information nécessaire pour consentir en connaissance de cause n'existe pas, et que l'information fournie est grossièrement et systématiquement biaisée en faveur des techniques de procréation médicalement assistée?

23

d) Ce silence sur les risques pour la santé des femmes est à mettre en regard, d'une part avec le bruit fait autour de l'*embryon humain*, d'autre part avec *la question des risques pour les enfants nés* après recours à la FIVETE. Là aussi le silence fut de règle en France pendant plus de cinq ans, mais il céda sous la pression de quelques néo-natologistes qui tirèrent publiquement la sonnette d'alarme et obligèrent les praticiens des NTR en France à publier leurs données, lesquelles vinrent confirmer celles publiées depuis plusieurs années en Australie.

Les raisons de ces silences sont à chercher d'abord du côté des intérêts des praticiens qui ont toujours valorisé tout ce qui était favorable au développement des NTR et caché tout ce qui leur était défavorable; mais également du fait que, même si ce n'est pas dit, les traitements et procédures engagées sur le corps des femmes (ou sur leurs ovocytes) sont encore très largement expérimentaux et leurs risques inconnus ou mal connus.

Depuis, mêmes si elles ne sont pas toujours reprises, les informations sur les risques pour la santé des bébés "passent" mieux, beaucoup mieux en tout cas que celles concernant la santé des femmes.

Mais il est remarquable que ce souci -tout à fait respectable- pour la santé des enfants, ou plus globalement "l'intérêt de l'enfant", sert également d'argument, de stratégie discursive lorsqu'il s'agit par exemple de plaider contre le recours aux NTR pour "les femmes ménopausées"; dans cette conjoncture on évoquera également la lourdeur, le danger des interventions et des grossesses pour cette catégorie de femmes. Ces dangers augmentent, certes, avec l'âge. Mais ils sont loin d'être négligeables avant la ménopause. Il faut encore ajouter que c'est le souci de l'enfant qui légitime les enquêtes génétiques menées en cas de recours à un gamète étranger, ceci au risque d'instaurer des formes d'eugénisme. Je dirai en résumé que les "intérêts" des embryons et des enfants, ou les risques qu'ils encourent, sont beaucoup plus souvent évoqués que ceux des femmes.

4- Choix des populations auxquelles ces technologies sont appliquées

24

Cette question semble cruciale, du point de vue de l'éthique, si l'on se réfère aux avis du CCNE ou aux rapports préparatoires aux débats législatifs par exemple. Les arguments développés sont variables et non dénués de constradictions, d'illogisme apparent, d'arguments *ad hoc*.

Argument éthique de la doxa: il faut promouvoir "l'indication thérapeutique" et refuser "l'indication de convenance"

Les NTR ont permis de légitimer l'offre de procréation sans rapports sexuels et avec recours à des donneurs. Je pense que c'est cette dimension qui permet de comprendre la généalogie, l'ampleur et la nature des demandes le plus souvent qualifiées de "demandes de convenance". C'est dans ces cas que l'argument thérapeutique est avancé pour les disqualifier et les refuser.

Une analyse critique de ces deux concepts (indication thérapeutique/indication de convenance) permet de montrer le peu de consistance de leur distinction.

Dans un bon nombre de cas les deux types d'indication se recouvrent largement, et on peut remarquer que la frontière entre les deux domaines évolue avec le temps et les intérêts en jeu (voir les exemples ci-dessous). Enfin des offres et des demandes de plus en plus nombreuses existent de "programmer dans le temps la conception d'enfant" et/ou de chercher à en contrôler la qualité au plan génétique ou, très récemment, de pouvoir en choisir la couleur de peau. Généralement la position dominante s'accordera sur le fait qu'étant noir, on ne peut demander à la biomédecine d'accoucher d'un enfant blanc. En quoi est-il plus légitime de vouloir éviter à un enfant d'être porteur d'une maladie génétique que de vouloir lui éviter les discriminations racistes?

Au lieu de répondre à cette question, l'argument "thérapeutique" viendra ici trancher. Mais encore une fois, plutôt que de crier au loup, il me paraît plus important d'analyser la généalogie de ces demandes et les conditions sociales de leur émergence.

Problèmes logiques, idéologiques ou sociologiques?

a) La référence à l'argument "thérapeutique" est utilisée pour justifier l'élargissement des indications d'une technique -la FIVETE- qui fut inventée pour permettre aux femmes ayant une stérilité tubaire d'avoir des enfants. Ainsi parle-t-on de plus en plus de la stérilité masculine comme indication "thérapeutique" pour cette technique qui est de plus en plus fréquemment pratiquée sur des femmes parfaitement fertiles, ou simplement hypofertiles.

Si on se réfère à un argument "thérapeutique" pour proposer la FIVETE avec don d'ovocytes aux femmes ménopausées précoces, on l'abandonne au profit d'un argument "sociologique" pour refuser ce même traitement aux femmes ménopausées plus âgées. De même ce dernier type d'argument est-il utilisé pour justifier certaines restrictions de la population ayant accès aux NTR qui sont très généralement refusées aux femmes célibataires.

b) Une femme totalement stérile et donc incapable de procréer avec quelqu'homme que ce soit se verra refuser une FIV ou une IAD (Insémination Avec Donneur) si elle est célibataire, même si l'indication thérapeutique ou médicale est, par ailleurs, réelle.

Au contraire, un couple hétérosexuel dont tous les résultats de tous les examens médicaux concernant la procréation sont normaux est accepté en FIV, même si l'homme et la femme concernés n'ont plus -les exemples sont plus nombreux que l'on ne pense- de rapports sexuels depuis des années. Autrement dit les PMA peuvent être proposées comme "thérapie" d'une stérilité idiopathique de couple, c'est-à-dire sans cause médicalement ou biologiquement explicable. Le synomyme de stérilité idiopathique est d'ailleurs stérilité inexpliquée. Proposer une FIVETE dans ce cas relève-t-il d'une indication thérapeutique ou de convenance? Ou s'agit-il de considérations idéologiques voire normatives?

Dans les deux cas ce sont des arguments "sociaux" qui font accepter ou refuser les personnes: pour accéder aux NTR il faut être engagé dans un couple hétérosexuel, marié ou non, fertile ou non, ayant ou n'ayant pas de rapports sexuels, mais il faut être -c'est ce qu'ajoute le projet de loi actuellement discuté- un couple stable..

Inutile, devant des sociologues, d'ajouter combien ce profil s'éloigne d'un certain nombre de réalités sociales quand on connaît le grand nombre de couples séparés, divorcés ou recomposés et celui des familles monoparentales. Ajoutons que, non sans contradiction avec le refus des NTR aux femmes célibataires, l'adoption d'un enfant est légalement possible dans ce cas.

c) Selon des avis du Comité consultatif national d'éthique:
- les veuves mais pas les divorcées peuvent se voir reconnu "un droit" sur leurs embryons congelés après la disparition de l'homme avec lequel elles l'ont produit et donc obtenir le transfert des dits embryons dans leur utérus.
- les veuves se voient refuser l'insémination artificielle avec le sperme congelé de leur mari décédé.

Dans tous ces cas il y a eu un couple, un projet d'enfant, le futur père est mort ou s'est séparé de la femme avec laquelle il a voulu avoir un enfant. Ce qui fait, semble-t-il la différence, c'est tantôt l'existence d'un embryon à sauver (veuve en FIV *versus* veuve IAD), tantôt le statut plus ou moins respectable (veuve ou divorcée) de la future mère vis-à-vis des intérêts de l'enfant à naître.

On voit bien que ces avis relèvent de considérations éminemment sociales où une norme est édictée en référence à des présupposés relatifs aux définitions de ce qu'est une "bonne mère". Mais il me paraît par ailleurs important de souligner que dans tous ces exemples il s'agit de situations où les instances concernées aux plans rhétorique et pratique (CCNE, groupements de professionnels de ces techniques) ont prononcé des avis là où une évaluation des conséquences sociales des choix eût pu être recommandée.

(Texte remis par l'auteur de l'exposé)

4. Les féministes entrent dans la bataille

1985 : C'est l'année où les féministes se lancent dans la bataille pour donner leur point de vue, se faire entendre, sur ce sujet révolutionnairement nouveau.

Il y a urgence, pensent-elles : c'est le mot qui apparaît dans la première réunion internationale, en Suède, dont Françoise fait le Compte-Rendu :

1985 Réunion d'urgence (Emergency conference) des femmes féministes sur les nouvelles techniques de reproduction humaine Ostra Grevie (Lund) - Suède - 3-8 juillet 1985. Les Cahiers du GRIF, vol. 31, n° 1, pp. 134-38

Cette même année, un colloque sur la maternité est organisé à Paris par un groupe féministe, *La Millénaire* - il a choisi ce nom pour souligner que la bataille de libération des femmes sera longue, puisque leur domination a une histoire plurimillénaire. (cf Vignette *La Millénaire*). Il est publié par les Presses universitaires de Grenoble, puis, l'année d'après, par une édition de Montréal. Les organisatrices veulent réagir au seul livre féministe paru sur la question de la maternité depuis le jaillissement du MLF, qui pointait le négatif de la situation dans la société : *Maternité esclave*, Les chimères, 10/18, 1975. Elles veulent montrer sa complexité.

Nombre de participantes sont universitaires ou chercheuses, mais aussi chercheuses hors institution. Le MLF, dans la lignée de la révolte étudiante, remet en question les institutions de savoir, où le pouvoir masculin domine, comme partout ailleurs, et refuse de prendre au sérieux le problème de la domination des femmes [72].

Françoise participe au colloque avec deux articles :

La reproduction : les femmes et la science : des scientifiques en mal de maternité ?

In De Vilaine Anne-MarieGavarini Laurence, Le Coadic Michèle : *Maternité en mouvement : les femmes, la re/production et les hommes de sciences*

1986, Ed. Saint-Martin, Montréal, p. 181-7

[72] C'est ainsi que la sociologue féministe Andrée Michel, ne pouvant travailler sur les femmes, travaillait sur la "famille", un thème reconnu, lui, dans les années soixante.

L'autre article est une plaidoirie pour une approche nuancée, non dogmatique, du rapport des féministes à la maternité :

Peut-on penser les différences ?

id. p. 22-25

Il commence ainsi :

> *Peut-être faut-il, en guise de préambule, partir d'un constat : le contrôle de la fertilité féminine, rupture du lien entre sexualité et procréation, réalisé grâce à la contraception ou par l'avortement, n'a été rendu techniquement et socialement possible que sous la pression des femmes qui ont, en ce domaine, posé une demande aux scientifiques (Pincus pour la pilule) et aux médecins ...*

et, après avoir exposé les désaccords des féministes, demande :

> *Peut-on se risquer à énoncer des "vérités" qui ne soient ni hiérarchiques, ni hégémoniques et n'évitent pas la prise en compte des diversités ni des contradictions ? ...*

Françoise Laborie
La reproduction : les femmes et la science : des scientifiques en mal de maternité ?

In De Vilaine Anne-Marie, Gavarini Laurence, Le Coadic Michèle : *Maternité en mouvement : les femmes, la re/production et les hommes de sciences.* 1985, PUG, p. 181-7

La reproduction : les femmes et la science. Des scientifiques en mal de maternité ?

Françoise Laborie
Chargée de recherches au C.N.R.S.

Si la faculté de dire, penser, produire, créer, théoriser, ne semble plus devoir être aussi facilement opposée à celle de reproduire l'espèce humaine, est-on pour autant capable de sortir d'une pensée dualiste, voire manichéenne et de se risquer à énoncer des « vérités » qui ne soient ni hiérarchiques ni hégémoniques et n'évitent pas la prise en compte des contradictions ? C'est ce que j'essayerai de faire en analysant dans ce texte la *volonté de maîtrise de la reproduction humaine* et plus particulièrement la question du *choix du sexe de l'enfant avant sa conception*.

Cette recherche se situe dans le cadre de l'étude des répercussions dans le public des découvertes de la biologie. Répercussions dont j'ai fait l'hypothèse qu'elles seraient spécialement sensibles dans le domaine de la « science de la reproduction », qui touche en effet à la sphère de l'intimité, renvoie à la question des origines, et par le biais de la génétique notamment, semble tout particulièrement fasciner. C'est aussi, bien sûr, un domaine où les femmes se sentent particulièrement concernées et où se jouent différents aspects de la manipulation sociale de la fécondité.

A l'intérieur de ce champ a été choisie la « présélection » du sexe de l'enfant qui intéresse vivement les futurs parents, mais aussi les spécialistes de la fécondité et de la stérilité. Et il est vrai que cette question a, de tous temps, constitué un enjeu fantasmatique assez considérable. Un rapide détour historique suffit à en convaincre, qui permet aussi de se familiariser avec un certain nombre de théories ou de croyances « pré-scientifiques » qui ne semblent pas totalement étrangères aux investigations modernes, y compris celles dont le label scientifique est garanti soit par le lieu de leur publication, soit par le titre de l'auteur.

Vouloir choisir le sexe de son enfant n'est donc pas une idée nouvelle, mais il s'agit pour moi essentiellement d'examiner en quoi ce désir est, de nos jours, solidaire du mouvement qui consiste à « vouloir régler sa vie privée » et notamment « vouloir maîtriser sa reproduction ; voire son désir d'enfant » avec tout ce que peut avoir de contradictoire ou de fou une telle dénomination qui accole « maîtrise » et « désir ». Il reste qu'il s'agit essentiellement d'aller contre un dessein qui, dans son aveugle détermination, est en partie du moins, biologique. La contraception, l'avortement, l'IAD (Insémination Avec Donneur) sont des pratiques qui visent toutes à substituer aux défaillances de la nature (stérilité, maladies) aux effets de l'inconscient (ratage, oubli, désir ou refus d'enfant) aux manières traditionnelles d'agir pour ruser avec sa biologie (contraception, avortement), la Raison Technique au service d'un Désir que la Nature viendrait contrecarrer.

Ce faisant, s'alimente l'idée d'une possible maîtrise absolue et scientifique du corps et de sa reproduction : *faire un enfant si l'on veut, quand on veut* (« Nous aurons les enfants que nous voulons », chantaient les banderolles du mouvement des femmes), voire *à tout prix* (selon l'expression de G. Delaisi de Perseval), *selon son désir* : telle serait la visée implicite de ce mouvement.

L'appareil génital féminin en cause...

Alors qu'il est maintenant parfaitement établi que la détermination du sexe de l'enfant dépend exclusivement du fait que le spermatozoïde fécondant soit X (fille) ou Y (garçon), il semblerait que la logique — a fortiori scientifique — de moyens adéquats pour assurer la production de l'un ou l'autre sexe doive passer par la séparation des deux populations de spermatozoïdes, suivie d'une insémination grâce au sperme ainsi « purifié ».

Or, l'ensemble des thèses de médecine (même récentes), débutent leur propos par un rappel historique des diverses croyances ou théories produites avant la découverte de la dépendance chromosomique du sexe et finissent par considérer comme possiblement valable, telle ou telle de ces techniques par ailleurs dites « *naturelles* » et qui, surtout, assignent une causalité exclusive à l'appareil génital féminin.

Par exemple *le rôle de la latéralisation des ovaires* — les garçons sont issus de l'ovaire droit, les filles, du gauche (ou sinistre) — qui d'Aristote et Hippocrate, traverse tout l'âge baroque, le XVIIIe siècle et rôde encore au début du XXe siècle.

Au XIXe et au début du XXe, on s'est beaucoup intéressé au *degré de maturité de l'ovule* au moment de la fécondation. Ce qui suppose qu'on connaisse l'ovulation et qu'on ajuste la date du rapport sexuel fécondant à une plus ou moins grande proximité de l'ovulation (contrôle de la sexualité). Avec la loi de Thury en 1863, les ovules de « grande maturité » donnent des garçons, ceux de « faible maturité », des filles. Mais le contraire existe aussi : cette fois les ovules devaient être « jeunes » pour les garçons et « vieux » pour les filles.

De très nombreux ouvrages actuels considèrent avec le plus grand sérieux et la question de la date du rapport sexuel fécond et le fait qu'une convenable préparation du vagin (acidifié pour les filles, basifié pour les garçons) est déterminante.

Par ailleurs, le *rôle de la nourriture,* fondement actuel des traitements proposés dans les hôpitaux parisiens (sous forme de régimes alimentaires) à des femmes voulant choisir le sexe de leur enfant, est central dans toute l'histoire de la présélection du sexe (et bien sûr dans les théories infantiles de la sexualité !).

Aux XVIIe et XVIIIe siècles où la rage misogyne qui poussait à rechercher par dessus tout les naissances masculines s'exprimait dans « *L'art* de faire des garçons » et « *le moyen* de faire des filles », il s'agissait de soumettre les deux époux à des régimes alimentaires tels qu'en mangeant « des choses succulentes, chaudes et pleines d'esprit », les semences aient alors des dispositions à faire un garçon. Réaliser le sexe fort nécessitait d'ingérer des substances qui brûlent et donnent de la force, reconduisant ainsi l'homologie symbolique des notions de force-chaleur-masculinité.

Pendant les années trente, est-ce bien différent ? Des mères jeunes, soumises à une accélération des échanges, à une consommation de leurs réserves (métaphore de l'activité) donnent des garçons, surtout si elles sont soumises (encore !) à un régime hématogène (globules rouges — métaphore de la force) et vitaminé. Tandis que celles qui accumulent des réserves (ingestion de sucre), ralentissent leurs échanges (métaphore de la passivité), ont des œufs bien nourris, donnent naissance à des filles. Au titre de l'accélération des échanges, orgasme fort et volupté sont recommandés aux femmes qui veulent avoir un garçon (jusqu'au début du XXe siècle).

Et si les discours modernes des médecins ne sont évidemment plus les mêmes, il reste qu'on s'intéresse encore aujourd'hui à la fréquence des rapports sexuels, à la morphologie des organes, à la mécanique ou à la topologie de l'acte sexuel, à l'âge de la mère ou de son ovule et au rôle de la nourriture de la future mère sur le sexe de son enfant.

« Omne ovo e ovo. » Crédo oviste du XVIIIe siècle. On invoque aujourd'hui encore la responsabilité finale de la femme sur le sexe de l'enfant qu'elle engendrera. Certaines furent répudiées ou mises à mort pour n'avoir pas fait le garçon attendu. D'autres qui, par amniocentèse précoce connaissent le sexe du fœtus, avortent si l'enfant n'est pas du sexe désiré. En Chine, l'infanticide n'est-il pas surtout un « gynocide ? »

Mais si les articles scientifiques récents n'échappent pas toujours à l'emprise de ces théories, ils considèrent en premier lieu — en leur accordant une plus grande importance — les « méthodes sans manipulation » (du sperme s'entend). « Les essais de manipulation du sperme, nombreux chez les animaux, *mais forcément* limités chez l'homme, *ont pu cependant être envisagés* du jour où a été mise au point la technique... » (D. Schwartz. Chercheur INSERM).

Ce n'est pas du tout dans ce sens que s'orientent un grand nombre de travaux actuels, et on peut se demander pourquoi, alors que de nombreuses recherches ont été effectuées depuis longtemps pour séparer les deux types de spermatozoïdes dans les « voies *naturelles* » (vagin ou utérus), autrement dit sans qu'on ait à les manipuler.

Du naturel et de l'artificiel...

A ce propos, il me semble important d'analyser l'usage qui est fait des désignations de « naturel » et « d'artificiel » pour décrire ou classer les techniques. Démarche à réaliser du point de vue d'une critique raisonnée des discours, fondée sur la différence sexuelle, où l'on peut montrer que ces classifications renvoient à des présupposés éthiques ou sexistes ou à des résistances plus ou moins inconscientes.

Concernant le choix du sexe de l'enfant, sont considérées comme « naturelles » toutes les méthodes qui interviennent sur la physiologie féminine : qu'il s'agisse d'acidifier ou basifier le vagin avant les rapports sexuels, ou d'imposer des régimes alimentaires contraignants, ou encore de fixer la date des rapports sexuels, voire même de provoquer le déclanchement de l'ovulation : on est dans le naturel.

Au contraire est artificiel, tout ce qui relève d'une manipulation de spermatozoïdes : les recueillir pour les visualiser et distinguer par coloration, ou tenter leur séparation en les soumettant à divers traitements physiques.

On peut alors se demander à quel couple d'oppositions renvoie celui de nature/artifice : est-ce à l'opposition in vivo/in vitro, autrement dit dedans/dehors du corps féminin, ou à celui de femme/homme, ou encore à nature/culture ? La boucle ne serait-elle pas bouclée ?

Il y aurait donc résistance à traiter les spermatozoïdes. Une hypothèse possible est de postuler que le sperme, considéré comme une matière taboue ou sacrée, doit être préservé de tout contact ou manipulation. A l'appui de cette hypothèse, je rappellerai que c'est dès la fin du 18e siècle que Spallanzani réussit à réaliser la fécondation artificielle d'œufs de grenouille et que près de deux siècles ont passé pendant lesquels on a « oublié » l'insémination artificielle pour ne la retrouver qu'au XXe siècle et ne la pratiquer couramment dans les CECOS qu'après 1970. Ceci étant probablement à coroller avec le fait que la stérilité ne fut longtemps pensée que comme étant d'origine *féminine* : ce n'est que très récemment que l'on a avancé l'idée d'une stérilité *masculine*, puis celle d'une *stérilité de couple*.

Comme si la découverte de spermatozoïdes lents, pauvres, mal formés ou impuissants dans le cas des stérilités masculines risquait d'entraîner de facto l'impuissance des hommes. Cependant que les femmes subissent l'équation : MATERNITÉ = FÉMINITÉ, les hommes seraient-ils donc, eux aussi, vulnérables à leur NATURE ?

Ou bien plutôt, faut-il voir dans le spermatozoïde porteur d'une tête et d'une queue, animé de mouvements rapides ou lents, fatigable, mortel — animalcule qui au XVIIIe siècle préfigurait l'homme — une anticipation de l'Homme, de l'humain, un support de projections qui interdisent que tel un être humain, un autre humain le manipule. La CULTURE veille sur le spermatozoïde dont par ailleurs la description en termes anthropomorphiques est monnaie courante.

Bien que la distinction des deux types de spermatozoïdes soit impossible au microscope sans que soit opéré un marquage des Y, grâce à un colorant fluorescent, des auteurs abondamment réédités disent repérer des différences de morphologie ou de nature entre les deux types : (Dr. Shettles notamment).

Les Y rapides, légers, fragiles, sont de courte longévité et ne peuvent attendre. Les X, lents, lourds, robustes, à l'aise en milieu acide, ont une bonne longévité et peuvent attendre... « Attirés » par la glaire cervicale, les spermatozoïdes y « trouvent refuge » en attendant la « rencontre » avec l'ovule qui aurait une spéciale « affinité pour les Y. » (Dr. Seguy). Très récemment un chercheur du CHU Bicêtre écrivait que l'arrangement de molécules glucydiques « confère au gamète une *sorte de visage lui permettant d'être reconnu et éventuellemnt attiré mais aussi de reconnaître* » (M. Auroux, Revue du Praticien. Déc. 1983) (C'est moi qui souligne).

Sachant que le nombre de garçons pour 100 filles (sex ratio) est partout dans le monde de 105 à 107, les Y se voient attribuer une « supériorité fécondante » ou une « supériorité numérique ».

De plus, les auteurs examinant le sexe des fœtus résultant d'avortement spontané le voient très largement masculin (ce qui est formellement et récemment contesté dans un cas précis : celui des avortements liés aux maladies génétiques où le sexe des fœtus est majoritairement féminin). Malgré ces démentis, nombre d'articles mettent l'accent sur cette « élimination » des mâles, ou parlent même de « génocide » des Y. Mais au 18e siècle déjà, ne déplorait-on pas que « dans la multiplicité des animalcules, un seul survive en sacrifiant tous ceux *qui avaient les mêmes droits que lui* ». Le crédo actuel s'exprime ainsi : « Dans la route périlleuse jusqu'à l'ovule, dans la course à la fécondation, le spermatozoïde Y arrive le premier, mais résiste mal s'il lui faut attendre le moment favorable à la fécondation, X au contraire s'essouffle davantage mais a plus de chance d'être l'élu si l'ovulation se fait attendre. » (Dr. Séguy).

Reste que pendant fort longtemps, les observations furent biaisées : surestimer la mortalité du sexe masculin in utero, ne revient-il pas à ne voir qu'un sexe, le masculin et ceci sur des fœtus morts dans le ventre maternel.

Ressurgissement du spectre de la mère assassine, la mauvaise mère pour ses fils où s'associe la figure de la mère génératrice et destructrice à la mort. Mort qui dans sa conjonction à la vie, viendrait précisément renforcer la puissance maternelle.

Vers l'origine des origines...

Par ailleurs, les spécialistes de la fécondité orientent leurs recherches ou leurs thérapeutiques vers des stades de plus en plus précoces de la procréation, voire aux stades antérieurs. La mortalité infantile ayant considérablement diminué dans les pays occidentaux, la médecine de la petite enfance laisse place à une obstétrique et à une médecine fœtale (diagnostic prénatal, échographie, amniocentèse). Depuis peu, se mettent en œuvre une médecine de la fécondation artificielle in utéro (IAD), des recherches sur la fécondation in vitro et enfin une médecine qui, avec le choix du sexe de l'enfant, travaille aux stades antérieurs à la procréation.

Ne s'agit-il pas d'un mouvement qu'on pourrait qualifier de dérive vers des stades de plus en plus précoces de la reproduction, vers l'origine des origines.

Les spécialistes, biologistes et médecins, sont peu ou prou habités des fantasmes de la toute-puissance qu'autorisent ou alimentent les récentes découvertes de la biologie et les nouvelles techniques de visualisation ou d'intervention aux différents moments de la reproduction. Cette toute-puissance de la biologie trouve un relai dans le champ de la médecine où s'appliquent certaines découvertes et où s'institutionnalise le contrôle biologico-médical des processus de la reproduction. Cette toute-puissance qui fascine aussi les médecins, me semble être masquée ou déniée par le fait qu'il est possible dans le champ de la santé de rabattre et justifier les recherches et l'investigation des techniques de présélection aux cas des maladies liées au sexe : myopathie ou hémophilie par exemple.

Territoires féminins et scientifiques en mal de maternité

Mais s'agit-il seulement de cela ? On peut assurément faire l'hypothèse qu'en mettant l'accent sur le bien-fondé de l'évitement des risque néo-nataux, cette démarche vise à empêcher que se posent des questions plus générales, éthiques et politiques. Ne s'agit-il pas pas en effet, au minimum d'une poursuite de l'extension du contrôle médical sur la sexualité, la reproduction, la fécondité des femmes. Après avoir éliminé les sages-femmes de l'accouchement, les médecins s'intéressent aux processus physiologiques de la reproduction qui, jusqu'à une période très récente restaient l'affaire, la propriété des femmes.

Continent noir, objet de mystère et de convoitise, territoire privilégié où battre en brèche la toute-puissance féminine (fantasmée ou non), le champ de la reproduction devient lieu d'exercice de prouesses et de promesses relayées par divers media dans un assez large assentiment que n'éveillait certes pas la contraception.

C'est me semble-t-il, un des lieux de revanche possible d'une toute puissance médicale et biologique masculine sur un territoire féminin. Qu'il s'agisse du contrôle technologisé et visualisé de l'utérus enceint et du fœtus (ce faisant, *quasiment toutes* les grossesses deviennent « *à risques* ») ou du contrôle de la fécondation in utero ou in vitro, la lutte contre les maladies héréditaires liée au sexe ou contre la stérilité, ne servirait-elle pas d'alibi ? Alibi certes louable socialement, mais alibi néanmoins à des recherches qui pourraient bien viser à faire que le médecin ou le biologiste soit celui (l'homme, le papa) qui assurera le développement complet de l'embryon in vitro, sous sa coupe, à son œil, à sa botte, en mettant à mal la liaison jusque là incontournable : sexe féminin/production du vivant ? Des scientifiques en mal de maternité...

Car, en effet, jusqu'ici ovules à fertiliser, placenta et utérus sont encore indispensables, même et y compris lorsque des femmes « louent » ou « prêtent » ces derniers pour que s'y produise un enfant pour une autre femme, ou même, lorsqu'on imagine de prélever un ovocyte pour y introduire le noyau complet d'une cellule quelconque d'un corps d'homme, et que l'ensemble réimplanté en un utérus loué donne naissance à un enfant mâle, identique à son père tel un jumeau ou un clône.

Mais il est vrai aussi que certaines recherches visant à briser la liaison sexe masculin-production du vivant me semble aussi effrayantes lorsqu'elles tentent de réaliser qu'une femme donne naissance à un enfant issu de deux femmes.

Et il me semble nécessaire et urgent de tenter de tirer au clair le fait que mon premier mouvement (mais suis-je la seule ?) soit de frayeur. Nécessaire et urgent que des femmes élaborent un point de vue qu'il faudrait exprimer et défendre notamment dans les comités d'éthiques déjà existants où se prennent les décisions du choix des recherches et de leur financement, se définissent les finalités, s'analysent les risques, s'élaborent les garde-fous éthiques. Comités où siègent nombreux les hommes : médecins, sociologues, religieux de diverses obédiances, juristes, etc, mais où les femmes semblent jusqu'ici fort peu invitées à s'exprimer, être entendues.

Enjeux scientifiques et risques socio-éthiques

Quelques pistes pour s'y repérer : il me semble important de se demander pourquoi, par qui, ces recherches sont effectuées, quelles sont les finalités invoquées, quels en sont les présupposés, analyser quels sont les enjeux des biologistes et des médecins, quels sont les risques sociaux, éthiques, et surtout quelles sont ou seraient les demandes des femmes.

Parmi les *motivations* des scientifiques de la reproduction, outre la recherche de célébrité et/ou de réussite financière, j'ai déjà dit supposer un désir de toute puissance relayée par la science et la technologie.

Parmi les *raisons avancées*, il y a *l'évitement des risques néo-nataux* et surtout la réalisation du *droit à l'enfant* qui semble motiver beaucoup plus les scientifiques que celle du droit à l'absence d'enfant qui a pourtant été, je le répète une des premières revendications des femmes. Mais dans les traitements contre les stérilités, soit par IAD, soit dans les fécondations in vitro, ce droit à l'enfant n'est reconnu qu'aux femmes mariées dont le couple est stérile de l'une ou l'autre façon. Il est refusé aux femmes non mariées.

Mais *le droit à l'enfant* est aussi revendiqué par des femmes ou des couples qui ne peuvent procréer. Est-ce un effet de la contraception, qui, ayant « réglé » la question de l'évitement de la maternité, permet que dans un temps second se pense celle du désir d'enfant ; ou bien un effet de la crise non seulement économique mais idéologique. Il semble que *l'enfant* représente un capital affectif et narcissique, une valeur telle que se développe l'idée du droit à l'enfant selon son désir, et s'impose la nécessité de le concevoir le plus soigneusement et minutieusement possible. Ce qui revient à faire une mise considérable sur l'enfant dont on attendra (sans risques pour lui et/ou ses parents) qu'il tienne les promesses engagées sur lui.

Parmi les *risques*, on peut imaginer l'éventuel développement d'une exploitation des femmes, de leur corps, par l'établissement de banques d'ovocytes, de placentas (comme existent déjà les banques de sperme), la location d'utérus. Il ne faut pas éviter tous les problèmes éthiques soulevés par ces techniques, et notamment les manipulations d'organes ou d'embryons à leurs premiers stades de développement, distinguer les projets éventuellement différents des chercheurs et des parents, analyser ce qui est licite compte tenu de ces projets.

Les débats sur l'avortement ont dégagé une position selon laquelle le statut d'être humain n'est accordé à l'embryon (être vivant) que si le désir de la mère ou des parents est tel, autrement dit l'idée que la potentialité de vie humaine n'est qu'intentionnelle et non ontologique. Permet-elle ici d'y voir clair ? Il me semble qu'une réflexion approfondie doit être engagée.

Concernant le contrôle social sur la reproduction, il faut rappeler qu'il n'est certes pas nouveau, mais qu'il est ici relayé par la sphère médico-biologique. Il s'agit alors d'analyser quels sont les usages sociaux — et selon quelles finalités — des développements technologiques impliqués (techniques artisanales/usages conviviaux ; technologies hospitalo-commerciales) et examiner aussi les degrés d'efficacité des diverses techniques.

Ceci suppose une grande vigilance quant à l'analyse des demandes et offres des parties. Quant aux moyens à exercer pour que l'application corresponde aux demandes... ceci relève des rapports sociaux — voire de force — inhérents à toute structure sociale.

Mais à la différence de ce que postulent certaines féministes radicales américaines, qui pensent la conquête des moyens de reproduction comme fondement de la « révolution féministe », il me semble clair que pas plus qu'ailleurs, ce ne sont les découvertes technologiques qui règleront les problèmes sociaux et notamment les problèmes entre sexes.

Françoise Laborie
Peut-on penser les différences ?

In De Vilaine Anne-MarieGavarini Laurence, Le Coadic Michèle : *Maternité en mouvement : les femmes, la re/production et les hommes de sciences.* 1985, PUG, p. 22-25

Peut-on penser les différences ?

Françoise Laborie
Chargée de recherches en sociologie au C.N.R.S.

Peut-être faut-il, en guise de préambule, partir d'un constat : le contrôle de la fertilité féminine, rupture du lien entre sexualité et procréation, réalisé grâce à la contraception ou par l'avortement, n'a été rendu techniquement et socialement possible que sous la pression des luttes de femmes qui ont, en ce domaine, posé une demande aux scientifiques (Pincus pour la pilule) et aux médecins. La quasi totale efficacité de ce nouveau type de contraception permit désormais aux femmes de se situer dans une perspective radicalement nouvelle : la lancinante angoisse des inéluctables grossesses laissait place à ce que je considère comme l'acquisition d'une liberté fondamentale pour les femmes : la possibilité pour elles de choisir d'avoir ou non des enfants. La maternité pouvait désormais apparaître non comme un destin subi passivement mais comme un acte volontaire. Ceci dit, les femmes contraceptées (ou non) ne pouvaient plus alors éviter de se poser quotidiennement la question de savoir si elles continuaient ou non à éviter la grossesse, si elles désiraient ou non avoir un enfant, et pourquoi ? Et comment ? Autrement dit, ce n'est qu'après avoir acquis une contraception « certaine » que de nombreuses femmes ont été confrontées à l'exercice de cette liberté nouvelle et se sont interrogées sur ce qu'impliquaient pour elles le refus ou le désir de maternité. La contraception a réalisé la condition première et nécessaire à cette nouvelle mise en perspective. Ce n'est qu'à partir de là qu'on put accepter ou non ce mode contraceptif, en faire la critique, se situer par rapport à lui, dans tout ce qu'il implique dans la vie d'une femme. Et les conséquences en sont fondamentales. Cependant, si échapper à la fatalité biologique de la reproduction est une condition nécessaire à la libération des femmes, elles n'est certes pas suffisante, car il reste à penser et à vivre cette possible liberté, à inventer de nouvelles formes de rapports sociaux avec ou sans maternité [1].

Quelles ont été, à partir de là, les positions des femmes féministes par rapport aux questions soulevées par l'acceptation ou le refus de la maternité ?

Très (trop ?) schématiquement, les discours sur la maternité issus, ces dernières années des mouvements de femmes en France, me semblent essentiellement encadrés par deux types radicalement opposés : glorification de la maternité en tant qu'expression d'une toute puissance des femmes et lieu d'une forme de leur jouissance, d'une part ; radicale critique de la maternité — pierre de touche de l'oppression des femmes — qu'il faut donc refuser, d'autre part. Ce dernier type me semble avoir été dominant dans les mouvements des femmes en France. Quelques analyses tentent cependant de sortir de cet antagonisme, selon des voies que je considère non pas comme réformistes, molles ou passéistes, mais plutôt... fécondes, en ce qu'elles prennnent en compte la complexité voire les contradictions des positions.

Premier type de discours : ceux qui reprennent à leur compte l'incarnation par *la femme* en gésine de *la nature*, voire de la sauvagerie du ventre ; ou tentent par une écriture le plus souvent poétique de « se heurter au réel qui, au cours de la grossesse, fait irruption » [2]. Ils renvoient alors à la féminitude, l'essence même, voire la transcendance du féminin, détaché du social. Glorification de la grossesse, du corps enceint ; beauté et plénitude des rondeurs, plaisir de la maternité [3] ; douceur, tendresse du creux, du liquide, du muqueux, de la cavité tiède ; attente du « lent et actif travail du corps » [2]. Mais ils revendiquent aussi le droit de parler des « cris, vagissements, spasmes, déchirures, râles (...) de la matrice affolée au dessus du vide » car il s'agit dans cette « audace inouïe depuis des siècles que la gestation et l'expulsion sont tues ou récupérées par l'ordre paternel depuis la Vierge Marie, (de) placer, là aussi, la jouissance des femmes » [2] ou « l'éclatante jouissance d'une mise bas » [3]. Revendication importante selon ce courant, car tout est prévu par la société, « dans sa normalisation masculine » [2] pour qu'on ne s'aperçoive pas que tout « ce bouillonnement du ventre », toute cette « bizarrerie » (à savoir que) « de la vie sort de notre corps, s'engage et passe par notre sexe », tout ceci donc excède le système, est hors de lui [2].

Selon le second type, la lutte pour « la maternité volontaire » se réduit essentiellement à celle du droit à l'avortement [4]. Comme s'il fallait, ainsi que le faisait remarquer un article intitulé « Maternité ; inventaire de nos discours » [5], « rejeter la maternité pour se libérer de l'oppression ». Tant il est vrai qu'ont été tout à fait dominantes dans les analyses féministes celles qui posent la maternité comme « pierre de touche de l'oppression » des femmes [6], qui mettent l'accent sur « les tâches épuisantes et destructrices » [7] qui l'accompagnent, et démontent les idéologies mythifiantes et mystificatrices de l'instinct ou de l'amour maternel. Ceci en avançant que le désir de maternité « en tant qu'il est utilisé par la société, ne peut qu'être aliéné, c'est-à-dire autre que ce qu'il se donne pour être » puisque « suspect d'être une tentative de compensation à des frustrations affectives ou à une abscence d'identité, car il est vécu dans un contexte d'oppression » ou à tout le moins « aliénant dans ses conséquences actuelles » [6].

Selon ces analyses, la maternité se réduit alors à un esclavage, à l'imposition faite aux femmes par le système patriarcal de la fonction sociale de reproduction de l'espèce et d'élevage des enfants. Seule attitude cohérente à partir de là : la refuser.

Il me semble qu'on peut aussitôt remarquer que ce type d'analyse peut être fait à propos de n'importe quelle activité productrice en général et du désir qui quelquefois l'accompagne, voire de toute relation affective ou sociale...

Ce faisant la maternité et par voie de conséquences, tous autres discours sur la maternité me semblent avoir été jusqu'à ces dernières années assez largement évincés, évités, voire censurés ou refoulés dans une grande partie des mouvements de femmes en France, et ceci sauf exception sur lesquelles je reviendrai plus loin.

Comme si, alors que le discours dominant avait assigné « le féminin » à être par essence, par définition, spécifié ou réduit à la maternité, des femmes cherchaient à se démarquer de cette position, en opérant un renversement pur et simple, en occupant une place que je dirai symétrique ou en miroir. Dans ce temps où des preuves étaient (sont) encore à fournir encore, et toujours, que les femmes aussi pouvaient penser leur vie, pouvaient être « savantes », pouvaient faire « comme les hommes », ceci s'était fait au prix de l'oubli de la reproduction, de la maternité dont on ne voulait plus rien savoir. Comme si la pensée des femmes dans sa multiplicité, et en quête d'une identité qui ne se résume pas à la question de l'oppression, mais pense aussi celle de la (les) différence(s) des sexes, ne pouvait précisément, et en pleine contradiction avancer qu'en niant, déniant, occultant une part de ces différences : celles qu'on ne pouvait affirmer sans la dévaluer, sans se sentir dévaluée. A être dans la passion du même, du maître, à vouloir faire aussi bien, aussi mâle que les hommes, des femmes ont exercé une autocensure sur la question de la maternité, et ce faisant ont refusé de penser les différences.

Ce déni d'une réflexion sur plusieurs aspects des différences s'opérait au prix de l'oubli, voire du caviardage non seulement de toute une part de l'histoire des femmes mais aussi de l'histoire de chacune d'entre nous, hétérosexuelles (malgré la laideur du mot) : où parler de nos maternités eut été un rappel de ce temps (pas si lointain et peut-être encore à venir) où nous avions (eu) affaire aux hommes.

Dans le moment même où les groupes se réunissaient « entre femmes » (ce que pour ma part, je trouvais tout à fait nécessaire pour que puisse circuler une parole, s'élaborer une pensée, une réflexion à la fois non censurée par l'autre — la masculine —, ni piégée par les rituels de la séduction hétérosexuelle) et où les femmes du mouvement posaient l'homosexualité comme seul refus possible des rapports de force entre sexes — autre lieu de l'oppression —, laisser entendre que nous étions (encore) embarquées dans un ou des amours avec les hommes nous désignait comme rétrogrades. Quant à celles qui avaient des enfants, « dans la plupart des lieux du mouvement, (elles) n'étaient pas dans une position très confortable » [5].

Ainsi, peut-on lire encore en 1980 : « le gouffre se creuse entre un discours féministe qui nie ou rejette la maternité-aliénation et les éloges d'une " maternitude " liée à l'Etre-Femme. Un blanc, et un refus d'analyse... Qu'est-ce qui fait donc que le mouvement des femmes a été jusqu'ici incapable de poursuivre une réflexion sur le désir d'enfant, sur la maternité, sur la relation à l'enfant ? Qu'est-ce qui fait que seule la réflexion sur le refus d'enfanter est riche, intéressante, mais aussi normative et totalitaire ? » [5].

Je ne suis donc pas la seule à avoir eu ce sentiment !

Et pourtant, dès 1974, *Les Cahiers du Grif* rendaient compte de la complexité de ce que représente la reproduction pour les femmes et de ce qu'elles investissent dans leur acceptation ou refus de la maternité. F. Collin énonçait l'hypothèse — à laquelle plusieurs femmes dont je suis [8] souscrivent : « L'extraordinaire pouvoir de donner la vie que possèdent les femmes a été, dès les origines, l'objet d'une jalousie inconsciente mais intense de la part des hommes qui se sont efforcés de la minimiser ou de l'annuler, autant qu'ils le pouvaient. La mise en tutelle des femmes par les hommes constituerait dans cette perspective un phénomène d'autodéfense assorti d'une compensation par la production. » Elle ajoutait plus loin : « Nous pensons pouvoir dénoncer jusque dans le phénomène de la reproduction (et de l'éducation) une obscure volonté de déposséder la femme de son corps... Et nous sommes bien persuadés que la reproduction serait prise en considération d'une manière systématique si les enfants, au lieu d'être formés dans le ventre de la mère pouvaient, comme la science le laisse entrevoir, être réalisés in vitro, dans les laboratoires. Etre mère aura toute sa valeur quand la mère sera un père : le savant. »

L'histoire n'est-elle pas en train de valider cette hypothèse ?

Le numéro « Mères femmes » (*Les Cahiers du Grif*, 1977) montre combien les positions des femmes féministes par rapport à la maternité sont à la fois contradictoires et consensuelles, porteuses de paroles passionnées et lourdes d'impossible à dire car elles renvoient aussi à ce qui relève de l'inconscient, à l'obscurité des désirs enfouis. Ce qui signifie que le refus ou le désir de maternité peuvent tout aussi bien se rationaliser dans des discours théoriques. Est aussi pris en compte le lien de la maternité au maternage : « car les femmes ne mettent pas une fois les hommes au monde, elles les y mettent et remettent tout le temps ». Ceci étant dit, « les hommes se remettent aussi mal que les femmes d'avoir eu une mère. Mais ils ont l'avantage de pouvoir faire porter leur problème par toutes les femmes. »

Mais si donc aujourd'hui la faculté de dire, penser, produire, créer, théoriser ne semble plus devoir être aussi facilement opposée à celle de reproduire l'espèce humaine, est-on pour autant capable de sortir d'une pensée dualiste, voire manichéenne qui oppose :

matriarcat	patriarcat
domination féminine	domination masculine
exploitation économique	exploitation domestique
production	reproduction
maternité-esclavage, refusée	maternité-pouvoir-jouissance, exaltée
sphère publique	sphère privée
culture	nature

Peut-on se risquer à énoncer des « vérités » qui ne soient ni hiérarchiques ni hégémoniques et n'évitent pas la prise en compte des diversités ni des contradictions ?

Les femmes peuvent, elles aussi, penser leur vie hors des voies de la maternité ; doivent-elles pour autant l'exclure ? Autrement dit, peuvent-elles sortir de l'opposition : maternité-exploitation/moyen de donner un sens à sa vie ? Car si la reproduction relève de l'intime, certes, elles est prise aussi dans des enjeux sociaux. Si la maternité aussi est aliénante, faut-il y ajouter le fait que toute femme qui tenterait de la vivre autrement serait automatiquement et par avance aliénée dans son système de représentation ? A défaut de pouvoir vivre dans « une autre société » les femmes ne peuvent-elles déterminer leurs conduites, assumer leur maternité dans un sens choisi par elles ? Ce qui suppose (entre autres) de sortir des rôles imposés au nom de la différence « naturelle » et de répartir différemment les tâches éducatives des enfants. Peut-on partager les maternités ? Les maternages ?

Peut-on élaborer une pensée des différences ? Différence non pas seulement anatomique ou biologique ou naturalisante (les femmes et leur utérus, leur appareil reproductif...) mais aussi différences dans leur rapport symbolique et imaginaire à la mère, la maternité, la filiation ; leurs rapports au corps, à la séduction, à l'amour. Différences dans leurs rapports à la « production », non seulement d'êtres vivants ou de parole, mais aussi de savoirs et savoir-faire, de concepts, de théorisation. Différences dans leurs modes d'approche ou d'exercice de la puissance, voire de la toute-puissance, et du pouvoir.

Différences certes imprégnées du poids des rapports sociaux, des conditions historiques et culturelles qui ont très largement codé voire imposé des modes d'être aux femmes, mais différences qui, mises au travail de la pensée et de l'expérience, devraient permettre que s'élaborent nos histoires de sujet mais aussi de nouveaux rapports sociaux. Parcours cahotiques, trébuchants, balisés de divers assujetissements, certes, ils sont aussi tissés de la complexité de nos désirs, parmi lesquels celui d'être mère qui ne peut simplement être réduit ni à une pure assignation oppressive, ni à la poursuite d'une complétude leurrante. Mais peut-on nier qu'il soit constitutif d'une part de nos différences ?

Les exigences féministes liées au choix de la maternité, ne pourraient-elles en faire non plus la pierre de touche de l'oppression, mais celui d'une magistrale subversion qui bouleverserait les réalités socio-culturelles et constituerait une façon de changer l'histoire ?

NOTES :

1. C'est déjà ce qu'écrivait Françoise Collin en 1973 dans le premier numéro de la revue *Les Cahiers du GRIF* dans un article intitulé « Féminitude et Féminisme ». Cette revue qui existe encore aujourd'hui consacra en 1977 un numéro aux questions de la maternité abordées de différents points de vue féministes. J'avoue le découvrir aujourd'hui et le considérer comme tout à fait passionnant et actuel. *Les Cahiers du GRIF*, Mères femmes, n° 17/18, Bruxelles, septembre 1977.
2. J'ai sous cette seule référence rassemblé des extraits issus de différents textes — dont certains sont signés, d'autres anonymes — du numéro « Enceintes, Porter, Accoucher » de la revue *Sorcières*, n° 4, Ed. Albatros, Paris, 1976.
3. « Du plaisir de la maternité », S. Van Rokeghem, in *Cahiers du GRIF*, n° 17/18, pp. 65-65.
4. « Une lutte des femmes à propos de la maternité : réflexion et mise en pratique » in *Libération des femmes, année zéro*, cité par G. Brisac et C. Lapierre in *Revue d'en Face*, n° 8.
5. « Maternité : inventaire de nos discours », G. Brisac et C. Lapierre, in *La Revue d'en Face*, n° 8, Ed. Tierce, 1er trimestre 1980, Paris.
6. « La maternité : fonction sociale », Mano, Claude, Christine, in *Les femmes s'entêtent*, Les Temps Modernes, n° 333/334, Paris, avril-mai 1974.
7. « Et mon instinct maternel ? », chapitre extrait du livre *La maternité esclave* paru dans Les Temps Modernes, n° 333/334, Paris, avril-mai 1974.
8. Voir « Ceci est une éthique », F. Laborie, Les Temps Modernes, n° 463, janvier 1985 et n° 464, février 1985, Paris.

La Millénaire

Lorsque, au Colloque de Toulouse de 1982, l'institutionnalisation des études féministes a été obtenue, quelques irréductibles, toujours animées par la critique des institutions des savoirs, ont créé une association, loi de 1901, visant à la construction d'une Université de femmes (comme, par exemple, cela avait été fait en Norvège et aussi en Belgique). Il nous semblait que le cas de l'éducation et l'instruction des femmes était spécifique, et nécessiterait des manières de faire différentes.

J'avais rencontré Anne-Marie de Vilaine à une réunion pré-colloque de Toulouse, et nous nous étions trouvées d'accord sur ce point.

Anne-Marie, journaliste, écrivaine, était par ailleurs autodidacte, ce qu'elle ressentait douloureusement. D'où les idées nombreuses qu'elle avait au sujet de l'instruction et des savoirs.

Nous nous étions donc lancées dans l'aventure, et d'autres nous avaient rejointes.

Plusieurs groupes ont été créés et ont fonctionné un certain temps.

Personnellement, je me souviens toujours avec beaucoup de plaisir du groupe de travail sur les mathématiques que j'avais animé : il s'agissait d'établir un pont entre ce domaine très particulier et des femmes intelligentes et cultivées qui en avaient peur. Je découvrai, ce faisant, qu'il y aurait là un immense territoire à développer, mais je n'étais pas payée par le CNRS pour faire cela, et le groupe ne dura pas beaucoup plus d'un an.

Le groupe qui alla le plus loin fut celui d'Anne-Marie de Vilaine, qui portait sur la maternité, sujet abordé avec passion et de façons opposées, souvent, au MLF. Nous avions eu à subir une idéologie dominante très forte, qui nous assénait qu'une femme ne pouvait être femme (une "vraie" femme) que si elle était mère : là se trouvait son destin, son génie, sa créativité propre. D'où l'importance pour nous, en son temps, du choix de non-maternité qu'avait fait Simone de Beauvoir, choix qui ne manquait pas de lui être reproché par ses adversaires. Il n'est pas étonnant qu'un des premiers réflexes de notre libération en cours avait été de refuser cette obligation de maternité qui nous était faite, ce qui allait bien avec le choix "logique", dans le schéma binaire de l'oppression des femmes, du lesbianisme[73].

---

[73] C'est la raison pour laquelle j'avais, avec Claude Hennequin, initié un groupe de prise de conscience "femmes mariées" dès les débuts du MLF ; nous nous étions aperçues que nous étions très minoritaires dans le noyau le plus actif.

Mais, pour la plupart des femmes, les choses ne se présentaient pas de façon aussi simple. Et après la première phase de libération où l'éclairage ne pouvait être fort qu'en blanc et noir, on en était arrivé à un moment où l'on avait besoin de réfléchir sur la complexité de la situation .

Un colloque fut organisé par ce groupe. Un livre collectif en est sorti :

Maternité en mouvement - Les femmes, la re/production et les hommes de science, 1986 (avec Laurence Gavarini et Michèle Le Coadic eds) [74]. Françoise y participa avec les deux articles reproduits plus haut.

***

Anne-Marie de Vilaine est elle aussi presque sortie du radar Google. J'ai retrouvé son nom dans les archives de Françoise Giroud, qui lui aurait rendu un hommage. Ce sont les sites d'Amazon et peut-être aussi de la FNAC qui semblent les moins oublieux, j'y ai trouvé listés un certain nombre de ses livres :

Les Raisons d' Aimer, 1959

Hélène en miettes, 1962

La préparation à l'accouchement, 1972

Un regard plus tranquille, 1976

La mère intérieure, 1982

Maternité en mouvement - Les femmes, la re/production et les hommes de science, 1986 (avec Laurence Gavarini et Michèle Le Coadic eds)

La déraison antisémite et son langage : Dialogue sur l'histoire et l'identité juive, 1993 (avec Jean Faye)

Le magasin des enfants Broché, 1994 (ed., avec N. Athéa, M-M. Chatel, F. Laborie, M. G. Wagner, P. Saint Clair, L. Vandelac, L. Gavarini, J. Testard)

[74] Moi-même, dans une ego-sociologie, y avais décrit les deux féminismes que j'avais connus et mon difficile divorce : le premier, où l'homme était le modèle et la femme devait montrer qu'elle pouvait faire aussi bien que lui, m'avait conduite à épouser un certain homme, qui ne put accepter le second : celui que le MLF m'apporta, où la femme se cherchait désormais en dehors de ce modèle.

5. Les voyages de Françoise

Je retrouve, dans la liste des publications de Françoise, ses interventions devenues souvent internationales, d'où ces voyages à l'étranger :

Après la Suède, elle écrit un article dans le numéro 1 d'une revue féministe internationale, *International Feminist Analyis,* (1988), que je ne retrouve pas par Google.

En 1987, elle est allée au Québec, où le Conseil du statut de la femme, un organe officiel du gouvernement, a organisé un forum international sur les NTR. L'article "La radicalité des mères porteuses" paraît en 1988, dans *Sortir la maternité du laboratoire.*

C'est son premier voyage au Québec, dont elle rentre éblouie. Elle me raconte qu'elle s'est sentie bien, qu'elle respirait tranquillement ; ce n'est qu'au bout d'un moment qu'elle a compris pourquoi : il n'y avait pas d'affiches publicitaires humiliantes pour les femmes : elles avaient été interdites.

En 1993, je la retrouve, ou du moins un texte d'elle, en Espagne, dans les *Estudios Feministas*, vol. 1, n° 2. Que sont-elles devenues ensuite, elles aussi ?

En 1992, elle est allée à Delphes, au colloque de l'AIDELF "Association internationale des démographes de langue française", il sera publié en 1994, aux PUF.

Puis c'est l'Europe, mais où ? le nom des éditeurs semble hollandais à moins qu'il ne soit flamand :

1994 *Procréation artificielle : santé des femmes et des enfants*. In Masuy-Stroobant Godlieve *et al* (eds), *Santé et mortalité des enfants en Europe : inégalités sociales d'hier et d'aujourd'hui.* Paris, L'Harmattan, p. 447-500.

De nouveau au Québec, en 1996, colloque international publié en 1999 à Montréal : *La construction conjointe des techniques procréatives et du genre : comparaison entre FIV et ICSI, économie sexuée d'une production technologique*. In Dagenais Huguette (ed.), La recherche féministe dans la francophonie : pluralité et convergences. Montréal, *Remue-Ménage*, p. 95-116. Colloque Internationale Québec, 24-28 septembre 1996.

Et j'ai trouvé, en papillonnant sur Internet, la traduction de cet article en anglais par l'University d'Ohio. (2000, Gender-Based Mangement of New Technologies).

Marcus

Joachim Marcus-Steiff est né à Berlin, en 1928, et est arrivé avec ses parents à Paris à 5 ans. Alors que la famille a quitté l'Allemagne nazie parce que juive, elle est mise, pendant la guerre, dans un camp parce qu'allemande.

"*Comme tous les enfants, je voulais comprendre. Les rapports entre ce que les individus disent et ce qu'ils font me laissaient perplexe ...*", dit-il dans l'entretien qu'il a eu avec Stéphane Ternoise pour le salon du livre du Net, dont son livre *La société sous-informée, L'important c'est ce qu'on ne vous dit pas,* L'Harmattan, 2013, a été le lauréat de l'année [75].

Il fait des études de psychologie et de sciences politiques, publie *Les études de motivation*, Hermann, 1961, et est chercheur au CNRS, en sociologie, de 1962 à 1993.

"*Je me suis aperçu tardivement que j'avais travaillé presque toujours sur le même problème, à savoir la fiabilité de l'information.*" (entretien cité)

Il s'attache, par un examen minutieux de résultats proposés comme scientifiques, à dénoncer le manque de fiabilité de certains résultats, lorsque "*les acteurs de ces recherches sont à la fois juge et partie*". Ses cibles : les enquêtes d'opinion dans le domaine de la consommation, les discours des publicitaires sur l'efficacité de la publicité, l'industrie du tabac, celle des portables au sujet des ondes émises ...

Compagnon et complice de Françoise pendant de longues années, il a alors exercé son regard critique sur les "taux de succès" annoncés par les gynécologues pour les techniques de fécondation in vitro et de transfert d'embryon. Sur ce thème, il a publié de nombreux articles :

- Pourquoi faire simple quand on peut faire compliqué ? Les taux de « succès » de la fécondation in vitro *Les temps modernes*, 42, n° 482, sept. 1986, pp. 1-50.
- La procréation médiatiquement assistée, *Autrement,* n° 93, 1987, 147-165.
- Les taux de succès de la FIV, fausses transparences et vrais mensonges, *La Recherche,* 21, n° 225, pp. 1300-1312, oct. 1990.

[75] cf interview Joachim Marcus-Steiff sur notre société sous-informée, Internet

- La controverse sur les taux de succès de la FIV, *La Recherche*, 22, n° 231, pp. 524-529, avril 1991 (où Joachim Marcus-Steiff échange avec d'autres chercheurs sur le sujet).

Ces travaux sont repris dans son livre de 2013, qui fait le bilan de ses recherches.

"*La vérité ne chasse pas automatiquement et instantanément l'erreur de la manière dont la lumière chasse l'obscurité*", dit-il dans son entretien.

Témoignage de Simone Bateman Novaes

Simone, aujourd'hui Directrice de recherches émérite du CNRS, a côtoyé Françoise longtemps, dans le cadre de leur intérêt commun pour les nouvelles technologies de la reproduction et les enjeux sociaux liés à leur développement. Si Simone a étudié une technique déjà ancienne de deux siècles, l'insémination artificielle et son institutionnalisation récente autour de la congélation du sperme (voir son ouvrage le mieux connu, *Les Passeurs de Gamètes*, Presses Universitaires de Nancy, 1994), Françoise s'est intéressée à la technique la plus récente, la fécondation *in vitro* (FIV) et ses techniques dérivées.

Au sujet de Françoise, elle raconte [76]:

" J'ai rencontré Françoise Laborie pour la première fois en 1981, dans le cadre d'un groupe de travail organisé par François-André Isambert (1924-2017) autour d'un programme de recherche intitulé *Enjeux sociaux de la biologie: de la biologie humaine à l'éthique biomédicale*, (Action Thématique Programmée du CNRS Science-Technologie-Sociéte, 1981-1983). François Isambert s'intéressait au mouvement critique des pratiques médicales et scientifiques qui se développait aux États-Unis, désigné du terme *bioéthique* pour souligner le caractère moral de cette critique. Françoise, biochimiste devenu sociologue des sciences, et John Stewart, généticien devenu comme elle sociologue, avaient tous deux participé à un collectif des chercheurs en biologie ayant publié sous le pseudonyme Agata Mendel (imaginé comme sœur fictive de Grégor) *Les Manipulations Génétiques* (Éditions du Seuil, 1980), un ouvrage de vulgarisation scientifique sur l'ingénierie génétique et le premier moratoire sur ces recherches, la Conférence d'Asilomar. François Isambert invite les deux chercheurs à participer au groupe de travail. Outre nos thèmes de recherche communs qui nous rapprocheront dans l'avenir, Françoise fréquentera régulièrement les séminaires du Centre de Sociologie de l'Éthique, la nouvelle unité créée par François Isambert, lorsque leur thématique relèvera de ses propres intérêts.

La naissance en 1982 d'Amandine, premier enfant né après fécondation *in vitro*, conduira Françoise par la suite à mener la plupart de ses travaux sur cette nouvelle pratique technique reproductive. Elle s'est intéressée tout autant aux acteurs (femmes, couples, médecins et

[76] Communication privée

biologistes, industrie pharmaceutique) impliqués dans ces pratiques, qu'à l'évolution technique de celles-ci, ainsi qu'aux instances de régulation (Parlement, le CCNE, et organismes publics en rapport avec la santé). Elle lisait attentivement les publications scientifiques du milieu qu'elle étudiait, et a très tôt attiré l'attention sur l'absence d'évaluation indépendante des coûts, bénéfices et risques de ces techniques sur la santé des femmes et des enfants nés par FIV. Sur ce dernier sujet, ces recherches rencontraient les préoccupations de celui qui sera longtemps son compagnon, Joachim Marcus Steiff, sur la fiabilité de l'information scientifique. Dans l'ensemble de sa carrière de sociologue, et en particulier sur ce terrain, sa formation de biochimiste a été un atout indispensable. Si ses analyses critiques des pratiques et de la littérature n'étaient pas bien reçues au départ, Françoise a fini par être reconnue comme une interlocutrice scientifiquement fiable par la communauté des praticiens de la FIV.

Nous échangions régulièrement sur nos sujets de recherche et fréquentions souvent les mêmes colloques, scientifiques et autres, y compris celui organisé les 3-8 juillet 1985 à Ostra Grevie en Suède par un des premiers réseaux de recherche féministe, the Feminist International Network on the New Reproductive Technologies (Finnret). Bien que nous n'ayons jamais écrit un article à quatre mains, nous avons fait une présentation conjointe en deux parties à un colloque sur l'embryon humain organisé à l'Université de Rennes1 par Brigitte Feuillet Le Mintier en novembre 1995, intitulé « Parents et médecins face à l'embryon : relations de pouvoir et décisions » (voir B. Feuillet Le Mintier (sous la direction de), *L'Embryon humain: approche multidisciplinaire* (Actes du Colloque, Rennes, 9 et 10 novembre 1995), Paris, Editions Economica, 1996, pp. 185-192, et 193-202). Nous avons également mené ensemble un entretien avec le Professeur Jean-François Mattei, médecin et parlementaire, rapporteur de la première loi votée en France sur la procréation assistée (voir photo annexe et sa légende). Françoise analysait avec une égale rigueur la littérature scientifique et médicale, les dispositions législatives et même certains discours féministes sur ces nouvelles techniques reproductives. Son apport aux connaissances sur ces pratiques reproductives reste largement méconnu par la seconde génération de chercheur.e.s travaillant sur la procréation assistée, plus attentive aux problèmes que ces pratiques soulèvent dans le domaine de la filiation et de la parenté que dans celui de la santé. "

Entretien avec Jean-François Mattei

Peu de temps après le vote de la première loi dite de bioéthique (*Loi n° 94-654 du 29 juillet 1994 relative au don et à l'utilisation des éléments et produits du corps humain, à l'assistance médicale à la procréation et au diagnostic prénatal*), la revue *Nature - Sciences – Sociétés* avait demandé à Françoise Laborie et moi-même d'organiser une rencontre avec le médecin et parlementaire Jean-François Mattei, rapporteur du projet de loi à l'Assemblée Nationale, en vue d'obtenir pour la revue un entretien autour des enjeux de cette nouvelle loi. J.F. Mattei a accepté bien volontiers cette proposition ; il s'est d'ailleurs tellement intéressé à l'exercice proposé qu'il nous a accordé un deuxième rendez-vous pour mener sa réflexion à terme. Le résultat de ce double entretien, préparé par Françoise et moi-même et validé par Mattei, fut publié dans la revue en 1995 (vol. 3, n°3, juillet-septembre 1995, pp. 236-245). La photo a été prise au moment du premier rendez-vous.

Simone Bateman Novaes

6. Le dernier labo

Françoise y a abouti après une errance à travers divers labos de sociologie. Elle en avait connu deux lors de sa vie de chimiste ; l'entrée dans la commission de sociologie lui avait donné une liberté certaine, mais avec une contrainte : appartenir à un laboratoire. [77]

En sociologie, qui voulait être reconnue comme une science, moderne, collective – ce qui donnait une impression d'objectivité -, le chercheur isolé était mal vu ; il rappelait trop l'aspect humaniste des sciences sociales des siècles derniers. On ne faisait certes pas d'expériences dans les laboratoires, mais on était supposé travailler collectivement.

Il semble que cela ait été effectivement le cas au GEDISST (Groupe d'étude de la division sexuelle et sociale du travail) où Françoise est arrivée en 1989. Elle y a sans doute apporté ce sens du travail collectif qu'elle avait acquis dans sa vie de chimiste.

Je l'ai entendue parler de ses efforts dans ce sens-là, elle prenait surtout à cœur d'aider des jeunes doctorantes peu sûres d'elles-mêmes. Je pense qu'elle a trouvé là une atmosphère à la fois affective et intellectuelle pour enfin se sentir en sécurité, d'où sa demande de passage au rang A, avec la rédaction de ses titres et travaux, qui lui permet de faire le bilan de son parcours en science.

Dans ce bilan, et conformément à l'orientation du groupe où elle travaille désormais, elle explique avoir mis en lumière "la différentiation sexuelle des NTR". Il ne s'agit évidemment pas du fait que ces techniques s'appliquent sur des corps biologiquement différents (hommes versus femmes) mais de la pensée et des pouvoirs idéologiques et sociaux qui développent ces techniques. On utiliserait aujourd'hui le terme "genré", il n'existait pas encore à l'époque. Cf Titres et Travaux 1992, p. 29 § 6, recopié page suivante.

Puis, à la section suivante, (§ 7, recopié également) elle annonce vouloir penser théoriquement cette différence, et avoir rejoint pour cela, le GEDISST. Elle parle d'un "néo-naturalisme" où les partisans des NTR font s'équivaloir les rôles des dons de sperme et d'ovocytes, escamotant le fait que les interventions sur les corps des hommes ou

[77] Je ne connais guère que les trois sociologues Noëlle Bisseret, Colette Guillaumin et Colette Capitant Peter qui avaient obtenu de travailler isolées dans un appartement rue Cels, Paris 14ème, loué pour elles par le CNRS, et ceci avant mai 68. Elles y travaillaient sur le thème, inexistant alors dans la sociologie officielle, de la domination, et en particulier celle des femmes.

des femmes sont très différents, beaucoup plus contraignantes et lourdes pour les secondes.

D'où sa conclusion :

Alors que, très généralement, l'inégalité des Rapports sociaux de sexe (RSS) était justifiée par une inégalité biologique, avec le développement des nouvelles technologies de la reproduction, l'inégalité des RSS est niée par une égalité biologique.

Françoise Laborie
Les nouvelles technologies de la reproduction (NTR) sont sexuellement différentiées

Titres et Travaux 1992, p. 29 § 6.

a. Première observation triviale : c'est sur les femmes que sont effectuées les traitements, l'impact des technologie est donc sexuellement différencié : il n'est pas le même pour les femmes et pour les hommes.

Cette observation est d'autant plus importante que les structures de pouvoir gravitant autour des NTR sont nombreuses : ministères de la santé, de la justice, parlementaires, partis politiques, Conseil d'État, juristes, médecins, biologistes, industries pharmaceutiques et médicales, religieux de diverses obédiences, spécialistes de l'éthique, médias etc ... sans parler des philosophes et spécialistes des sciences humaines qui ont beaucoup plus souvent accès aux media que les femmes concernées par ces problèmes : celles qui ont expérimenté l'usage de ces techniques et les autres ... pour lesquelles ce développement technique peut aussi avoir des conséquences.

b. Il y a très généralement et notamment dans les rapports officiels issus des instances régulatrices, *occultation du fait qu'il y a différentiation sexuelle des enjeux sociaux* dans la mise en œuvre des NTR.

c. Mais si on choisit d'introduire cette dimension dans l'analyse, on peut se poser les questions suivantes :

- le développement des NTR est-il un reflet de l'asymétrie des relations de pouvoir entre les sexes ?

- Sachant que les technologies développent des outils de contrôle sur le corps, et très majoritairement sur le corps des femmes, ces outils sont-ils aux mains des femmes, ou aux mains des médecins ? En d'autres termes, les femmes sont-elles sujet ou objet du contrôle ?

- les NTR augmentent-elles les possibilités de choix et de liberté des femmes ou au contraire ne sont-elles pas souvent aliénantes ?

Françoise Laborie
Rôle de la différence biologique des sexes dans l'analyse des rapports sociaux de sexe

Titres et travaux 1992, p. 30-31, §7.

Étudiant différents rapports entre les sexes dans les sociétés, des sociologues ont montré qu'il s'agit de rapports sociaux. Une analyse en terme de Rapports Sociaux de Sexe (j'utiliserai l'abréviation RSS) telle qu'elle a été introduite en sociologie a, entre autres fonctions et intérêts celui de permettre de penser les rapports entre sexes comme étant socialement construits et non nécessairement dépendants de la différence biologique des sexes. Celle-ci servant à promouvoir un naturalisme dont l'histoire a montré qu'il a très généralement servi à astreindre les femmes à la production et l'élevage des enfants, avec toutes les conséquences sociales que l'on sait d'enfermement dans la sphère domestique. Autrement dit, refuser toute référence naturaliste est au cœur même d'une analyse en termes de RSS au sens où elle implique, elle se fonde sur une inégalité par essence.

Dans le cas des technologies de la reproduction, c'est précisément le refus de la prise en compte de cette différence biologique des sexes qui, me semble-t-il, fait le lit d'un certain nombre de pratiques et de discours relevant d'une position que je qualifierai schématiquement d'"oppressive pour les femmes". Autrement dit, il y a un certain nombre de discours qui, prônant une égalité entre les sexes, masquent en réalité le fait que l'implication physique et sociale des femmes dans les "traitements" de la stérilité est infiniment plus grande et lourde de conséquences que celle des hommes.

Le paradoxe est que cette "égalité" entre les sexes est le plus souvent référée à ce que j'appelle un néo-naturalisme puisqu'il se fonde sur la génétique.

Exemple : il est vrai que les contributions génétiques d'un ovocyte et d'un spermatozoïde sont les mêmes dans la production d'un embryon. Cette assertion vraie dans le corpus de la génétique a pour corrélat de permettre aux praticiens des NTR d'affirmer que le don d'ovocyte est "l'image en miroir du don de sperme". Propos repris par les instances régulatrices (Comité National d'Éthique, projet de législation) qui recommandent d'organiser les dons d'ovocytes sur le modèle du don du sperme : c'est-à-dire en promouvant en particulier les dons anonymes que refusent de nombreuses femmes. Mais cette assertion passe totalement sous silence que le recueil des ovocytes présuppose des interventions sur le corps des femmes qui, lourdes, fatigantes, contraignantes, ont des conséquences sociales [31] très importantes, les obligeant souvent à un absentéisme professionnel – parfois à quitter leur travail. Le recueil des spermatozoïdes n'entraîne ni physiquement ni socialement les mêmes conséquences.

Du fait de la différence des sexes, la contribution physique et sociale des femmes dans la production des gamètes (ovocytes) et des embryons est beaucoup *plus importante que celle des hommes.* L'obtention d'un embryon (je ne parle même pas encore de ce qu'impliquera pour la femme l'éventuelle grossesse) est donc sexuellement différenciée. Les nouvelles technologies de la reproduction sont donc des technologies sexuellement différentiées bien que ceci soit généralement considéré comme non essentiel et passé sous silence. Il s'en suit que les définitions et questions considérées comme faisant problèmes éthiques sont trop étroites puisqu'elles ignorent quels sont les enjeux pour les femmes au plan de leur santé notamment.

Évolution des paradigmes naturalistes, permanence des rapports sociaux

C'est donc au nom d'une égalité génétique par essence (des gamètes) qu'on masque l'inégalité entre les sexes à l'heure de la reproduction par les TNR, autrement dit qu'on masque l'importance des conséquences sociales de la différentiation biologique des sexes dans ce domaine.

Il me semble donc qu'il y a ici à la fois retournement de l'ancien paradigme naturaliste et convergence quant aux conclusions. En effet : selon l'ancien paradigme naturaliste, c'est l'inégalité biologique qui est mise en avant et supposée fonder l'inégalité sociale entre les sexes.

Selon le nouveau paradigme naturaliste, largement promu dans le cadre du développement des NTR : c'est l'égalité génétique (des gamètes) qui est utilisée pour masquer l'inégalité sociale du traitement des sexes dans les NTR. Autrement dit, l'inégalité des rapports entre les sexes est niée au nom d'une égalité biologique (entre les gamètes) et faute de prendre en compte l'inégalité biologique des sexes au titre par exemple du recueil des gamètes.

En résumé : Alors que très généralement, l'inégalité des Rapports sociaux de sexe (RSS) était justifiée par une inégalité biologique, avec le développement des nouvelles technologies de la reproduction, l'inégalité des RSS est niée par une égalité biologique.

Françoise Laborie
Divergences entre féministes françaises sur l'analyse des nouvelles technologies de reproduction humaine

Klagenfurter Beiträge zur Technikdiskussion
Heft 73

En 1986, Françoise avait écrit sur les différences des féministes au sujet de la maternité, plaidant le droit de "penser ces différences", autrement dit le droit à la diversité de pensée. En 1994, elle écrit sur les divergences d'analyse des féministes au sujet des NTR.

IFF/Arbeitsbereich

TECHNIK- UND WISSENSCHAFTSFORSCHUNG

Tel. (0 46 3) 27 00/763

A-9020 KLAGENFURT, STERNECKSTRASSE 15

DIVERGENCES ENTRE FEMINISTES FRANCAISES SUR L'ANALYSE DES NOUVELLES TECHNOLOGIES DE REPRODUCTION HUMAINE (NTR)

Françoise Laborie

Institut für interdisziplinäre Forschung und Fortbildung der Universitäten Innsbruck, Klagenfurt und Wien

Françoise LABORIE
sociologue au CNRS
GEDISST/IRESCO
59 Rue Pouchet
75017 PARIS
FRANCE

DIVERGENCES ENTRE FEMINISTES FRANCAISES SUR L'ANALYSE DES NOUVELLES TECHNOLOGIES DE REPRODUCTION HUMAINE (NTR)

BREVE DESCRIPTION DU CONTEXTE FRANCAIS

1- Un survol rapide de l'histoire conduit à constater que, dans les années 70, existait en France, un véritable "mouvement des femmes" vivant et visible. Certes ni les types d'analyse, ni les prises de positions ou manifestations publiques n'étaient unifiées: des formes, des styles variés et même parfois contradictoires existaient aussi bien au plan des productions théoriques que des choix d'actions militantes. Aujourd'hui un des thèmes de débat à la mode se formule ainsi: "le féminisme est-il mort ?" Cette interrogation renvoyant le plus souvent à l'idée que le féminisme, ayant atteint ses principaux objectifs, n'aurait plus d'objet... Assertion largement contredite si l'on examine la situation des femmes dans le monde et y compris dans les pays occidentaux où le chomage les touche plus largement que les hommes et où se développent différentes attaques contre les droits à l'avortement qu'elles avaient récemment acquis. Dans la réalité, les formes d'existence du féminisme ([1]) sont encore diversifiées: il y a développement à la fois de productions intellectuelles et d'une nébuleuse de groupes et associations diverses. Mais si dans bon nombre de situations les comportements des femmes ont changé, les formes modernes du féminisme ne débouchent généralement pas sur des actions collectives s'y référant. ([2]).

Au cours des années 80, la visibilité du féminisme prend des formes différentes.

D'une part, elle est moins large que dans les années 70 car concentrée dans les milieux intellectuels universitaires ou de recherche. Bien qu'en France l'implantation officielle des études féministes dans l'Université soit infiniment plus restreinte que dans les pays anglo-saxons par exemple, de nombreuses analyses féministes ont été publiées dans des ouvrages et revues plus ou moins théoriques. Certes l'intérêt et la fécondité de telles productions intellectuelles au plan du savoir sont évidents, mais leur diffusion reste généralement limitée. Il faut cependant ajouter qu'un certain nombre de colloques ou rencontres publics ont cherché à élargir l'audience.

D'autre part, une sorte de reconnaissance officielle de la question des femmes s'est traduite en France dans la période des gouvernements socialistes (1981-1993) par la création d'une instance gouvernementale: le "Secrétariat aux droits des femmes". Celui-ci a permis l'ouverture, dans différentes régions de France, de "Centres d'information sur les droits de femmes". Il a d'autre part à la fois lancé des campagnes publiques sur "les violences conjugales" ou "l'inceste" par exemple et organisé des auditions d'experts sur des questions comme "quels sont pour les femmes les enjeux liés au développement des NTR ?"

2- Depuis dix ans on observe également en France un énorme développement de la fécondation in vitro (FIV ou FIVETE en abrégé) et des diverses technologies reproductives qui en dérivent. L'examen de différents critères tels que le nombre de centres (pratiquant ces technologies) par habitant ou encore le nombre annuel de tentatives par habitant ou enfin le nombre de bébés nés après recours à ces technologies, montre que, d'un point de vue quantitatif au moins, le développement de ces technologies est en France probablement l'un des plus importants du monde. Ainsi la comparaison du nombre (déclaré en 1988) des tentatives de stimulations hormonales (première étape de la FIVETE) par million d'habitants est-elle très éloquente: ([3])

- USA:	14619 stimulations	/ 241 millions d'habitants	= 60
- G.B:	10489	/ 57	= 184
- France:	24900	/ 55	= 452
- Australie:	9191	/ 19	= 483

POSITIONS DES FEMINISTES DANS LE CONTEXTE D'UN TEL DEVELOPPEMENT DES NTR

Il y eut immédiatement quelques féministes -peu nombreuses, cinq ou six environ- qui furent aussitôt concernées par le développement des NTR. Parmi celles-ci, des chercheuses choisirent d'orienter leur recherches sur cet objet: enquêtes auprès des praticiens des NTR, des femmes; suivi et analyses des colloques et publications scientifiques et médicales des professionnels des NTR; analyses critiques des discours issus du Comité national d'ethique, des juristes et des Eglises sur ces questions etc...

Nombreux furent les articles et les conférences produites par ces féministes dans divers milieux et médias et notamment en direction des féministes. Ainsi, en 1986-87, elles organisèrent une série de rencontres de femmes, afin de diffuser des informations et analyses issues de leurs recherches ou des documents distribués par le réseau international FINRRAGE par exemple; afin aussi d'ouvrir à des débats publics et contradictoires.

Mais, à l'exception de quelques articles qui paraissent encore de temps en temps dans des journaux féministes, on peut considérer que la sensibilisation des féministes a échoué en France. La grande majorité d'entre elles semble assez indifférente ou peu intéressée par les productions empiriques ou théoriques sur ces questions. Tout se passe pour ces "féministes indifférentes" comme si le développement des NTR -dont l'objectif déclaré d'aider des femmes à être mères- ne les concernait pas, leur paraissait marginal et peu important pour l'ensemble des femmes, ou enfin constituait, comme toute avancée technologique, un progrès social potentiel.

Très rapidement, il fut manifeste que les productions écrites ou orales des féministes -chercheuses ou journalistes- travaillant sur ces questions étaient extrêmement contradictoires, révélant l'existence d'enjeux très importants pour les femmes.

La plupart d'entre elles développent des analyses -de divers types car issues de prémisses idéologiques variables- très critiques contre les NTR. ([4]). Bien que parfois fort différentes aux plans idéologique et pratique, elles ont aussi des recouvrements thématiques. Elles seront ici provisoirement rassemblées dans ce que j'appellerai -abusivement- les analyses du premier type. Mais il existe un certain nombre d'analyses féministes qui, d'une part s'opposent aux critiques du premier type, d'autre part développent une critique différente à l'encontre du mode de développement des NTR. Je les appellerai analyses du second type.

1- <u>Analyses du premier type</u>

a) Certaines féministes s'opposent aux NTR pour des raisons de principe. Très schématiquement les arguments sont les suivants: Les NTR supposent d'une part l'amplification du contrôle masculin sur le territoire jusque là féminin qu'est la maternité; le contrôle techno-scientifique pouvant même aller même jusqu'à une totale exclusion de toute participation des femmes à l'engendrement par le biais de l'utérus artificiel. Cette technicisation de l'enfantement s'accompagne de la production en série de nombreux embryons congelés et stockés. Les NTR introduisent enfin la déstabilisation de la maternité qui, jusque là certaine et univoque, devient éclatée et plurielle.

b) D'autres analysent à la fois la réalité des modes de développement des NTR et le style -publicitaire- de promotion des techniques qui masque la réalité. Elles montrent que, bien que systématiquement passée sous silence, la différenciation sexuelle des NTR est patente: la lourdeur des procédures, les contraintes et les risques physiques et sociaux sont pour les femmes. Celles-ci, le plus souvent mal informées de la faiblesse des taux de succès et de l'ampleur des dangers, sont utilisées à la fois comme cobayes gratuits (ou plutôt payants) autrement dit comme objets d'expérimentations multiples par les chercheurs et cliniciens (qui testent sur elles diverses molécules pharmaceutiques et techniques chirurgicales), et comme productrices en série de la matière-première que constituent les ovocytes nécéssaires à la fabrication des embryons hors du corps des femmes. Convoités comme objets de recherche, les embryons sont ainsi tout à fait disponibles aux chercheurs. Ces analyses soulignent également que la lourdeur des protocoles hospitaliers et de leurs suites oblige les femmes à un absentéïsme professionnel et les amène dans un certain nombre de cas à perdre ou quitter leur travail.

Et elles font remarquer que c'est le modèle masculin de production de spermatozoïdes par millions qui est appliqué aux femmes soumises à des traitements leur faisant produire des ovules en nombre toujours plus important, grâce à des doses d'hormones de plus en plus massives: opération d'annulation de la différence des sexes ?

Elles observent également que l'idéologie des praticiens, promouvant le don des gamètes, présente le don d'ovocyte comme "l'image en miroir du don de sperme", en d'autres termes comme équivalent au don de sperme. Et cei au nom de l'égalité (génétique) de participation des gamètes mâle et femelle au processus de fabrication d'un embryon. Or ce type d'assertion "égalitaire" passe totalement sous silence la différence radicale des modes d'accès aux deux types de gamètes qui découle précisément de la différence biologique des sexes: masturbation dans un cas, intervention sanglante dans l'autre.

En réalité, abritée derrière le concept de don se développe une circulation intense des gamètes obtenue avec l'aide du développement du marché -fort lucratif- des hormones. Il y a donc à la fois appropriation du corps des femmes pour des recherches expérimentales et entrée du corps reproductif des femmes dans la sphère marchande. Ce processus, le plus souvent évoqué dans le cas des mères-porteuses où il existe manifestement, se développe donc également -d'une façon plus masquée- dans le cadre de la FIV par le biais du recueil "gratuit" des ovocytes. Le parralèle avec le modèle français de recueil et de distribution du sang grâce au don "anonyme et gratuit" qui a conduit à l'industrialisation du marché du sang avec maximisation des profits, et écoulement des stocks, -même contaminés par le virus du sida-, devrait obliger à prendre en compte l'importance de telles analyses produites par les féministes. Or ce n'est pas du tout le cas actuellement.

Ces féministes critiquent également les idéologies inhérentes à ce développement technologique parmi lesquelles la valorisation de la transmission génétique des caractères au détriment de la transmission sociale d'une part, de formes modernes d'eugénisme d'autre part: la sélection (le tri) des embryons en fonction de leurs qualités, proposée par les praticiens des NTR suscitera les demandes et induira une forme d'eugénisme qu'on peut qualifier de "démocratique" car non imposé par l'Etat, mais demandé par les futurs parents. Cette idéologie de "l'enfant parfait" implique par ailleurs une discrimination accrue à l'égard des handicapés.

2- <u>Analyses du second type</u>

Dans la mesure où les analyses du premier type sont à la fois les plus connues et semble-t-il les plus répandues au niveau international, je ne les développerai pas davantage. Mais je donnerai plus de place aux analyses du second type qui sont peut-être moins répandues ou connues.

Parmi les féministes françaises s'intéressant aux NTR, il en existe quelques unes qui, s'opposant aux analyses critiques du premier type, affirment qu'au lieu de faire obstacle aux méthodes de la procréatique, les féministes devraient en revendiquer le contrôle. Elles s'étonnent que "les féministes ne cherchent pas à utiliser les possibilités ouvertes par la biomédecine comme tremplin pour les transformations sociales souhaitées et ne revendiquent pas l'appropriation des nouvelles techniques pour accélérer la transformation des rapports sociaux de sexe et pour accroitre l'éventail des choix individuels en matière de famille et de procréation". ([5])

Elles voient dans les analyses du premier type au mieux une hostilité inquiète à l'égard des NTR, au pire des propos catastrophistes, cherchant à dramatiser les choses, terrifier les femmes et qui ne prennent pas en compte la question de l'exercice de la liberté des femmes: angle d'attaque majeur qui vise non seulement les féministes mais également les modes de développement des NTR.

Ainsi l'une des figures les plus marquantes des analystes du second type est Marie-Josèphe Dhavernas. Elle aussi reconnait la diversité des positions des féministes sur ces questions et cherche à l'expliquer. Elle écrit ([6]):

> "Les féministes sont aussi des citoyennes, des productrices, des consommatrices; elles ont des appartenances multiples -sociales, politiques, culturelles, économiques, affectives- et à ces titres elles interviennent dans la société de manières multiples. Aussi n'ont-elles pas toutes exactement la même notion du bien social et les controverses au sein du féminisme se redoublent d'une partie des conflits qui traversent la société. Plus les questions qui concernent très directement les femmes sont liées à d'autres qui dépassent la problématique des rapports de sexe -comme c'est le cas pour la technique et la médecine- plus les appréciations sont divergentes et plus il est difficile de trouver une position commune."

Son analyse théorique des techniques en général et des NTR en particulier, est la suivante:

> " Il en va de ces techniques comme de toutes les autres, à savoir qu'elles ne sont par elles-mêmes ni bonnes, ni mauvaises, ni neutres mais fondamentalement <u>ambivalentes</u>: elles sont soumises au politique, c'est à dire au pouvoir, donc aux luttes de pouvoir entre l'Etat, les institutions privées ou publiques, les groupes de pression idéologique. Ceci implique que le contenu social et humain d'une tech-

nique est déterminé par ce qui lui est extérieur: son usage. Par usage il faut entendre ici à la fois et de manière indissociable, le projet qui préside à la mise en oeuvre, et cette mise en oeuvre elle-même, c'est à dire les conditions sociales dans lesquelles elle s'opère... Un projet est autre chose qu'une intention: ce n'est pas un simple point de départ mais un processus soumis aux conditions de sa réalisation. En d'autres termes la fin ne justifie pas les moyens. Réciproquement on ne peut tenir pour dénué de toute importance l'objectif qui préside au projet.

En ce qui concerne les NTR, le même type de raisonnement doit s'appliquer à leur évaluation: le projet et les conditions de la mise en oeuvre doivent simultanément être pris en considération. Lorsque je parle du projet je n'entends pas le but mis en avant, à savoir le "traitement de la stérilité". La notion de projet doit être prise ici dans le sens le plus large possible: l'orientation que se donne une société qui a recours à ces techniques. Mais comme une société n'est pas un tout homogène, cette orientation n'est ni donnée une fois pour toutes, ni représentative de l'ensemble des intérêts en jeu et de la totalité des valeurs qui s'y heurtent: elle exprime seulement la tendance dominante de ceux et celles qui ont réussi à y imposer leurs choix et en asseoir la légitimité." (C'est moi qui souligne)

Quelle féministe ne serait pas d'accord avec ces considérations générales, qui sont cependant naïves et tout à fait insuffisantes si l'on n'y ajoute pas la question principale de savoir qui a réellement le pouvoir d'imposer ses choix et de convaincre de leur légitimité? Et encore cette dernière formulation masque-t-elle le fait que pour M.J.Dhavernas les technologies sont déjà là (sans qu'on n'ait démocratiquement consulté personne), et donc les orientations et choix dont elle parle ne concernent que tel ou tel type de recours aux technologies, sans que jamais ne soit envisagée comme orientation une possible mise en cause radicale. Bref, que les médecins ont décidé seuls et pratiqué la politique du fait accompli.

M.J.Dhavernas précise plus loin qu'en ce qui concerne les NTR, "trois démarches sont possibles: adhérer au projet, le combattre ou tenter de s'en emparer pour y faire prévaloir ses propres valeurs et objectifs sociaux", ajoutant que la plupart des féministes ont adopté la seconde, alors qu'elle préconise la troisième: la plus souhaitable et la plus réaliste à son avis. Elle ajoute:

"S'emparer des NTR impliquerait d'analyser chacune des pratiques rendues possibles par ces techniques, dans leurs conséquences tant symboliques qu'empiriques; examiner dans quelle mesure et dans quels cas elles sont en rupture ou en continuité avec les revendications féministes; et s'organiser pour peser sur les décisions prises par le législateur, les comités d'éthique ou l'institution médicale... Quant à la mise en oeuvre, elle doit être jugée en fonction des rapports de pouvoir qui s'y jouent: il est clair qu'à l'heure actuelle ceux-ci sont favorables aux "spécialistes". Par "spécialistes", il faut entendre non seulement le corps médical et les biologistes mais aussi les juristes, politiciens et les détenteurs et détentrices de discours (ceux des sciences humaines et sociales, et des porte-parole des religions).

En réduisant le pouvoir des spécialistes au pouvoir médical, comme c'est une tentation fréquente des féministes, on prend en compte la santé des patientes mais on manque en grande partie la question de l'exercice de leurs libertés."

ARGUMENTAIRE CENTRAL DE L'OPPOSITION: LIBERTES /RISQUES

Pour les féministes du second type, la question essentielle est celle des libertés des femmes. Et leurs principales critiques à l'encontre du développement des NTR sont fondées sur cette question. Et en particulier sur ce qu'elles considèrent avoir été les victoires féministes des années 70 à savoir le droit à l'homosexualité, à la maternité célibataire, les luttes contre l'idéologie normative du couple et de la famille. Toutes choses qui sont effectivement remises en cause à la fois par le choix des candidatures de "patientes" qu'effectuent les praticiens des NTR et par les discours qui les légitiment. En d'autres termes elles critiquent l'organisation sociale des NTR qui légitime l'exclusion ou la ségrégation de certaines femmes, organise une discrimination entre femmes fondée sur leurs choix sexuels et promeut la famille nucléaire hétérosexuelle comme modèle idéal d'environnement pour l'enfant. Il s'agit donc d'un processus qui, à leurs yeux, reproduit les normes patriarcales les plus classiques et empêche toutes les femmes d'accéder à de "nouvelles libertés".

Les féministes du premier type ayant beaucoup insisté sur la lourdeur et l'aspect expérimental des interventions pratiquées sur le corps des femmes, sur les risques qui s'ensuivent pour leur santé, les féministes du second type qualifient ces analyses de "sécuritaires" (uniquement soucieuses de la sécurité) et objectent que les femmes -tout comme les hommes- doivent avoir la possibilité de choisir une vie risquée. Si elles décident d'avoir un enfant grâce à des techniques dangereuses et peu performantes, il y va de leur liberté et de leur autonomie de pouvoir le faire. D'autre part elles peuvent trouver gratifiant de participer aux avancées scientifiques.

La réplique des sociologues féministes du premier type est la suivante: alors que les praticiens des NTR prétendent avoir obtenu des femmes leur consentement libre et éclairé, ils n'informent pratiquement jamais ni sur la nature des risques ni sur leur fréquence ni sur leur degré de gravité. Lorsqu'elles ajoutent qu'aucune évaluation sérieuse et objective des risques -pour la santé des femmes ou des enfants nés après recours à ces technologies- n'a été faite, les féministes du second type admettent certes qu'il est nécéssaire et important qu'une telle évaluation soit faite afin que les femmes soient correctement informées et disposent des éléments nécéssaires à leur décision. Mais elles ajoutent que ce type d'analyse -centré sur la santé- ignore la question centrale qui est celle des libertés.

<u>Concernant les libertés</u> que le développement des NTR peut apporter aux femmes, l'accent est mis également sur les nouvelles possibilités sociales qu'elles offrent d'avoir et d'éduquer les enfants. A titre d'exemples: les NTR permettent aux femmes d'avoir des enfants sans relations sexuelles et quand elles le désirent, qu'elles soient stériles ou déjà ménauposées. Autrement dit d'avoir des enfants à quelque moment que soit prise leur décision, grâce aux techniques que sont le don d'ovocyte et la congélation des embryons (ou des ovocytes lorsque celle dernière sera techniquement possible). Elles permettent d' avoir un enfant ayant moins ou plus que deux

parents (biologiques et/ou sociaux); pour un couple d'homosexuelles d'avoir la possibilité de partager la conception d'un enfant: un embryon issu de l'ovocyte de l'une d'elle étant transféré dans l'utérus de la seconde.

Enfin la possibilité -grâce aux recherches faites pour réaliser placenta et utérus artificiels- qu'offriront probablement un jour les NTR d'assurer la reproduction humaine hors du corps des femmes parait promettre à quelques féministes du second type des avenirs radieux. Ainsi, Evelyne Peyre et Joelle Wiels, par exemple, voient-elles, pour cette raison même, dans le dévelopement des NTR un moyen de combattre le patriarcat. Elles écrivent (7):

> " Des découvertes scientifiques qui rendent potentiellement évitable l'association entre corps des femmes et reproduction -qui est l'une des bases de l'oppression des femmes dans le système patriarcal- devraient si nous savons les utiliser, pouvoir constituer des éléments importants de lutte contre ce système."

POSITIONS THEORIQUES ANTAGONISTES

En fait la divergence des analyses concernant la nature des enjeux pour les femmes, non seulement renvoie à celle des présupposés idéologiques qui traversent les analyses féministes en France et à l'étranger, mais elle l'aiguise fortement.

L'habitude est prise de structurer les analyses et travaux féministes concernant les rapports hommes/femmes autour d'une opposition -le plus souvent présentée comme radicale et irreductible- .

D'un côté, les unes se réfèrent et cherchent à promouvoir l'égalité entre les sexes. Elles revendiquent pour tous les individus -hommes et femmes- une égalité de droits afin de faire cesser le contrôle masculin sur la vie des femmes. De leur point de vue, la différence entre les sexes est à penser comme catégorie construite historiquement et socialement afin de permettre l'exercice du pouvoir du patriarcat. C'est le "féminisme égalitaire" qui se dénomme parfois "féminisme radical".

Les autres se centrent au contraire sur la <u>différence des sexes</u>: concept auquel la psychanalyse en particulier donne un autre statut que celui de différence biologique ou de catégorie historique à déconstruire. Il s'agit ici de penser la différence selon un modèle non hiérarchique. (A titre d'exemple: dire que la couleur bleue est différente de la couleur rouge n'implique pas qu'une couleur soit supérieure à l'autre). La référence dévalorisante à la hiérarchie étant annulée, il s'agit désormais d'investir la différence -ou peut-être les différences- d'une positivité. Proposant de faire une critique théorique du concept de "sujet universel", Luce Irigaray par exemple,fait le pari que la fausse différence de la misogynie peut être repensée comme différence nouvelle capable de menaçer l'hégémonie du sexe masculin. Cette tendance valorise alors les spécificités d'une (des ?) identité(s) de femmes. Désigné -péjorativement- par les féministes du premier type comme "féminisme identitaire", il se nomme "féminisme de la différence".

Les féministes égalitaires se déclarent attachées aux valeurs du droit et accusent les féministes de la différence de promouvoir un essentialisme, voire un naturalisme de la différence ancrée dans le corps qui constituerait une justification de l'inégalité. Toute référence à une différence fondée en "nature" fait, en effet, le jeu de l'ordre patriarcal: celui-ci légitime l'exclusion des dominés hors des sphères du pouvoir en invoquant des différences anatomiques ou physiologiques.

Les féministes de la différence objectent que la fin de la domination des femmes n'annulera cependant pas la différence des sexes et qu'elle n'entrainera pas une identité des hommes et des femmes.

Cette bipolarisation renvoie à l'histoire, le féminisme égalitaire se voulant héritier de la pensée universaliste des Lumières, qui pourtant exclua les femmes de son projet. Renvoyant également à des enjeux politiques et théoriques, cette opposition nourrit aussi parfois des polémiques ou des acccusations méprisantes et de mauvaise foi qui n'aident pas à avancer dans le sens d'un agir politique. C'est également le point de vue de Naomi Schor ([8]) lorsqu'elle écrit que "l'essentialisme joue le même rôle pour le féminisme que le révisionnisme pour le marxisme-léninisme: c'est le langage du terrorisme intellectuel et l'instrument privilégié de l'orthodoxie politique. Emprunté au respectable vocabulaire de la philosophie, le mot essentialisme est doté dans le contexte du féminisme, du pouvoir de réduire au silence, d'excommunier, de vouer à l'oubli."

Mais il faut ajouter que de même que valoriser la différence ne suppose pas par principe de justifier l'inégalité, de même promouvoir l'égalité n'implique pas d'annuler les différences. Et en réalité on peut observer que selon les situations ou les problèmes à analyser, bon nombre de femmes féministes se situent dans une position intermédiaire, établissent des relations entre ces deux tendances non nécéssairement exclusives, et refusent de devoir choisir entre "égalité" et "différence". Par ailleurs, les clivages entre féministes ne renvoient pas toujours à cette opposition binaire entre tenants de l'égalité et tenants de la différence.

Allant dans ce sens, il faut signaler, comme le fait C.Planté ([9]), la position de J.Scott ([10]) qui met en cause cette opposition, laquelle, selon son hypothèse, témoignerait d'un antiféminisme contraignant les femmes à choisir un terme contre l'autre. De même Naomi Schor observe t-elle "des signes encourageants -des projets de livres, des thèses en cours, des conversations privées- non pas d'un retour de/à l'essentialisme, mais d'une reconnaissance des excès perpétrés au nom de l'anti-essentialisme et de l'urgence qu'il y aurait à repenser les termes d'un conflit qui -toutes les parties en sont d'accord- a cessé d'être productif."

Mais...il est malheureusement évident que cet effort pour sortir de l'opposition stérile à plus d'un titre, aura du mal à se réaliser dans le cadre des débats sur les NTR. Les questions de la procréation et de la maternité -qui pour la première tendance sont pensées comme source de l'oppression des femmes, pour la seconde comme l'une des spécificités des femmes- aiguisent en effet les contradictions et élargissent le gouffre entre ces deux positions.

NOTES

1. Bien qu'en France, le terme de féminisme soit le plus souvent réservé à la tendance qui promeut l'égalité, je l'utilise dans un sens plus large pour désigner l'ensemble des analyses et actions qui cherchent à transformer la condition des femmes. Autrement dit à lutter contre les rapports de pouvoir qu'un sexe (le masculin) exerce sur l'autre (le féminin), qui se manifestent par des discriminations, exclusions, exploitations ou violences.

2. Ainsi, ont eu lieu en France récemment, des mouvements sociaux à l'intérieur de professions, comme les infirmières ou les assistantes sociales, très majoritairement féminines. Ils ont pris la forme d'organisations dénommées "coordination" où se posèrent des questions de rapports entre les sexes notamment en ce qui concerne l'accès au pouvoir de décision et de négociation avec l'Etat. Mais le plus souvent les infirmières se déclaraient "non féministes" et jamais ce mouvement ne fut considéré comme relevant d'une revendication féministe.

3. F.Laborie: "D'une banalisation sans évaluation et de ce qui peut s'ensuivre" in Le magasin des enfants ouvrage collectif sous la direction de J.Testart. Ed F.Bourin Paris 1990 (p 83-106). Ces chiffres ont été calculés par moi à partir des données publiées dans les sources suivantes: Rapport publié par l'Office of Technology Assessment (USA 1989). Voluntary Licensing Authority (G.B. 1990); Rapport du GFFF (France 1989); National Peristatistical Unit (Sydney 1990).

4. Il s'agit essentiellement de Laurence Gavarini, Françoise Laborie, Valérie Marange, Anne-Marie de Vilaine et Louise Vandelac qui, bien que québecquoise, participe largement aux débats en France.

5. Marie-Josèphe DHAVERNAS: " Bioéthique:avancées scientifiques et reculs politiques." Futur Antérieur N°3 autômne 1990. Ed L'Harmattan. Paris p 63-75.

6. Marie-Josèphe Dhavernas: "La procréatique et les normes sociales" Recherches Féministes 1991, vol 4, N°1, p 149-159.

7. Evelyne Peyre et Joelle Wiels: "Approches féministes des sciences expérimentales" in Savoir et différences des sexes Les Cahiers du Grif 1990, N° 45, p 117-128.

8. Naomi Schor: "Cet essentialisme qui n'en est pas un:Irigaray à bras le corps".in Féminismes au présent Ouvrage collectif (285 pages). Futur Antérieur (Supplément). Ed L'Harmattan Paris 1993. p 85-109.

9. Christine Planté: "Questions de différences" in Féminismes au présent op cit p 111-131.

10. Joan Scott: Deconstructing equality-versus-difference: or, the uses of poststructuralist theory for feminism" Feminist Studies, 14, N°1, printemps 1988.

Le Dictionnaire critique du féminisme

(Helena Hirata, Françoise Laborie, Hélène Le Doaré, Danièle Senotier) 2000, Paris, PUF

Ce premier dictionnaire entend résumer les divers travaux et résultats obtenus depuis que les études sur les femmes, féministes, féminines, sur le genre, selon les diverses dénominations qui s'essaient alors, ont obtenu droit de cité.

C'est un succès, et il fait depuis l'objet de nombreuses traductions et rééditions.

Françoise y écrit naturellement sur les NTR : **Technologies de la reproduction humaine,** mais aussi un article avec Françoise Collin[78], une grande dame du féminisme, faisant le point sur la position des féministes par rapport à la maternité : **Maternité.**

---

[78] Françoise Collin, née le 8 avril 1928 à Braine-le-Comte et morte le 1er septembre 2012, est une romancière, philosophe et féministe belge qui avait choisi de vivre à Paris. (Wikipedia)

Françoise Laborie
Maternité (avec Françoise Collin)

In H. Helena et alii, *Dictionnaire critique du féminisme*, Paris, PUF, p. 109-114.

MATERNITÉ

Différents travaux ont, depuis 1970, éclairé l'histoire de l'enfant (Ariès), des naissances et enfances sous l'Ancien Régime (Gélis), des femmes depuis l'Antiquité (Duby et Perrot, 1990-1992), des mères du Moyen Âge à nos jours (Fouquet et Knibielher, 1977) et de l'amour maternel du XVIIe au XXe siècle (Badinter, 1980). Ils permettent de resituer l'histoire des comportements vis-à-vis de la maternité dans l'évolution des rapports hommes/femmes et des valeurs dominantes concernant les rôles et droits respectifs du père, de la mère et de l'enfant.

Quel statut accorder à la maternité ? Répondre à cette question repose sur une tension qui traverse l'histoire des mouvements féministes, mais aussi celle de nombreuses femmes, aux prises avec des contradictions souvent insurmontables. La maternité constitue tout à la fois une spécificité valorisée – le pouvoir de donner une vie –, une fonction sociale au nom de laquelle revendiquer des droits politiques ou des droits sociaux et l'une des sources de l'oppression. Opérateur de division, elle structure les oppositions théoriques des féministes.

La maternité, une histoire sociale

Une controverse oppose Catherine Fouquet et Yvonne Knibielher (1977) à Élisabeth Badinter (1980) quant au statut de l'amour maternel, à partir de l'examen du recours massif à la mise en nourrice des enfants, aux siècles classiques. Limité, au XVIIe siècle, à l'aristocratie et à la bourgeoisie, le phénomène se généralisa au XVIIIe siècle à toutes les couches sociales des villes. Les premières soulignent que l'envoi des enfants en nourrice fut le fait de femmes riches pouvant payer ou de celles qui, obligées de travailler, ne pouvaient allaiter. Elles n'y voient pas le signe d'un désintérêt pour l'enfant et encore moins de l'absence d'amour maternel, même si cette pratique entraînait une très forte mortalité infantile. Au contraire, constatant que, en dépit de la répétition des décès, la mise en nourrice se généralisa, Élisabeth Badinter estime que ni le poids des facteurs économiques, ni celui des convenances sociales n'épuisent les explications du phénomène, notamment du côté des femmes aristocrates. Elle affirme que celles-ci rejetèrent la maternité afin de pouvoir vivre libres, développer leur culture et leurs savoirs, sans être entravées par l'enfant. L'indifférence à son égard devint un comportement dominant. L'amour maternel n'a donc pas l'évidence d'un instinct, inscrit de toute éternité dans la nature féminine : il a une histoire.

Le milieu du XVIIIe marque un changement idéologique important, exprimé avec force par Rousseau et souvent repris jusqu'à nos jours : sont promus un nouveau type de femme, la bonne mère, et une nouvelle valeur, l'amour maternel.

Dès la fin du XIXe siècle, dans de nombreux pays européens, des féministes cherchent à assurer bien-être et protection sociale à toutes les mères, et à faire reconnaître la maternité comme une fonction sociale que l'État se doit de protéger. Malgré l'hétérogénéité de leurs positions, elles utilisent l'argument de la glorification de la maternité pour obtenir de nouveaux droits. Plaidant pour que les droits des mères soient égaux à ceux des pères, elles attaquent le Code civil napoléonien. Elles soulignent les insuffisances des premières lois votées en France en 1909 et 1913 pour protéger la maternité (Cova, 1999). Ce « féminisme maternaliste » est fondé sur l'idée que l'activité maternelle et le travail domestique sont un vrai travail qui mérite d'être subventionné par l'État. Hubertine Auclert, se présentant en France aux élections législatives en 1885 et en 1910, réclama l'instauration d'un État mère qui viendrait en aide aux enfants (Bock, *in* Duby et Perrot, 1992). Cependant, alors que la « mère républicaine » est l'idéal proposé aux femmes en France et aux États-Unis, à la même époque se répand la figure de la célibataire autonome, indépendante, adepte de l'amour libre, répudiant le modèle sacré de la mère-épouse (Dauphin, *in* Duby et Perrot, 1991). Dans un contexte opposant natalistes et malthusiens, le thème de la libre maternité est au centre de débats publics et privés et apparaît dans de nombreux romans (Sagaert, 1999).

Pendant la première guerre mondiale, alors que les femmes, même mères, effectuent le travail des hommes, les féministes valorisent l'efficacité du travail féminin et plaident pour que les femmes puissent concilier travail et maternité. Elles espèrent obtenir, dès la fin du conflit, le droit de vote en récompense de leurs bons et loyaux services. Sauf en Allemagne, il n'en fut rien et les femmes furent renvoyées à leur foyer (Thébaud, *in* Duby et Perrot, 1992).

Entre les deux guerres mondiales, le retour des mères au foyer et la stigmatisation de celles qui travaillent font l'objet de campagnes visant à promouvoir une politique nataliste (Sohn, *in* Duby et Perrot, 1992). Les féministes refusent qu'au nom de la maternité on empêche les femmes de travailler, alors qu'elles représentent 36 % de la population active dont les deux tiers ont une famille à charge. Toutefois, le vote, en 1920 et 1923, de lois contre la propagande anticonceptionnelle et la provocation à l'avortement, n'entraîne, sauf exceptions notables de celles qui plaident pour la libre maternité, que peu de critiques de la part des féministes. Dans les années 1930, diverses initiatives – reconnaissance officielle de la journée des mères, créations d'institutions (Haut comité de la population où aucune féministe ne fut admise à siéger et qui fut à l'origine du Code de la famille), vote de lois (création de l'assurance maternité, des allocations familiales et du salaire unique) – renforcent la politique nataliste de l'État et son rôle protecteur vis-à-vis de la maternité (Thébaud, 1999). Pire encore, le régime de Vichy glorifia la maternité comme seule destinée possible des femmes devant assurer une présence continuelle au foyer, et en fit même un devoir national (Eck, *in* Duby et Perrot, 1992). Anne Cova (1999) estime que les féministes de l'entre-deux-guerres ont joué un rôle non négligeable dans l'élaboration d'une législation en faveur de la protection de la maternité et dans l'édification de l'État-providence, mais, en s'appuyant sur la maternité, elles ont échoué à obtenir des droits politiques pour les femmes.

Le « nouveau régime de la maternité »

Les militantes, apparemment unanimes, du Mouvement de libération des femmes des années 1970 opèrent un changement considérable en revendiquant l'obtention de moyens leur permettant de refuser les maternités non voulues. L'accès à la contraception orale, à partir de 1967, ouvre aux femmes la liberté de pouvoir annuler ou limiter leur fécondité et de choisir d'avoir ou non des enfants. La libéralisation de l'avortement fut obtenue – non sans mal – en 1975, après des débats violents opposant droit et autonomie des femmes au droit de l'enfant à naître. Les slogans des féministes de l'après-68 – « nous aurons les enfants que nous voulons si nous voulons » et « notre corps nous appartient » – témoignent d'une volonté collective que la maternité relève de la liberté et de la décision de chaque femme. Cependant, la libéralisation de l'avortement ne règle pas le malaise de celles qui, ayant ou désirant des enfants, refusent la contradiction entre leur volonté d'autonomie et leur désir d'assumer la maternité dans un sens choisi par elles, pas plus que l'accès à la contraception n'évite aux femmes d'être confrontées à la complexité du désir d'enfant (*Les Cahiers du* GRIF, 1975, 1977).

Avec les méthodes modernes de contraception, s'est installé ce que Nadine Lefaucheur (1992) nomme un « nouveau régime de la maternité ». Pour la première fois dans l'histoire, en effet, le désir de paternité des hommes devient tributaire de la volonté de maternité de leurs partenaires ; il leur devient, par ailleurs, moins facile de nier les paternités qu'ils ne veulent pas assumer. Autre exemple où s'opposent droit de la mère, droit de l'enfant à connaître ses origines et droit du père, et qui suscite des controverses : l'accouchement sous X, qui donne à toute femme le droit de donner naissance dans l'anonymat le plus complet. Dans tous les pays occidentaux, l'accroissement des divorces et des naissances hors mariage s'accompagne de celui des familles monoparentales – le plus souvent une mère avec enfant(s) – et des maternités tardives (Valabrègue *et al.*, 1982). Pour Yvonne Knibielher (1997), une mutation s'est produite entre 1965 et 1980 : à la génération du baby-boom ont succédé celle du « refus » qui a milité pour la contraception et l'avortement, puis celle du désir d'enfant à tout prix.

La volonté unanime des féministes de se battre avant tout pour la libéralisation de l'avortement, fondée sur le refus de voir les femmes n'être définies que par la maternité, avait masqué leurs divergences de positions, beaucoup plus patentes aujourd'hui. Poursuivant les thèses de Simone de Beauvoir, qui voyait dans la maternité le principal obstacle à la liberté des femmes, les féministes radicales y voient un élément central de domination des hommes sur les femmes, une forme d'« arraisonnement », de sujétion, voire d'esclavage (Les Chimères, 1975 ; Tabet, 1985). Tandis que le courant différencialiste, beaucoup plus minoritaire en France, valorise le féminin, la maternité et l'amour maternel, « véritable support sans lequel l'édifice social et culturel ne pourrait exister » (Kristeva, 1983 ; de Vilaine *et al.*, 1986). Récemment, Julia Kristeva et Yvonne Knibielher sont entrées dans le débat pour la parité en plaidant pour l'exercice actif de la citoyenneté de celles qui enfantent et pour la reconnaissance du sens social de la procréation (*Le Monde*, 23 mars 1999).

Perturbations récentes et nouvelle logique sociale

Christine Delphy (1991*a*) s'élève contre le surgissement de la « revendication maternelle », qu'elle repère dans de nombreux textes féministes récents : on ne voit dans la maternité que des conduites et des valeurs positives, on identifie les intérêts des femmes avec ceux des mères, et les intérêts des enfants avec ceux des mères. Elle décrit cette « nouvelle » idéologie de la maternité comme « un corporatisme des mères » doublé d'une « appropriation des enfants ». N'y voyant que la reprise féministe de vieilles idéologies ayant perduré depuis le XVIIIe siècle, elle tend à effacer les positions semblables de féministes au cours de l'histoire. Elle voit en outre la revendication maternelle renforcer la tendance des lois récentes à privilégier le recours aux critères biologiques dans la définition des liens de filiation. Rappelons que, depuis le droit romain, « la mère est certaine, le père est celui que le mariage désigne ». L'établissement des liens de filiation s'effectue donc de façon dissymétrique en recourant pour la mère à un critère physiologique certain (l'accouchement) et pour le père à un critère social (être l'époux ou le concubin de la mère), ce pourquoi le père est dit putatif. Les technologies de la reproduction humaine ont introduit de fortes perturbations quant aux définitions des liens de filiation et de la distinction entre biologique et symbolique. Avec l'insémination artificielle avec sperme d'un donneur, le père n'est pas le géniteur. Avec le scénario des mères porteuses, le père est le géniteur, tandis que la mère porteuse, qui cependant accouche (généralement sous X), ne sera pas la mère légale. Celle-ci sera l'épouse du géniteur (critère social). Bien que les mères porteuses aient souvent manifesté leur souci de l'enfant, la plurimaternité, qui bouleverserait trop le modèle dominant de la maternité univoque et certaine, n'a jamais été proposée. La fécondation *in vitro* avec don d'ovules ouvre la possibilité de distinguer mère génétique et mère utérine. Y ajoutant la mère sociale (celle qui, après adoption, élève l'enfant), on peut désormais définir trois types de mère : l'ancienne certitude sur la mère a donc volé en éclats. Par ailleurs, ces techniques de reproduction offrent la possibilité inédite de connaître précisément l'origine du sperme fécondant et de permettre ainsi une biologisation de la paternité.

Diverses analyses féministes ont exploré les formes d'exercice du pouvoir médical sur les femmes enceintes ou désirant le devenir, d'autres ont mis en évidence les dimensions sociale et politique de la reproduction. Cherchant à penser la place de l'expérience de la maternité dans une vie de femme, une nouvelle logique sociale cherche à s'élaborer : celle du vivre-pour-soi-et-avec-les-enfants, impliquant non seulement un véritable partage, entre père et mère, du travail domestique et des responsabilités, mais la possibilité de sortir du caractère oppressant de la génération biologique tout en accédant à la génération symbolique. Celle-ci, permettant aux femmes de prendre la parole en leur nom et de choisir leurs modes d'apparentement et d'affiliation, peut être porteuse de liberté (F. Collin, 1986*b*).

→ *Avortement et contraception – Différence des sexes (théories de la) – Famille – Mouvements féministes – Technologies de la reproduction humaine – Travail (le concept de)*

► Badinter Élisabeth, *L'amour en plus. Histoire de l'amour maternel XVIIe-XXe siècle*, Paris, Flammarion, 1980, 372 p. — Fouquet Catherine, Knibielher Yvonne, *Histoire des mères*, Paris, Montalba « Pluriel », 1977. Rééd. Paris, Hachette « Pluriel », 1982, 359 p. — Knibielher Yvonne, *Histoire des mères et de la maternité en Occident*, Paris, PUF, « Que sais-je ? », 2000, 128 p. — Lefaucheur Nadine, *Maternité, famille, État*, *in* Georges Duby, Michelle Perrot, 1992, t. 5, p. 411-430 (cf. Bibliographie générale). — *Les Cahiers du GRIF*, 1975, n° 9/10 : « Les femmes et les enfants d'abord » ; 1977, n° 17/18 : « Mères-femmes » ; 1987, n° 36 : « De la parenté à l'eugénisme ». — Tabet Paola, Fertilité naturelle, reproduction forcée, *in* Nicole-Claude Mathieu, *L'arraisonnement des femmes. Essais en anthropologie des sexes*, Paris, EHESS, 1985, p. 61-146.

Françoise COLLIN et Françoise LABORIE

Françoise Laborie
Technologies de la reproduction humaine

TECHNOLOGIES DE LA REPRODUCTION HUMAINE

Ensemble de techniques médicales destinées, en principe, à pallier diverses formes de stérilité, permettant la naissance d'enfants en absence de rapports sexuels, et en recourant parfois à des tiers. Inventée pour contourner la stérilité masculine, l'insémination artificielle avec sperme du futur père (IAC) ou d'un donneur (IAD) précéda la mise au point de la fécondation *in vitro* (FIV) pour pallier la stérilité féminine d'origine tubaire et celle de diverses techniques dérivées.

Développement exponentiel

En 1978 naquit en Grande-Bretagne le premier bébé issu d'une FIV, en France ce fut en 1982. Partout l'on observa un fort développement – quasi exponentiel en France – du nombre des centres et des tentatives, comme si les cas de stérilité définitive s'étaient soudain généralisés. L'offre technologique engendra, sur fond de peur de la stérilité, une demande d'autant plus forte qu'il y eut élargissement des indications aux infertilités d'origine masculine, aux stérilités inexpliquées ainsi qu'aux hypofertilités. Or, la FIV est une technique lourde pour les femmes : stimulations hormonales intensives, ponction chirurgicale de nombreux ovules suivie de leur fécondation au laboratoire par des spermatozoïdes. Si des embryons sont obtenus, ils peuvent être sélectionnés, transférés dans l'utérus ou congelés s'ils sont très nombreux. Les échecs sont importants : dans environ 25 % des cas, le transfert est suivi d'une fausse couche. Seules 10 % des tentatives permettent la naissance d'enfants – souvent multiples – vivants et en bonne santé, parmi lesquels nombreux sont prématurés. En raison de l'élargissement des indications, de lourdes interventions sont de plus en plus souvent effectuées sur des femmes fertiles afin que leur enfant soit issu du sperme de leur conjoint. L'invention de l'ICSI – FIV dont l'étape de fécondation est réalisée par injection mécanique forcée d'un spermatozoïde dans un ovule – est ainsi destinée exclusivement à pallier la stérilité masculine définitive – premier bébé né en 1992 en Belgique. Les évolutions récentes (injection de divers précurseurs des spermatozoïdes) vont dans le même sens afin que, même sans spermatozoïdes, des hommes puissent engendrer des enfants porteurs de leurs gènes et que leur « paternité biologique » soit assurée. Par ailleurs, le développement du DPI – diagnostic préimplantatoire des embryons (avant leur transfert), qui permet d'éliminer des embryons porteurs de mutations génétiques délétères –, élargit encore les indications de la FIV à une nouvelle population, celle des couples risquant de donner naissance à des enfants porteurs de maladies génétiques. Au total, en 1998, 500 000 enfants, dont 30 000 en France, étaient nés dans le monde après recours à l'une ou l'autre des techniques.

Emphase et critiques

Les débats sur les nouvelles technologies de la reproduction (NTR), régulièrement très médiatisés, oscillèrent entre emphase des praticiens et des parents comblés par telle ou telle grande première technologique et catastrophisme de diverses analyses. Étaient souvent évoqués le surgissement de certaines demandes d'accéder à des modes de procréation évitant les rapports hétérosexuels, les risques de sélection et de manipulation des embryons – voire de l'espèce humaine –, les craintes de voir les définitions des liens de filiation, notamment maternels, devoir être repensées.

Les féministes furent partout partagées entre deux positions divergentes schématiquement résumées ainsi : les NTR ouvrant des possibilités inédites (qu'une femme donne son ovule tandis qu'une autre porte l'embryon) offrent-elles de nouveaux choix aux femmes ? Ou, au contraire, permettent-elles une augmentation du contrôle social sur la reproduction et sur la vie des femmes et leur maternité ?

Dès les années 1980 aux États-Unis, et surtout à partir de 1985 sur le plan international, diverses féministes entreprirent d'analyser les conséquences sociales du développement des NTR, notamment pour les femmes, et de confronter, débattre et rendre publiques leurs analyses. Ainsi, en 1984, eurent lieu deux conférences féministes fortement contradictoires quant à leurs prémisses. L'une en Grande-Bretagne, dans la lignée des positions de Sulamith Firestone (1970) – qui avait vu dans les futures NTR des outils de libération permettant aux femmes d'échapper à leurs contraintes corporelles. Cette première conférence fut centrée sur les nouveaux choix, nouveaux droits ouverts aux femmes par le développement des NTR. Tandis que la seconde, aux Pays-Bas, déboucha sur la constitution, en 1985, du « Réseau international de résistance féministe aux développements des NTR et des manipulations génétiques » (FINRRAGE). Très actif, il fit circuler de nombreuses informations, édita plusieurs ouvrages (Corea, 1985, 1987 ; Spallone et Steinberg, 1987) et une revue, *Reproductive and Genetic Engineering. Journal of*

International Feminist Analysis, organisa colloques, débats publics au Parlement européen en 1986, conférences de presse, notamment aux États-Unis pour dénoncer le scénario des mères porteuses et assurer la défense de celles qui voulaient garder l'enfant. Les textes ont révélé l'importance des taux d'échecs de la FIV et des taux de profit des multinationales pharmaceutiques. Ils ont souligné à quel point la technicisation de la procréation s'accompagne d'une industrialisation de la production du vivant. Celle-ci s'effectue à partir de la matière première – jusqu'alors peu accessible – que constituent les ovocytes prélevés en grand nombre sur les femmes, préalablement soumises à de fortes stimulations hormonales dont le caractère expérimental et dangereux pour leur santé, caché par les médecins, a été abondamment établi et souligné par les chercheuses féministes. Alors que, très souvent, médecins et biologistes disent se contenter de répondre aux demandes des couples et des femmes, celles-ci sont utilisées comme « meilleurs » objets d'expérimentations diverses, réduites au statut de pourvoyeuses d'ovocytes ou d'incubateurs humains, lorsqu'on a besoin de leur utérus – parfois considéré comme hostile – pour que se développent les embryons. Aux États-Unis, la commercialisation de l'engendrement s'organise non seulement par la vente de gamètes humains, mais encore par le biais des mères porteuses : scénario créant une classe de femmes réduites à n'être que les instruments temporaires, parfois choisis sur catalogue, de fabrication d'enfants à destination d'hommes désireux d'assurer leur descendance génétique. C'est pourquoi, disent les féministes critiques, mettre en avant la détresse des couples stériles, élargir les indications des NTR, gonfler les taux de succès, minimiser les risques pour la santé des femmes et des enfants fait ainsi partie des stratégies partout développées par les praticiens. Décrire les NTR comme traitements de la stérilité masque en effet la partie invisible de l'iceberg. Cette dernière comporte, du côté occidental, les biotechnologies de manipulation et sélection des génomes humain, animal et végétal, porteuses d'enjeux des industries pharmaceutiques, vétérinaires et de l'agro-alimentaire et dans les pays en voie de développement, diverses techniques de contrôle de la population (contraceptifs longue durée, stérilisations) assurant une géopolitique démographique.

Les féministes face à l'offre technologique

En France, malgré une forte médiatisation des NTR et l'importance de ce développement technologique – on y réalisait en 1988 proportionnellement huit fois plus de tentatives de FIV qu'aux États-Unis (Laborie, *in* Testart, 1990) –, régnait une relative indifférence des groupes de femmes, résultant vraisemblablement du fait que les analyses féministes de la maternité, centrées sur l'assignation historique des femmes à cette fonction, avaient réduit la revendication de libre maternité au droit d'accès des femmes à la contraception et à l'avortement et n'avaient pas fait place à une réflexion sur le désir d'enfant. Quelques chercheuses – françaises et québécoises – majoritairement critiques vis-à-vis des NTR développèrent des analyses dans diverses directions, publiées dans des ouvrages collectifs après avoir été présentées lors de colloques organisés par le Conseil du statut de la femme au Québec (1988), le Mouvement français pour le Planning familial (1989) et lors d'une conférence internationale d'évaluation des NTR qu'elles organisèrent à Paris en juillet 1990, parallèlement au VIIe Congrès mondial des praticiens des NTR. L'enjeu central des NTR, dont le corps maternel est la cible et l'interchangeabilité des organes la logique, est de repenser la place réservée aux femmes dans la gestion sociale de la reproduction (Braidotti, 1987). Cherchant à comprendre quelles évolutions sociales conduisent de nombreuses femmes vers les centres proposant les NTR, elles ont analysé les formes de construction sociale de la stérilité et de légitimité des NTR (Gavarini, *in* MFPF, 1989), les relations complexes des femmes au désir d'enfant et des féministes à la maternité (F. Collin, *in* MFPF, 1989) ; elles ont postulé que les médecins, désirant contrôler « l'origine des origines » en matière d'engendrement, présentent la FIV comme un modèle idéal, parce que scientifique, de toute procréation. Analysant les pratiques, elles ont souligné le caractère eugéniste, voire démiurgique, d'interventions inédites – analyse et sélection des embryons – en matière de production d'êtres vivants (F. Collin, *in* MFPF, 1989). Elles ont montré combien est masquée la forte différenciation sexuelle des techniques dont la lourdeur et les risques sanitaires et sociaux (perte de travail) concernent essentiellement les femmes ; comment est promue la discrimination sociale entre femmes quant à l'accès aux NTR et mis en évidence les moyens grâce auxquels se développent un marché de la reproduction humaine et un champ de recherches en expansion (Laborie, *in* CSF, 1988 ; *in* MFPF, 1989 ; *in* Testart, 1990). Des données précises ont été rassemblées sur les effets sanitaires des traitements subis par les femmes et sur ceux que la grande prématurité des enfants très souvent multiples entraîne pour leur santé et celle de leurs parents exténués par les tâches épuisantes des soins à donner aux bébés (Laborie, 1994). Sur le plan idéologique et politique, les discours et pratiques qui structurent les NTR promeuvent un recentrage normatif autour du couple et de la famille nucléaire hétérosexuelle (M.-J. Dhavernas, 1990). Les NTR, inscrites dans le processus de domination et d'exploitation de la nature, soumises aux stratégies masculines de contrôle politique et juridique sur leur descendance, construisent l'invisibilité des femmes et leur chosification (Vandelac, *in* CSF, 1988 ; *in* Testart, 1990). La production et la conservation de nombreux embryons au laboratoire redéfinissent différemment les droits respectifs du père, de la mère et des médecins, et, permettant la réouverture de débats sur le statut ontologique de l'embryon, ouvrent la porte à une remise en cause du droit des femmes à avorter (Novaes et Laborie, 1996).

La révision prévue des lois sur la bioéthique autorisera peut-être le diagnostic préimplantatoire sur les embryons (DPI), après l'avoir interdit en 1994. La question très importante des risques induits par ces techniques sur la santé, un des angles majeurs des critiques féministes depuis quinze ans, commence à être reconnue, au moins en ce qui concerne la santé des enfants.

→ *Avortement et contraception – Famille – Maternité*

▸ Conseil du statut de la femme (CSF), *Sortir la maternité du laboratoire*, Bibliothèque nationale du Québec, 1988, 423 p. — Corea Gena (ed.), *Man made Women. How New Reproductive Technologies affect Women*, Bloomington, Indiana University Press, 1987, 109 p. — Mouvement français pour le Planning familial (MFPF), *L'ovaire dose. Les nouvelles méthodes de procréation*, Paris, Syros, 1989, 322 p. — Novaes Simone, Laborie Françoise, Parents et médecins face à l'embryon ; relations de pouvoir et décision, *in* Brigitte Feuillet-Le Mintier (dir.), *L'embryon humain. Approche multidisciplinaire*, Paris, Economica, 1996, p. 185-202. — Spallone Pat, Steinberg Deborah Lynn (eds), *Made to order. The Myth of Reproductive and Genetic Progress*, Oxford-New York, Pergamon Press, 1987, 267 p. — Testart Jacques (dir.), *Le magasin des enfants*, Paris, François Bourin, 1990, 338 p.

Françoise LABORIE

De g à d : Hélène Le Doaré, Héléna Hirata, Françoise Laborie, Danièle Senotier

A gauche, Nicole-Claude Mathieu

Au GEDISST (anonyme)

TROISIÈME PARTIE

Bilan épistémologique

1. Textes et Travaux, 1990, 1992

Le chercheur du CNRS doit présenter tous les ans un rapport d'activité, à partir duquel la commission de la section auquel il appartient juge son travail, et décide éventuellement d'une promotion, autrement dit d'un avancement dans la hiérarchie, ce qui correspond à un grade supérieur mais aussi à des émoluments meilleurs.

Le grand passage est celui du rang B au rang A, où l'on est reconnu pleinement maître de ses recherches, qu'on n'a donc plus à soumettre à un directeur, ce qui permet une liberté bien plus grande.

C'est là aussi que le goulot d'étranglement est le plus fort.

Pour accéder à ce grade, il faut soumettre à la commission un rapport d'activité qui ne porte plus seulement sur les travaux de l'année écoulée, mais sur l'ensemble de la carrière.

Ce sont les *Titres et Travaux* (TT) du postulant.

Françoise a décidé de jouer le jeu deux fois, en 1990 et 1992, considérant qu'elle avait désormais fait suffisamment les preuves de ses compétences. Elle n'a rien obtenu, et n'a plus recommencé jusqu'à sa démission, en 1999, avant le terme possible de sa carrière, qui aurait été 2003 [79].

Le "jeu" en question consiste évidemment à présenter son travail sous le jour le plus favorable. Je me souviens de mon arrivée dans ce monde de la recherche : mon mentor, le chercheur qui m'avait présentée au CNRS, avait cru devoir se justifier auprès de moi d'utiliser, pour soutenir ma candidature, des termes plutôt ronflants. Il m'avait dit : "Tous les postulants sont géniaux sinon, ils n'ont aucune chance". J'en avais été un peu interloquée, je pensais la probité intellectuelle, et donc, la juste appréciation des choses et des personnes, des qualités éminemment scientifiques.

Je remarque que, du premier texte au second, deux ans après, Françoise a modifié son style, principalement dans les présentations générales des débuts. Je préfère pour ma part celui du premier, beaucoup plus personnel et intéressant. Il semble que son échec l'ait conduite à tenter ensuite un style plus abstrait, moins personnel, qui devrait mieux correspondre, à ses yeux, à la scolastique en vigueur chez les sociologues, quitte à affadir son originalité.

---

[79] J'avais attendu moi-même ce terme, où j'ai reçu l'élégante lettre du CNRS m'informant que "j'étais rayée des cadres".

La présentation qu'elle fait de son parcours me semble très riche, on retrouve son style imagé, sa présence subjective, le brillant de sa pensée, le souci de la démonstration. C'est pourquoi j'en présente quelques extraits, sous la dénomination d'épistémologie, même si un seul de ces extraits se présente sous ce vocable. Ils proviennent principalement du premier rapport, mais il y a souvent copie de l'un sur l'autre évidemment.

Et d'abord, cet avant-propos plein d'humour (disparu en 1992) :

AVANT-PROPOS
(extrait)

Outre l'acquisition et la maitrise des techniques classiques - de purification, synthèse et analyse - nécessaires à un chimiste, j'avais, dans mon école d'ingénieur, appris à souder les métaux et les plastiques (ce que je n'eus jamais l'occasion de pratiquer plus tard) et surtout à souffler le verre : ce que je fis ensuite quotidiennement.

Sociologue, j'ai du apprendre le maniement de deux nouvelles techniques : la dactylographie et le traitement de texte, que je pratique très intensivement depuis.

Reproduit en plusieurs exemplaires, grâce au personnel du SIDAV de l'IRESCO (que je remercie ici), ce document a été entièrement tapé et imprimé par mes soins.

***

En 1990, Françoise commence par une analyse de ce que représente l'opération de production de ses Titres et travaux. Elle a disparu en 1992. Il s'agit, note-t-elle, de "s'*engager dans une sorte de sociologie des connaissances produites par soi*", d'un "*retour réflexif à visée objectivante*".

Françoise Laborie
Présentation générale

Titres et Travaux 1990

[4] Produire "ses" titres et travaux suppose d'opérer une distanciation, de se placer en position d'extériorité par rapport à l'ensemble de son travail, de façon à dégager les grandes lignes de cohérence et d'évolution de sa démarche, les avancées ou remaniements théoriques et épistémologiques déjà effectués ou devant advenir ; autrement dit de s'engager dans une sorte de sociologie des connaissances produites par soi.

Ce qui ne va pas sans difficultés théoriques ni pratiques, car cela suppose, en effet, de s'interroger sur le lieu d'où l'on parle, le statut de ce dont il est parlé, les conditions de possibilité nécessaires à l'objectivité et à la critique sur sa propre démarche de connaissance.

Ce retour réflexif à visée objectivante, renvoie d'une part à une interrogation sur les rapports du sujet à l'objet dans la production des connaissances scientifiques, et notamment sur leur séparation qui est posée comme nécessaire aux fondements mêmes de la méthode scientifique. D'autre part cette démarche réflexive renvoie, plus modestement, à l'analyse des conditions sociales de construction de son propre savoir sur son travail de recherche.

Faire une analyse des connaissances produites – même par soi – ne peut, pour une sociologue, supposer l'économie de l'analyse des conditions de leur élaboration. C'est pourquoi il est nécessaire d'esquisser au moins à grands traits, non point la description d'une expérience vécue, mais le tableau du contexte dans lequel elle s'est réalisée.

Analyser les conditions de production d'un travail de recherche en sciences exactes ; la nature des relations d'un sujet de la connaissance scientifique avec l'objet qu'il cherche à connaître ; y repérer la présence conjointe d'investissements de divers types : tels sont non seulement les objets de ma recherche en sociologie, mais aussi des axes qui ont guidé ma démarche de sociologue, après avoir nourri celle qui fut la mienne comme chercheur en sciences exactes.

[5] Car ce sont d'abord les conditions de production de la recherche en chimie macromoléculaire – ma spécialité en sciences exactes – qui, rencontrées "sur le terrain" de ma place de jeune chercheur au CNRS, m'avaient amenée fort tôt à soutenir des analyses de ce type. Et ceci

sur mon lieu de travail d'une part, au sein de groupes de réflexion d'autre part : je fis partie du collectif de chercheurs en sciences exactes qui créa et anima la revue *Impascience*.

Cette démarche de retour réflexif et critique n'alla pas, dans le milieu positiviste et étroitement scientiste de la chimie expérimentale où je travaillais, sans provoquer des difficultés institutionnelles.

Les conditions ainsi "créées" et la réflexion sur celles-ci firent que je m'engageai dans une réorientation intellectuelle et institutionnelle.

Françoise entend montrer la continuité de sa démarche, à travers les aléa institutionnels. Elle note que son mécontentement (elle n'utilise pas le mot) dans sa pratique en chimie macromoléculaire l'avait déjà conduite à une réflexion sur "les conditions de production de la recherche", une "démarche de retour réflexif et critique" mal accueillie dans le "milieu positiviste et étroitement scientiste" où elle se trouvait alors. Elle cite sa participation à la création et à l'animation d'"Impascience", mais ne met pas ses écrits dans la liste de ses publications.

Suit alors un passage de remerciements chaleureux à tous ceux qui l'ont accueillie et encouragée lors de sa réorientation, et le bonheur qu'elle a d'avoir trouvé son "bon objet de recherches".

Reconversion et remerciements

Je dois à Jacques Maître d'avoir pris la mesure de l'enthousiasme que je manifestais dans mon rapport à la recherche et précisément en sociologie ; d'avoir apprécié le temps et l'énergie que j'avais passés à opérer "sérieusement" ma reconversion ; d'avoir enfin très chaleureusement guidé, de ses nombreux conseils, mes premiers pas de "jeune" sociologue.

J'aimerais ici rendre hommage à ceux qui, soit qu'ils ont été mes professeurs [80], soit qu'ils m'ont permis de les accompagner sur leur terrain ou d'assister à leurs séminaires alors que je n'étais encore qu'une étudiante. Tous ceux qui m'ont, surtout, permis très tôt de comprendre que la sociologie m'offrait de "bons objets" de recherche. Objets vis à vis desquels je peux me sentir inspirée ou créative, qui relancent ma passion de chercher et savoir, qui enfin, possèdent les traits leur permettant de se prêter au maniement de mon imaginaire, à la production d'écriture, autrement dit sur lesquels mon désir s'articule.

---

[80] Parmi lesquels : J. Baudrillard, S. Dayan, J. Donzelot, N. Eizner, J. Gervais, M. Jollivet, J. Maho, H. Mendras, S. et G. Netchine, C. Piault, P. Rolle, M. Servolin, Tavernier, B. Vennin.

Un rapport passionné

Car à la différence de l'expérience que j'ai vécue comme chimiste, j'entretiens en sociologie un rapport passionné avec les objets de ma recherche. Ici point d'ennui ni de monotonie, les idées fourmillent, le temps me manque pour explorer toutes les pistes que j'estime devoir être fructueuses.

Cela m'est d'autant plus facile que les questions sur lesquelles je travaille comportent des enjeux sociaux majeurs pour les sociétés contemporaines (et probablement pour celles qui se préparent aujourd'hui). Certes il y a, de façon indéniable, progrès des connaissances scientifiques et notamment en biologie qui est le domaine sur lequel je travaille ; progrès aussi des apports bénéfiques pour l'humanité – en particulier au plan de la santé – de leurs applications. Mais il y a tout autant augmentation des pouvoirs de la science dans une relative irresponsabilité des scientifiques vis à vis de la société. Ils sont en effet nombreux - et les exceptions telles celle de Jacques Testard n'en sont que plus remarquables – à ignorer ou refuser d'analyser quelles interactions existent entre leurs découvertes et les sphères de l'économique, du social, du politique et de l'éthique.

Ainsi, dans les domaines qui m'intéressent, il est patent que les possibilités actuelles d'intervention des biotechnologies sont considérables. Dores et déjà utilisées pour modifier le patrimoine génétique des espèces végétales et animales, elles vont, dans certaines de leurs applications, jusqu'à remettre en question la notion de personne, voire jusqu'à atteindre le cœur même de notre identité lorsqu'elles se proposent d'intervenir sur la procréation et le génome humain.

Le développement des recherches et technologies du vivant pose donc à la culture et à l'histoire un défi considérable.

L'empreinte de ma culture d'origine

[6] Mais je voudrais encore faire remarquer que je garde de ma formation en sciences exactes l'empreinte de sa culture, un certain goût de la rigueur et de la clarté, une aptitude, voire une facilité à entrer dans les théories d'autres disciplines (la biologie moléculaire par exemple) et l'analyse détaillée des publications scientifiques ...

[7] Par ailleurs, la recherche que j'avais pratiquée en sciences exactes m'a permis de repérer, analyser, comprendre quasiment de l'intérieur, un certain nombre de situations ou de discours recueillis dans les laboratoires de biologie moléculaire que j'ai étudiés.

De même, l'analyse des enjeux sociaux résultat du développement des nouvelles technologies de la reproduction humaine – thème de mon travail actuel – s'enrichit de mon expérience de la recherche en sciences exactes.

Celle-ci me permet, en effet, de mieux comprendre la nature des investissements et des positions – tantôt prométhéennes, tantôt critiques – des chercheurs travaillant dans cette spécialité nouvelle et en pleine expansion qu'est la "périconceptologie".

Le succès de mes travaux

[7] Des résultats publiés me reviennent les effets en écho.

Invitée à publier dans des revues internationales, je suis de plus en plus souvent conviée à exposer les résultats de ma recherche en des conférences, colloques ou débats publics ; à participer en tant que spécialiste ou expert à des groupes de travail ou des colloques suscités par les pouvoirs publics à l'échelle nationale, européenne et internationale....

Françoise cite alors ses nombreuses interventions, dont on peut avoir une idée dans la liste de ses publications. Par contre, n'y apparaissent pas ses interventions dans les media, et c'est pourquoi je recopie ici la note de bas de page où elle les cite :

1986 : débat télévisé (en direct) à la chaîne de télévision de la Suisse romande ;

Deux émissions en différé sur les première et troisième chaîne en Allemagne sur la fécondation in vitro

1990, 30 janvier, 20 h : débat télévisé sur Radio-Télévision Belge, sur la procréation artificielle.

A cela, il faut ajouter : 1990, Bébés en kit, La Marche du siècle, Jean-Marie Cavada. Extrait de la présentation de l'INA :

Jean-Marie CAVADA présente un dossier consacré aux techniques de procréation assistée et leurs dangers médicaux et éthiques. Robert EDWARDS, responsable de la première naissance in vitro, Jacques TESTART et Emile PAPIERNIK définissent les techniques de procréation assistée. Ces récits ouvrent le débat sur les risques de la PMA. Françoise LABORIE, sociologue et co-auteur de "le magasin des enfants", insiste longuement sur la notion de stérilité, estimant que trop de postulants relèvent d'autres traitements et dénonçant l'aspect "consumériste" de la demande d'enfant. ... Christine BOUTIN, député, invoque ses convictions religieuses et sa fonction législative pour demander un statut du fœtus afin d'éviter les dérives eugénistes et commerciales. Olivier de

DINECHIN, seul prêtre au Comité d'Éthique, parle des travaux de cette structure notamment sur les risques subis par l'embryon ... Tous sont d'accord pour réclamer une législation précise même si les positions des chercheurs, des parents et des moralistes sont loin de se rejoindre. La discussion aborde par ailleurs le délicat problème de la mainmise de la science sur le corps des femmes.

On peut voir, d'après ce résumé, l'influence qu'a su exercer Françoise dans la discussion.

Reste à convaincre les sociologues

[10] Tout ceci témoigne de l'audience qu'ont mes travaux à la fois dans les milieux de l"Université et de la recherche et manifeste que les connaissances que j'ai produites ont un impact social. Reste à en démontrer la pertinence aux yeux des sociologues.

Françoise Laborie
Constitution d'un domaine de recherche et démarche scientifique TT 90

[14] L'unité et la spécificité de ma démarche scientifique en tant que sociologue se situent au plan épistémologique. Elles résident dans le fait suivant : le choix et la construction de mes objets de recherche supposent toujours

- d'entrer et d'examiner précisément et rigoureusement le contenu même des théories et discours scientifiques, des outils conceptuels ainsi que les modalités techniques des pratiques effectuées.
- d'examiner en quoi cet ensemble lui-même que j'appelle "logiques scientifiques" modifie et même engendre certains types de rapports sociaux.
- d'examiner réciproquement les formes, les moyens selon lesquels différents acteurs sociaux, confrontés à l'emprise de ces discours et au développement des technologies qui en découlent, y réagissent : laissent faire, encouragent, en redemandent ou résistent ; en quoi et selon quelles modalités, le corps social agit rétroactivement sur le développement scientifique et technique.

L'intitulé "Analyse des interactions entre logiques sociales et logiques scientifiques dans le domaine du vivant s'explicite donc : il s'agit d'effectuer tout à la fois l'analyse

a - des contextes sociaux, historiques et culturels dans lesquels les théories biologiques et leurs applications technologiques sont produites et se développent,

b - celle des effets en retour, sur le développement scientifique et technique, des réactions du corps social,

c – celle de la production, corrélée à la spécificité même des corpus ou démarches scientifiques, (autrement dit à ce que j'appelle "logiques scientifiques"), de certains types de rapports sociaux.

[15] Il doit donc être clair que l'opposition des termes "logiques scientifiques" et ""logiques sociales" ne suppose en rien comme prémisse que la production et le développement scientifique échapperaient à des déterminations sociales …

[17] … Dans l'ensemble de ce domaine, j'ai en outre, tenté de garder présents ces deux points ... nouveaux dans l'analyse sociologique, que représentent la prise en compte des effets de

l'inconscient dans le champ social d'une part, celle du fait que les rapports entre hommes et femmes sont des rapports sociaux d'autre part.

Ces deux dimensions sont en effet particulièrement importantes à prendre en compte dans les questions qui m'intéressent.

Dans la compréhension des conditions sociales d'accès et de réussite dans la recherche scientifique, l'analyse des rapports de sexe permet de comprendre quelles sont les spécificités des places et des rôles des femmes dans cette profession, et des stratégies intellectuelles (prise de risques, obligation "d'en faire plus") qui leur permettent d'être entendues et reconnues comme aptes à s'engager dans une piste originale ...

[18] La reproduction est un des exemples types d'un phénomène humain placé au carrefour du biologique et du social, ... la différence biologique des sexes patente et visible à l'heure de la grossesse. II y donc là une dissymétrie – biologique et sociale – entre les sexes qui doit évidemment être prise en compte.

D'autre part, cette technique, lourde, sophistiquée et parfois dangereuse, est tentée le plus souvent à plusieurs reprises – car les échecs sont très nombreux - par des femmes de plus en plus nombreuses et non nécessairement stériles.

Mais on sait à quel point la reproduction humaine est aussi un domaine ... lesté d'histoire, d'implications sociales, culturelles et psychologiques, imprégné d'ignorances, de savoirs traditionnels, familiaux, scolaires et scientifiques ...

C'est pourquoi ce domaine de recherche me paraît avoir, du point de vue intellectuel … le grand intérêt de conjoindre à lui seul la plupart des questions qui me "tiennent à cœur", ne me lâchent pas, autrement dit, constituent pour moi des objets de recherche passionnée : dimension importante au niveau épistémique.

Cactus de Noël

En 1997, Françoise m'a offert un cactus de Noël, une toute petite plante aux fleurs rouges. Je l'ai mis devant une fenêtre où la plante ne manquait pas de lumière. Le cactus fleurissait chaque année, plutôt au mois de novembre et, avec le temps, est devenue une plante immense. La floraison était magnifique, comme un feu d'artifice, et décorait la maison pendant au moins trois semaines.

Simone Bateman Novaes

Articles de Françoise Laborie

1975 Ah ! La recherche … Du temps perdu ! Ou la journée d'une chercheuse dans un labo. *Impascience,* 1, 19-21

1975 Paroles de gosses (discussion avec son fils Pascal et deux copains de sa classe sur les maths modernes) *Impascience,* 4, 5-10

1977 Fiche-cuisine d'Impascience : La Soupe Institutionnelle *Impascience,* 7, 31

1977 Le gadget scientifique d'Impascience : (graphe lexicographique à partir du mot "Institution") *Impascience,* 7, 32-33

1980 Agata Mendel (collectif) *Les manipulations génétiques,* Paris, Le Seuil

1981 L'explosion du biologique, *Autrement*, n°30, (coed avec Jean Deutsch)

1981 Pour une régulation démocratique des sciences et des techniques (avec Jean Deutsch et John Stewart) *Esprit,* Oct-nov.

1983 Jeux et enjeux dans la biologie moléculaire *Informations sur les sciences sociales,* 22, 2 (253-281)

1983 *Du désir de savoir à la recherche : le nœud de la question,* Actes du colloque "Champ social et inconscient", Paris, CNRS, pp 92-98

1984 *Le sujet et l'objet : confrontations,* Éditions du CNRS (coed. avec Jacqueline Feldman)
Présentation (11-18) (avec Jacqueline Feldman.)
Les savoirs en questions : réflexions après coups, (39-43)
Rencontre avec Jeanne Favret-Saada autour de la sorcellerie, (229-237) (avec Jacqueline Feldman)

1985 A propos de sublimation, De l'expérience freudienne à la recherche scientifique, *Cahiers du séminaire*, 1983-1984 ronéotypé, (94-108)

1985 Ceci est une éthique, *Les Temps Modernes*, n° 462 (1214-1255) et n°463 (1518-1543)

1985 Procréations et filiations. Logiques des conceptions et des nominations (avec Joachim Marcus-Steiff et Josyane Moutet). *L'Homme*, 25, n°95, p. 5-38

1985 Les intérims-mères (à propos des mères porteuses), *Autrement* 'Objectif bébé : une nouvelle science, la bébologie', 201-17

1985 Réunion d'urgence (Emergency conference) des femmes féministes sur les nouvelles techniques de reproduction humaine Ostra Grevie (Lund) - Suède - 3-8 juillet 1985. *Les Cahiers du GRIF*, **31**, n° 1, 134-138

1986 *Le sujet et l'objet : implications,* Éditions du CNRS (coed. avec Jacqueline Feldman)
Présentation (21-29) (avec Jacqueline Feldman)

1986 La reproduction : les femmes et la science : des scientifiques en mal de maternité ? In De Vilaine Anne-Marie, Gavarini Laurence, Le Coadic Michèle. Maternité en mouvement : les femmes, la re/production et les hommes de sciences. PUG, 181-7

1986 Peut-on penser les différences ?, id. p. 22-25

1987 Des fantasmes à la mise en acte : offre et refus de la science *Cahiers du GRIF*, 36, n° 1, (23-27)

1988 New reproductives technologies : News from France and elsewhere, *Journal of International Feminist Analysis*, n° 1

1988 Rapports sociaux de sexe dans les nouveaux modes de reproduction. *Cahiers de l'APRE*, n° 7, vol. 2

1988 La radicalité des mères porteuses. In *Sortir la maternité du laboratoire.* Actes du forum international sur les NTR (1987). Québec, Conseil du statut de la femme / Gouvernement du Québec, 205-214

1989 De quelques faces cachées des nouvelles techniques de procréation. In Lesterpt Catherine, Doat Gatienne (eds). *L'ovaire-dose ? Actes du colloque organisé les 3 et 4 décembre 1988 par le MFPF.* Paris, Syros/Alternatives, 89-114

1990 D'une banalisation sans évaluation et de ce qui peut s'ensuivre In *Le magasin des enfants* (coll.) Paris, Bourin, 83-106 [en poche : Gallimard/Folio, 1994]

1992 Rapports sociaux de sexe dans les nouvelles technologies de la reproduction *Cahiers du Gedisst* n° 3, 29-36

1992 Procréation artificielle : de quelle pratique reproductive s'agit-il ? *Cahiers du Gedisst* n° 5, 45-60

1992 Femmes, embryons et hommes de science. *Autrement 'Les femmes en plus'*, Série Sciences en société, n° 6

1993 Novas Tecnologias da reproduçāo : risco ou libertade para as mulheres, *Estudios Feministas*, vol. 1, n° 2, 435-447

1993 Social Alternatives to Infertility, *Document CRESPPA*

1994 Construction sociale de la « distinction éthique » dans le domaine de la procréation médicalement assistée. In Éthique et société. Paris : Centre de Sociologie de l'Éthique, 19-27, *Cahiers du Centre de Sociologie de l'Éthique*, 2ème série, n° 2. Actes de la journée du 27 janvier 1994

1994 Divergences entre féministes françaises sur l'analyse des nouvelles technologies de reproduction humaine, Klagenfurter Beiträge zur Technikdiskussion, Heft 73 Document CRESPPA

1994 Nouvelles technologies de la reproduction (NTR) : risques pour la santé des femmes ».*Les modes de régulation de la reproduction humaine.* Actes du colloque de Delphes de l'AIDELF (1992). Paris, PUF, 757-770

1994 Procréation artificielle : santé des femmes et des enfants », Masuy-Stroobant Godlieve et al (eds), *Santé et mortalité des enfants en Europe : inégalités sociales d'hier et d'aujourd'hui.* Paris, L'Harmattan, 447-500

1994 Les prises de responsabilité des femmes dans la vie publique - Enjeux, obstacles et stratégies. Analyses des discours et des pratiques du mouvement associatif féminin. (avec Vergnaud Ghislaine)

1995 Dilemmes de la procréation assistée. Rencontre entre un médecin parlementaire et deux sociologues : Jean-François Mattéi, Françoise Laborie, Simone Novaes (entretien), *Natures, Sciences, Sociétés*, vol. 3, n° 3, 236-85

1995 Parents et médecins face à l'embryon : relations de pouvoir et décisions, *Document CRESPPA*

1996 Embryons, femmes et pouvoir médical, *Cahiers du Gedisst* n° 15, 7-18

1996 Parents et médecins face à l'embryon : relations de pouvoir et décision (deuxième partie) In Feuillet-Le Minotier Brigittte, *L'embryon humain. Approche multidisciplinaire.* Paris, Economica, 193-202

1996 Procréation artificielle : santé des femmes et des enfants

1999 (avec Madeleine Alrich) (eds). 'De la contraception à l'enfantement. L'offre technologique en question'. *Cahiers du genre*, n° 25

1999 La construction conjointe des techniques procréatives et du genre : comparaison entre FIV et ICSI, économie sexuée d'une production technologique ». In Dagenais Huguette (ed.), *La recherche féministe dans la francophonie : pluralité et convergences*. Montréal, Remue-Ménage, 95-116. Colloque Internationale Québec, 24-28 septembre 1996

2000 *Dictionnaire critique du féminisme* (coed. Avec Hirata Helena, Le Doaré Hélène et Sénotier Daniele), Paris, PUF

2000 Maternité, *Dictionnaire critique du féminisme*. Paris, PUF, 109-114 (avec Françoise Collin)

2000 Technologies de la reproduction humaine, *Dictionnaire critique du féminisme*. Paris, PUF, 233-238

À la mémoire de Françoise Laborie. Le cœur et l'intelligence (Jacqueline Heinen)

Cahiers du Genre 2016/1 (n° 60), pages 213 à 219

Françoise est partie... Elle est nous a quitté·e·s le 27 janvier 2016, mais nous avons encore dans l'oreille son grand rire, son sens de l'humour décapant, et parfois aussi ses coups de gueule. Dans un rapport rédigé en 1990 pour obtenir son passage au rang de directrice de recherche du CNRS (lequel lui fut refusé...), ne notait-elle pas à l'intention de ses examinateurs : « *J'avais, dans mon école d'ingénieur, appris à souder les métaux et les plastiques* [...] *et surtout à souffler le verre* [...]. *Sociologue, j'ai dû apprendre le maniement de deux nouvelles techniques : la dactylographie et le traitement de texte, que je pratique très intensivement depuis* [...] *Ce document a été entièrement tapé et imprimé par mes soins* ».

Françoise Laborie, née en 1938 à Tarbes, fut chercheuse en sociologie, pour l'essentiel de sa carrière et, à ce titre, de 1990 à 1999, membre du GEDISST [81] et du comité de rédaction du *Cahiers du GEDISST*, qui devinrent par la suite les *Cahiers du Genre*. Mais avant cela, elle avait été chercheuse en chimie macromoléculaire car elle avait, initialement, passé un doctorat de sciences physiques en 1967. Elle avait fait partie d'*Impascience*, revue de contestation des sciences dans les années post-Mai 68, qui regroupait des chercheur·e·s refusant de considérer la science comme vecteur automatique de progrès et qui dénonçait le rôle étouffant de la hiérarchie dans le milieu scientifique. Une telle remise en cause ne pouvait alors se faire que dans un endroit privé, et les réunions avaient souvent lieu chez elle. Après la venue de la gauche au pouvoir en 1981, elle anima, avec Jacqueline Feldman, un séminaire regroupant des chercheur·e·s de divers horizons qui s'interrogeaient sur le rôle de la science dans la société et critiquaient le morcellement des connaissances, tout en faisant référence à la psychanalyse et au point de vue féministe (Laborie 1984).

Dès 1976, en effet, prenant acte de ce que son intérêt premier portait sur les enjeux sociaux de la production de connaissances en biologie moléculaire, Françoise avait décidé de bifurquer dans son parcours de recherche en devenant sociologue (elle avait soutenu une maîtrise dans cette discipline en 1976). Elle se pencha d'abord sur les

[81] Groupe d'études sur la division sociale et sexuelle du travail.

clivages entre biochimistes et biologistes, et sur ce qui 'faisait courir' des scientifiques de deux laboratoires au niveau de renommée très différent. Dans la foulée, elle s'intéressa aux enjeux et aux retombées sociales des manipulations génétiques. Finalement, elle décida de déplacer ses terrains d'investigation vers la médecine : « *Centrer son intérêt sur le corps est un choix particulièrement judicieux pour mener une réflexion sur les relations entre logiques sociales et logiques scientifiques* » affirmait-elle dans un rapport de parcours, en 1992. Alors qu'elle s'était engagée dans une recherche sur le choix du sexe de l'enfant avant la conception, dans une optique historique, la naissance du premier 'bébé éprouvette' en France, en 1982, la convainquit de l'urgence, pour elle, d'étudier de plus près le devenir des embryons en laboratoire — un sujet central en termes de manipulations génétiques, et par ailleurs au croisement de ses intérêts en tant que biologiste et sociologue : « *un sujet parfait pour moi* ».

Lorsque les féministes de divers pays européens entamèrent un dialogue critique sur la fécondation in vitro (FIV) et sur les nouvelles technologies de la reproduction (NTR) plus généralement, Françoise s'impliqua donc dans le débat — notamment en rendant compte de la première conférence internationale sur ce thème à laquelle elle avait participé en Suède (Laborie 1985). Elle y soulignait les dérives et les risques — le plus souvent tus ou minorés — que ces techniques supposaient aussi bien pour la santé des femmes (grossesses multiples, cancers) que celle des bébés (prématurité, retard de croissance, détresse respiratoire, taux de mortalité élevé). Les femmes sont de bonnes cobayes, observait-elle. Elles acceptent de payer, tout en donnant gratuitement leurs ovocytes surnuméraires ; de mettre leur corps à disposition pour contrer les problèmes de stérilisation masculine. Elles consentent à la lourdeur des procédures imposées et aux contraintes qui en découlent dans leur vie quotidienne (alors même que les praticiens, eux, programment les prélèvements de façon à satisfaire leur désir de repos durant le week-end...).

Françoise n'était pas tendre — c'est un euphémisme ! — à l'égard du corps scientifique et des praticiens des NTR (Laborie 1987). Au regard du manque d'informations sur les dangers encourus, elle accusait ces derniers d'exercer leur emprise sur les femmes désarmées et en situation de dépendance à leur égard — seul un Jacques Testart, en France, faisant exception. La multiplication des prélèvements d'ovocytes — « *matière première nécessaire à la fabrication des embryons en laboratoire* » — vise à satisfaire les besoins de la recherche et les intérêts économiques (le terme de 'banque' d'embryons étant à ce titre des plus parlants), assenait-elle (Laborie 1988a). Car non seulement le taux de réussite — nombre de naissances proportionnellement au nombre FIV — s'avérait faible à l'époque (7 à 10 %, soit deux à trois fois moins qu'aujourd'hui), mais on savait très peu de choses sur le devenir des ovocytes prélevés et sur celui des embryons sains obtenus par la technique de réduction *in utero* (Laborie 1990 et 1992).

Autre dérive : le diagnostic prénatal, conçu au départ pour détecter de graves anomalies génétiques, risquait de déboucher sur l'élimination, chez les couples fertiles, des embryons souffrant de défauts mineurs, et surtout des embryons de sexe féminin, au nom de préférences affichées pour les garçons — pratiques que l'on a vu se développer depuis lors de façon extensive dans divers pays du sous-continent asiatique. En outre, le discours sur les NTR, observait-elle, s'accompagne d'un recentrage normatif sur le couple et la famille. Et de tempêter contre les praticiens parlant de 'couple infertile', ce qui en disait long sur leur négation de la femme en tant qu'individu (Laborie 1996). Françoise était souvent dans le registre de l'indignation et les conversations avec elle ne manquaient pas de sel...

Dans le cadre de ses réflexions sur la dimension éthique des NTR, elle s'est intéressée aux mères porteuses. Tout en s'insurgeant très fermement contre le rôle des intermédiaires et contre le caractère marchand d'un processus revenant à traiter les femmes concernées comme de purs objets et comme une simple force productive, elle insistait sur le fait que, décider d'être mère porteuse, cela peut être vécu autrement que comme une aliénation et obéir à une logique différente : celle de l'échange symbolique, du don de sujet à sujet. Observant que nombre des mères porteuses qu'elle avait interviewées faisaient état de leurs attentes d'être reconnues comme une personne contribuant à combattre la stérilité, voire de leur désir de devenir amies du couple, elle postulait que la mère porteuse « *peut constituer un modèle de maternité sociale* [...] *; ou même un modèle de plurimaternité* » (Laborie 1988b, p. 206). Ce point de vue, qu'il importe de replacer dans son contexte — on ne parlait pas encore de gestation pour autrui (GPA), voici trente ans — traduisait son refus de toute approche simpliste et sa volonté d'ouvrir la réflexion sur les contradictions à l'œuvre dans ce processus dont on sait l'ampleur qu'il a pris depuis lors, et les controverses qu'il ne cesse de susciter. D'autres, après elle, ont montré que l'argent n'est pas la seule motivation qui pousse certaines femmes à devenir mères porteuses. Telles ces ouvrières de l'industrie textile du Sud de l'Inde qui vivent ce passage comme un moyen d'affirmation de soi leur permettant d'échapper à des conditions de travail désastreuses, au harcèlement sexuel, ou à la menace du déclassement social, en cas de perte d'emploi [82].

Au sein du GEDISST, de divers regroupements du CNRS, comme dans les médias, Françoise s'est activement impliquée dans de nombreux débats. On se rappelle ses brillantes démonstrations sur l'articulation entre modes de reproduction et rapports sociaux de sexe, à l'occasion des rencontres de l'APRE [83] (1988c). On la revoit se battre pied à pied sur les dérives avérées ou potentielles des NTR face à divers praticiens et hommes politiques, dans une émission de 'La marche du siècle', animée par Jean-Marie Cavada. On l'entend encore protester contre la suggestion de publier tel ou tel article, ou au contraire s'enthousiasmer pour un autre lors des réunions du comité de rédaction des *Cahiers du Genre*, auquel elle prenait une part très active (Laborie 1999). Elle s'est également investie sans compter dans un autre projet collectif du GEDISST : la publication du *Dictionnaire critique du féminisme*, qu'elle a coordonné au sein d'une équipe de deux chercheuses et deux ingénieures CNRS, la diversité des statuts étant pour elle un atout essentiel. Pendant deux ans et demi elle a animé le comité scientifique des quatorze membres du laboratoire, lequel a travaillé avec plus de cinquante auteur·e·s pour que la publication voie le jour fin 2000.

Les recherches de Françoise Laborie concernant les retombées des NTR sur le corps des femmes ont eu un impact certain à l'étranger, en particulier au Québec et au Brésil. C'est ce dont témoignent, parmi d'autres, les chercheuses de São Paulo qui, comme Lucila Scavone, commençaient à s'interroger sur ces nouvelles pratiques dans les années 1990. Dès lors, les articles de Laborie ont circulé dans la communauté scientifique et fait l'objet de multiples références dans les thèses, articles et ouvrages portant sur ce thème. La version portugaise du *Dictionnaire critique du féminisme* publiée en 2009, a permis de faire connaître plus largement ses thèses à l'échelle nationale, et l'on peut dire que ses recherches ont contribué à l'émergence d'une approche critique quant à l'usage et aux abus de ces nouvelles techniques dans le contexte brésilien.

Françoise, ayant choisi de quitter le CNRS à la fin de 1999, avant la date administrative de la retraite, s'est plongée avec passion dans

[82] Rudrappa Sharmila (2014). « Des ateliers de confection aux lignes d'assemblage des bébés. Stratégies d'emploi parmi des mères porteuses à Bangladore, Inde ». *Cahiers du genre*, n° 56.
[83] Atelier production-reproduction.

l'élaboration d'une autre vie, non plus basée sur la rigueur scientifique, mais sur le plaisir esthétique aux mille facettes qu'elle savourait avec gourmandise. Ce fut d'abord la peinture qu'elle a pratiquée sérieusement et avec talent, en fréquentant des ateliers, notamment celui de Rémy Aron, et en participant à des stages. Quand elle a jugé qu'elle ne parvenait pas à dépasser un certain niveau d'insatisfaction, elle a cessé de chercher son plaisir dans ses propres créations pour le reporter dans celles des autres, essentiellement à travers les mots. En particulier le théâtre : récemment encore, n'a-t-elle pas trouvé l'énergie physique et psychique de faire un aller-retour à Lyon, un dimanche, pour voir une pièce de Marivaux qu'elle avait ratée à l'Odéon ? Mais aussi la littérature, classique et contemporaine, qui lui a apporté jusqu'à la fin d'intenses moments de joie — moments qu'elle partageait volontiers avec ses ami·e·s à travers de chaleureuses conversations, qu'elle affectionnait. Elle aimait également beaucoup le cinéma.

Celles d'entre nous qui, comme Hélène Le Doaré, l'ont accompagnée au cours de la dernière phase de son existence, marquée par la lutte contre un cancer qu'elle combattait depuis plusieurs années, peuvent témoigner du lien qui existait entre sa vie professionnelle et la façon dont elle a vécu sa maladie : l'exigence de sa pratique scientifique l'a constituée, vis-à-vis du corps médical, en interlocutrice et rarement en 'patiente'.

Jacqueline Heinen

Ont contribué à l'élaboration de ce texte :
Jacqueline Feldman, Helena Hirata, Hélène Le Doaré, Lucila Scavone, Danièle Senotier et Laurence Tain

Un témoignage.
Nadine Dussaule

J'ai fait la connaissance de Françoise Laborie en septembre 1987 en devenant sa colocataire et j'ai, sans le savoir à ce moment là, rencontré une amie extraordinaire pleine de qualités et d'originalité.

Son look déjà n'était pas ordinaire, grande, charpentée, apparemment peu préoccupée de son apparence et pourtant cultivant une allure inimitable qui ne devait manifestement rien au hasard. Il y a peu, elle avait choisi de ne plus sacrifier à l'obédience de la teinture capillaire et arborait sa sempiternelle coupe au bol qui du coup était devenue blanche. Ce qui lui allait très bien mais je crois que sa décision de ne plus "tricher" était comme une forme de renoncement à sa féminité et à l'artifice vain de celle-ci face aux aléas du destin, la solitude, la maladie, la perte d'autonomie physique. Je me remémore aussi très bien son signe distinctif qui était une cicatrice verticale qui lui barrait le menton et qui était l'héritage laissé par sa carrière initiale de chimiste ("j'ai aspiré de l'acide à la pipette et voilà le résultat !"). Que dire de ses lunettes de myope, qui ne masquait en rien la sagacité de son regard, qu'elle remontait tout le temps sur le front pour lire de près.

Mais Françoise savait aussi créer une atmosphère. J'ai partagé avec elle de grands moments de gastronomie tant elle aimait faire la cuisine et la manger ! cuisine dite bourgeoise, gourmande et peu encline à la restriction, huile, beurre, crème, produits de saison, parfois produits d'exception. Je la revois en équilibre sur sa béquille dans sa petite cuisine maniant la poêle et la cuillère, goûtant au fur et à mesure la préparation en cours pour l'assaisonner sans parcimonie ou ouvrant la porte bancale de son four pour arroser le rôti ou le poulet en train de dorer afin que ceux-ci soient tendres et/ou croustillants à souhait. Elle savait choisir ses ingrédients avec exigence au marché Montorgueil près de chez elle et était capable d'aller spécialement jusqu'à la place St Sulpice pour acheter un plat cuisiné chez un traiteur renommé, y rencontrant des célébrités parisiennes, se délectant à l'avance du plaisir qu'elle aurait lors de sa dégustation en solitaire.

Françoise m'a également appris à ébouillanter la théière avant que d'y jeter les feuilles de thé. C'est devenu une habitude à laquelle je ne saurais me soustraire encore aujourd'hui. Je suis souvent passée chez elle, au fil des années, pour le *tea time* en apportant quelques pâtisseries que nous partagions d'abord pour être raisonnables et que nous finissions toujours par manger en entier tant nous avions du mal à résister à la gourmandise.

Ces après midis étaient toujours prétexte à parler de tout et de rien. Françoise était toujours en prise avec l'actualité grâce à l'écoute quotidienne des ondes radio et de la lecture attentive du "Monde" dont elle était une abonnée de longue date. Elle commentait volontiers à l'aune de ses croyances politiques, sociologiques, psychanalytiques, les derniers événements ou les dernières nouvelles d'une planète qui ne lui plaisait plus beaucoup, qui la décevait de plus en plus souvent et dont elle n'imaginait pas de manière optimiste le devenir.

Françoise savait aussi très bien s'intéresser à l'autre dans toute son humanité, elle cherchait toujours à comprendre ce qui chagrinait, ce qui contrariait, pour ensuite proposer des pistes d'amélioration, parfois très pragmatiques parfois mâtinées de concepts psychanalytiques, avec lesquelles ses interlocuteurs n'étaient pas toujours d'accord. Elle avait d'ailleurs une mémoire infaillible pour refaire le point à chaque moment passé ensemble et elle passait en revue ma situation et celle de tous les amis que nous avions en commun. Évidemment la plupart de ces amis je les avais rencontrés chez elle et elle était le liant de toutes ces rencontres.

Françoise c'était aussi une lectrice insatiable, d'un éclectisme confondant, mêlant lectures savantes contemporaines ou ayant traversé les âges et romans ou fictions classiques comme modernes. Elle m'a parfois réconciliée avec un auteur dont le nom sur une liste scolaire imposée avait suffi à gommer tout l'intérêt. Elle m'a fait découvrir des écrivains au travers des prix littéraires que souvent je snobais par principe. Enfin je l'ai parfois accompagnée au théâtre dont elle goûtait chaque interprétation, chaque variante, chaque adaptation, avec une envie toujours renouvelée bien que parfois fort déçue et fort critique.

Elle était tout sauf tiède, indifférente, passive, obtuse, mais elle pouvait aussi être têtue, raisonneuse, exigeante. En tout cas elle était attachante, affectueuse, passionnante, vivante. Et aujourd'hui elle me manque, alors parfois je m'adresse à elle et je lui confie une pensée, une nouvelle, un sentiment, afin de la sentir toujours là. J'ai bien l'impression, à me relire, que cet écrit dégouline de bons sentiments à l'instar d'une hagiographie et ne rend pas suffisamment hommage à la personnalité exceptionnelle de Françoise. Je vous le confie pourtant et je me fie à votre sagacité pour savoir s'il mérite d'être porté à la connaissance d'autres que vous. Amicalement,

Nadine

Texte envoyé à Hélène Le Doaré par *Nadine Dussaule*

Quatre "femmes nues" (données à H.H. et J.F.)

Pascalou

J'avais tant entendu Françoise parler de son Pascalou que, quand je lui ai écrit une lettre après avoir appris la mort de sa mère, et alors que je n'avais plus eu de contact avec lui depuis tant d'années, qui l'avaient vu grandir, devenir homme, arriver à la cinquantaine, je ne pus faire autrement que d'écrire : « Cher Pascalou », en m'en excusant aussitôt. Je crois qu'il ne m'en a pas voulu, puisqu'à la suite de cette lettre, nous avons eu un certain nombre d'échanges téléphoniques.

En février 2017, nous apprenions par Nadine et Hélène que Pascal était décédé d'une crise cardiaque en plein travail, juste avant Noël.

Michel Fontannaz réagit à cette annonce :

Quel choc, la mort de Pascal. C'est Françoise qui meurt une deuxième fois, tant je les associe étroitement dans mes souvenirs.

Françoise et son gamin nommé Pascal qui n'aime pas ses devoirs, mais plutôt jouer avec son chat. Françoise et Pascal en vacances en Dordogne, puis en Limousin d'où Pascal ramène un parler "paysan" qui ne le quittera plus. Pascal paysan à Vaulry et Françoise qui lui rend visite en été. Pascal seul qui meurt un an après sa mère. On se voyait peu avec Françoise, mais notre principal sujet de conversation était Pascal.

J'ai été si sonnée, moi aussi, que ce n'est qu'aujourd'hui, 25 juin 2017, que commencent à venir des mots qui me semblent possibles pour parler de Pascal.

Françoise se reconnaissait hystérique, et le revendiquait même, d'une certaine manière, face au pouvoir des « maîtres » et aux obsessionnels de la science (dont je fais partie). Elle était en effet le drame incarné, l'exagération personnifiée : d'où ses élans soit généreux soit critiques, trouvant inacceptables les déviations de l'ordre moral qu'elle attendait dans les rapports humains.

Pascal a été son drame le plus intime : l'enfant qu'elle aimait inconditionnellement semblait s'amuser à déjouer ses attentes, se défilant sans cesse de la voie qu'elle aurait aimé le voir suivre, elle, la passionnée de culture, de connaissances, d'intellectualisme sophistiqué.

Beaucoup plus tard, peu de temps, en somme, avant sa disparition, alors qu'on commençait à parler des enfants suractifs, elle avait reconnu : « Pascal en était un, il n'a jamais réussi à se concentrer ». C'était reconnaître aussi une certaine faillite de la psychanalyse qu'elle avait tant aimée, face à des psychologies plus scientistes.

Pascal a bien été un enfant de mai 68, faisant un retour à la terre, comme un refus envers cette ascension sociale que Françoise mentionnait dans son texte autobiographique, la constatant sans jamais pourtant arriver à jouer complètement le jeu de l'institution CNRS. Elle n'était pas du genre à se satisfaire de ces hochets.

Françoise lui avait donc acheté une vieille ferme, avec une partie pour elle qui lui permettait à la fois son propre retour à la campagne, pour y travailler, lire, accueillir des amis, et le surveiller et éventuellement l'aider, toujours inquiète, toujours sur la brèche à son sujet.

Il était devenu cultivateur, il avait des moutons, des vaches, qu'il promenait d'un champ à l'autre. L'image idyllique se fractionna quand il advint un jour que les vaches s'enfuirent, et qu'il lui fut interdit d'être à son compte.

Il devint ouvrier agricole. Quand, à la mort de Françoise, je lui ai téléphoné, il me parla abondamment de ses derniers mois à l'hôpital, et aussi de quelques conflits qu'il avait avec la famille. Il parlait beaucoup, vite, sans trop écouter, et semblait avoir peur de son patron : il n'avait pu passer qu'un mois à Paris pour le déménagement de l'appartement encombré de sa mère, et avait tout ramené dans des cartons et caisses sans pouvoir ranger. Il n'avait pas semblé trop prêt à ce que nous l'aidions, comme je le lui avais proposé, parlant aussitôt d'autre chose. Il valait mieux aussi lui téléphoner le soir, pour ne pas mécontenter le patron.

Il avait bien un mail, mais cela lui semblait "difficile" de l'utiliser.

Il m'avait fait une impression un peu triste, corroborant en somme les angoisses de sa mère, avec qui je n'avais plus osé ces derniers temps en parler, lui demander des nouvelles.

La seule chose réussie, c'était sa vie amoureuse : il avait trouvé sur place, dans le hameau où il s'était (où Françoise l'avait) installé, une jeune fille timide et gentille, une ouvrière dans une usine de porcelaine de Limoges. Les parents étaient aussi des gens très sympa, selon Françoise. Il y avait bien dans le couple des relations que Françoise jugeait parfois passablement traditionnelles, mais quand elle lui faisait remarquer son machisme, il la renvoyait à ses propres échecs amoureux, lui déniant toute compétence en la matière.

Mais ce couple heureux ne pouvait avoir d'enfants : nouveau pied de nez du destin, pour celle qui était devenue une des grandes spécialistes du problème. Je crois qu'elle les a aidés dans des démarches à ce sujet, mais j'en sais très peu sur la question.

Les documents divers de Françoise, ses nombreuses peintures, doivent être là-bas, dans des cartons.

NB : Pascal apparaît, à 13 ans, dans l'article que Françoise avait fait sur l'enseignement des maths modernes, dans le numéro d'*Impascience* "Les Maths ?", *Paroles de gosses*, p. 5-10, où elle discute avec lui et deux de ses copains. Il s'y montre vif et impertinent.

côté cancer, je me maintiens... F

CHATEAU DE ROCHECHOUART (XVième)

La cour d'honneur est encadrée sur trois côtés par des batiments remaniés au XVIIIième, qui abritent aujourd'hui la sous préfacture et un musée d'art contemporain.

Chère Jacqueline, merci pour ta petite carte, témoin de ton amitié. Je suis heureuse de te savoir en bonne forme dans le Var et de t'imaginer marchant dans ta petite ville. Quant à moi, je suis en Limousin depuis 1 mois cherchant à soigner une sérieuse bronchite que je traîne depuis 6 mois à Paris, ça va, mon fond de fatigue et... et de ravalement de mon immeuble. Je lis le + possible. Et c'est tout!.. Amitiés. FL

PHOTO EDITION "FRANCE REGARD" · 19300 EGLETONS · Tél. 05 55 93 12 82 · Fax 05 55 93 29 40 · Reproduction interdite

LA POSTE 21-05-15 FRANCE

Europe

Jacqueline FELDMAN
9 rue Georges SIMENON
83400 HYÈRES

La dernière carte postale que j'ai reçue de Françoise, mai 2015

REMERCIEMENTS

Je remercie Jacqueline Heinen de m'avoir fait participer au premier hommage à Françoise et m'avoir mise ainsi en relation avec le collectif qui y a participé.

Je suis reconnaissante à tous ceux qui m'ont encouragée et aidée dans cette entreprise ; en particulier :

Simone Bateman Novaes, Nadine Dussaule, Michel Fontannaz, Dominique Fougeyrollas, Jacqueline Heinen, Helena Hirata, Liliane Kandel, Hélène Le Doaré, Danièle Senotier, Daniel Schiff, John Stewart, pour leurs contributions ;

Estelle Asséo, Danielle Bailly, Régine Cohen Dhoquois, Michèle Ferrand, Françoise Imbert (†), Marcel Jollivet, Jean-Marc Lévy-Leblond, Charlotte Le Millour, Pierre Rancurel pour leur soutien moral.

Je remercie Bruno Péquignot et Helena Hirata pour leur accompagnement efficace lors de la fabrication du livre, et Julien Denieuil, de l'Harmattan, pour avoir fait face à une structure d'édition inhabituelle.

Je remercie l'INA pour le droit de reproduire la photo de couverture.

Ce livre a bénéficié du soutien financier de la Mission pour la place des femmes au CNRS et du GTM (Genre, Travail, Mobilités), issu en particulier du GEDISST, le "dernier labo" de Françoise.

Villerville (Normandie)

TABLE DES ILLUSTRATIONS

Photos

Peintures de Françoise

TABLE DES MATIÈRES

CRÉDITS DES ARTICLES REPRODUITS EN FAC-SIMILÉ

Structures éditoriales du groupe L'Harmattan

L'Harmattan Italie
Via degli Artisti, 15
10124 Torino
harmattan.italia@gmail.com

L'Harmattan Hongrie
Kossuth l. u. 14-16.
1053 Budapest
harmattan@harmattan.hu

L'Harmattan Sénégal
10 VDN en face Mermoz
BP 45034 Dakar-Fann
senharmattan@gmail.com

L'Harmattan Cameroun
TSINGA/FECAFOOT
BP 11486 Yaoundé
inkoukam@gmail.com

L'Harmattan Burkina Faso
Achille Somé – tengnule@hotmail.fr

L'Harmattan Guinée
Almamya, rue KA 028 OKB Agency
BP 3470 Conakry
harmattanguinee@yahoo.fr

L'Harmattan RDC
185, avenue Nyangwe
Commune de Lingwala – Kinshasa
matangilamusadila@yahoo.fr

L'Harmattan Congo
67, boulevard Denis-Sassou-N'Guesso
BP 2874 Brazzaville
harmattan.congo@yahoo.fr

L'Harmattan Mali
Sirakoro-Meguetana V31
Bamako
syllaka@yahoo.fr

L'Harmattan Togo
Djidjole – Lomé
Maison Amela
face EPP BATOME
ddamela@aol.com

L'Harmattan Côte d'Ivoire
Résidence Karl – Cité des Arts
Abidjan-Cocody
03 BP 1588 Abidjan
espace_harmattan.ci@hotmail.fr

L'Harmattan Algérie
22, rue Moulay-Mohamed
31000 Oran
info2@harmattan-algerie.com

L'Harmattan Maroc
5, rue Ferrane-Kouicha, Talaâ-Elkbira
Chrableyine, Fès-Médine
30000 Fès
harmattan.maroc@gmail.com

Nos librairies en France

Librairie internationale
16, rue des Écoles – 75005 Paris
librairie.internationale@harmattan.fr
01 40 46 79 11
www.librairieharmattan.com

Librairie l'Espace Harmattan
21 bis, rue des Écoles – 75005 Paris
librairie.espace@harmattan.fr
01 43 29 49 42

Lib. sciences humaines & histoire
21, rue des Écoles – 75005 Paris
librairie.sh@harmattan.fr
01 46 34 13 71
www.librairieharmattansh.com

Lib. Méditerranée & Moyen-Orient
7, rue des Carmes – 75005 Paris
librairie.mediterranee@harmattan.fr
01 43 29 71 15

Librairie Le Lucernaire
53, rue Notre-Dame-des-Champs – 75006 Paris
librairie@lucernaire.fr
01 42 22 67 13

www.ingramcontent.com/pod-product-compliance
Lightning Source LLC
LaVergne TN
LVHW011440061026
849535LV00004BA/884
* 9 7 8 2 3 4 3 1 7 4 7 2 3 *